U0342260

国家出版基金资助项目
"新闻出版改革发展项目库"入库项目
"十三五"国家重点出版物出版规划项目

国家出版基金项目
NATIONAL PUBLICATION FOUNDATION

钢铁工业绿色制造
节能减排先进技术丛书

主　编　干　勇
副主编　王天义　洪及鄙
　　　　赵　沛　王新江

钢铁制造流程
能源高效转化与利用

Efficient Energy Conversion and
Utilization in Steel Manufacturing Process

张欣欣　姜泽毅　张欣茹　编著

北　京
冶金工业出版社
2020

内 容 提 要

本书围绕钢铁生产流程中能源高效转化与利用的研发需求和工程问题，总结钢铁工业能源消耗基本状况，分析钢铁流程的节能潜力和节能途径，从冶金工艺高效化、能量转换与余能回收、流程重构与系统优化三个方向论述钢铁生产流程能源转化与利用的先进技术，介绍各项技术的基本原理、节能减排效果、研究进展及推广应用等全方位信息。

本书可作为钢铁行业及相关高耗能产业中从事科学研究、工程研发和应用的科技和管理人员的指导书和参考书，也可作为相关专业本科生和研究生的教学参考书。

图书在版编目 (CIP) 数据

钢铁制造流程能源高效转化与利用/张欣欣，姜泽毅，张欣茹编著．—北京：冶金工业出版社，2020.12
（钢铁工业绿色制造节能减排先进技术丛书）
ISBN 978-7-5024-8677-8

Ⅰ.①钢… Ⅱ.①张… ②姜… ③张… Ⅲ.①钢铁冶金—节能减排—研究 Ⅳ.①TF4

中国版本图书馆 CIP 数据核字（2020）第 264724 号

出 版 人 苏长永
地 址 北京市东城区嵩祝院北巷 39 号 邮编 100009 电话 (010)64027926
网 址 www.cnmip.com.cn 电子信箱 yjcbs@cnmip.com.cn
策划编辑 任静波
责任编辑 张熙莹 郭雅欣 任静波 美术编辑 彭子赫
版式设计 孙跃红 郑小利 责任校对 石 静 责任印制 李玉山
ISBN 978-7-5024-8677-8
冶金工业出版社出版发行；各地新华书店经销；三河市双峰印刷装订有限公司印刷
2020 年 12 月第 1 版，2020 年 12 月第 1 次印刷
710mm×1000mm 1/16；18.75 印张；360 千字；277 页
82.00 元
冶金工业出版社 投稿电话 (010)64027932 投稿信箱 tougao@cnmip.com.cn
冶金工业出版社营销中心 电话 (010)64044283 传真 (010)64027893
冶金工业出版社天猫旗舰店 yjgycbs.tmall.com
（本书如有印装质量问题，本社营销中心负责退换）

丛书编审委员会

丛书出版说明

随着我国工业化、城镇化进程的加快和消费结构持续升级，能源需求刚性增长，资源环境问题日趋严峻，节能减排已成为国家发展战略的重中之重。钢铁行业是能源消费大户和碳排放大户，节能减排效果对我国相关战略目标的实现及环境治理至关重要，已成为人们普遍关注的热点。在全球低碳发展的背景下，走节能减排低碳绿色发展之路已成为中国钢铁工业的必然选择。

近年来，我国钢铁行业在降低能源消耗、减少污染物排放、发展绿色制造方面取得了显著成效，但还存在很多难题。而解决这些难题，迫切需要有先进技术的支撑，需要科学的方向性指引，需要从技术层面加以推动。鉴于此，中国金属学会和冶金工业出版社共同组织编写了"钢铁工业绿色制造节能减排先进技术丛书"（以下简称丛书），旨在系统地展现我国钢铁工业绿色制造和节能减排先进技术最新进展和发展方向，为钢铁工业全流程节能减排、绿色制造、低碳发展提供技术方向和成功范例，助力钢铁行业健康可持续发展。

丛书策划始于2016年7月，同年年底正式启动；2017年8月被列入"十三五"国家重点出版物出版规划项目；2018年4月入选"新闻出版改革发展项目库"入库项目；2019年2月入选国家出版基金资助项目。

丛书由国家新材料产业发展专家咨询委员会主任、中国工程院原副院长、中国金属学会理事长干勇院士担任主编；中国金属学会专家委员会主任王天义、专家委员会副主任洪及鄙、常务副理事长赵沛、副理事长兼秘书长王新江担任副主编；7位中国科学院、中国工程院院士组成顾问团队。第十届全国政协副主席、中国工程院主席团名誉主席、中国工程院原院长徐匡迪院士为丛书作序。近百位专家、学者参加了丛书的编写工作。

针对钢铁产业在资源、环境压力下如何解决高能耗、高排放的难题，以及此前国内尚无系统完整的钢铁工业绿色制造节能减排先进技术图书的现状，丛书从基础研究到工程化技术及实用案例，从原辅料、焦化、烧结、炼铁、炼钢、轧钢等各主要生产工序的过程减排到能源资源的高效综合利用，包括碳素流运行与碳减排途径、热轧板带近终形制造，系统地阐述了国内外钢铁工业绿色制造节能减排的现状、问题和发展趋势，节能减排先进技术与成果及其在实际生产中的应用，以及今后的技术发展方向，介绍了国内外低碳发展现状、钢铁工业低碳技术路径和相关技术。既是对我国现阶段钢铁行业节能减排绿色制造先进技术及创新性成果的总结，也体现了最新技术进展的趋势和方向。

丛书共分 10 册，分别为：《钢铁工业绿色制造节能减排技术进展》《焦化过程节能减排先进技术》《烧结球团节能减排先进技术》《炼铁过程节能减排先进技术》《炼钢过程节能减排先进技术》《轧钢过程节能减排先进技术》《钢铁原辅料生产节能减排先进技术》《钢铁制造流程能源高效转化与利用》《钢铁制造流程中碳素流运行与碳减排途径》《热轧板带近终形制造技术》。

中国金属学会和冶金工业出版社对丛书的编写和出版给予高度重视。在丛书编写期间，多次召集丛书主创团队进行编写研讨，各分册也多次召开各自的编写研讨会。丛书初稿完成后，2019 年 2 月召开了《钢铁工业绿色制造节能减排技术进展》分册的专家审稿会；2019 年 9 月至 10 月，陆续组织召开 10 个分册的专家审稿会。根据专家们的意见和建议，各分册编写人员进一步修改、完善，严格把关，最终成稿。

　　丛书瞄准钢铁行业的热点和难点，内容力求突出先进性、实用性、系统性，将为钢铁行业绿色制造节能减排技术水平的提升、先进技术成果的推广应用，以及绿色制造人才的培养提供有力支持和有益的参考。

中国金属学会
冶金工业出版社
2020 年 10 月

总　序

党的十九大报告指出，中国特色社会主义进入了新时代，"我国社会主要矛盾已经转化为人民日益增长的美好生活需要和不平衡不充分的发展之间的矛盾"。为更好地满足人民日益增长的美好生活需要，就要大力提升发展质量和效益。发展绿色产业、绿色制造是推动我国经济结构调整，实现以效率、和谐、健康、持续为目标的经济增长和社会发展的重要举措。

当今世界，绿色发展已经成为一个重要趋势。中国钢铁工业经过改革开放 40 多年来的发展，在产能提升方面取得了巨大成绩，但还存在着不少问题。其中之一就是在钢铁工业发展过程中对生态环境重视不够，以至于走上了发达国家工业化进程中先污染后治理的老路。今天，我国钢铁工业的转型升级，就是要着力解决发展不平衡不充分的问题，要大力提升绿色制造节能减排水平，把绿色制造、节能环保、提高发展质量作为重点来抓，以更好地满足国民经济高质量发展对优质高性能材料的需求和对生态环境质量日益改善的新需求。

钢铁行业是国民经济的基础性产业，也是高资源消耗、高能耗、高排放产业。进入 21 世纪以来，我国粗钢产量长期保持世界第一，品种质量不断提高，能耗逐年降低，支撑了国民经济建设的需求。但是，我国钢铁工业绿色制造节能减排的总体水平与世界先进水平之间还存在差距，与世界钢铁第一大国的地位不相适应。钢铁企业的水、焦煤等资源消耗及液、固、气污染物排放总量还很大，使所在地域环境承载能力不足。而二次资源的深度利用和消纳社会废弃物的技术与应用能力不足是制约钢铁工业绿色发展的一个重要因素。尽管钢铁工业的绿色制造和节能减排技术在过去几年里取得了显著的进步，但是发展仍十分不平衡。国内少数先进钢铁企业的绿色制造已基本达到国际先进水平，但大多数钢铁企业环保装备落后，工艺技术水平低，能源消耗高，对排放物的处理不充分，对所在城市和周边地域的生态环境形成了严峻的挑战。这是我国钢铁行业在未来发展中亟须解决的问题。

国家"十三五"规划中指出，"十三五"期间，我国单位 GDP 二氧化碳排放下降 18%，用水量下降 23%，能源消耗下降 15%，二氧化硫、氮氧化物排放总量分别下降 15%，同时提出到 2020 年，能源消费总量控制在 50 亿吨标准煤以内，用水总量控制在 6700 亿立方米以内。钢铁工业节能减排形势严峻，任务艰巨。钢铁工业的绿色制造可以通过工艺结构调整、绿色技术的应用等措施来解决；也可以通过适度鼓励钢铁短流程工艺发展，发挥其低碳绿色优势；通过加大环保技术升级力度、强化污染物排放控制等措施，尽早全面实现钢铁企业清洁生产、绿色制造；通过开发更高强度、更好性能、更长寿命的高效绿色钢材产品，充分发挥钢铁制造能源转化、社会资源消纳功能作用，钢厂可从依托城市向服务城市方向发展转变，努力使钢厂与城市共存、与社会共融，体现钢铁企业的低碳绿色价值。相信通过全行业的努力，争取到 2025 年，钢铁工业全面实现能源消耗总量、污染物排放总量在现有基础上又有一个大幅下降，初步实现循环经济、低碳经济、绿色经济，而这些都离不开绿色制造节能减排技术的广泛推广与应用。

中国金属学会和冶金工业出版社共同策划组织出版"钢铁工业绿色制造节能减排先进技术丛书"非常及时，也十分必要。这套丛书瞄准了钢铁行业的热点和难点，对推动全行业的绿色制造和节能减排具有重大意义。组织一大批国内知名的钢铁冶金专家和学者，来撰写全流程的、能完整地反映我国钢铁工业绿色制造节能减排技术最新发展的丛书，既可以反映近几年钢铁节能减排技术的前沿进展，促进钢铁工业绿色制造节能减排先进技术的推广和应用，帮助企业正确选择、高效决策、快速掌握绿色制造和节能减排技术，推进钢铁全流程、全行业的绿色发展，又可以为绿色制造人才的培养，全行业绿色制造技术水平的全面提升，乃至为上下游相关产业绿色制造和节能减排提供技术支持发挥重要作用，意义十分重大。

当前，我国正处于转变发展方式、优化经济结构、转换增长动力的关键期。绿色发展是我国经济发展的首要前提，也是钢铁工业转型升级的准则。可以预见，绿色制造节能减排技术的研发和广泛推广应用将成为行业新的经济增长点。也正因为如此，编写"钢铁工业绿色制造节能减排先进技术丛书"，得到了业内人士的关注，也得到了包括院士在内的众多权威专家的积极参与和支持。钢铁工业绿色制造节能减排先进技术涉及钢铁制造的全流程，这套丛书的编写和出版，既是对我国钢铁行业节能环保技术的阶段性总结和下一步技术发展趋势的展望，也是填补了我国系统性全流程绿色制造节能减排先进技术图书缺失的空白，为我国钢铁企业进一步调整结构和转型升级提供参考和科学性的指引，必将促进钢铁工业绿色转型发展和企业降本增效，为推进我国生态文明建设做出贡献。

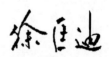

2020 年 10 月

前　言

　　钢铁工业是我国国民经济的支柱性产业，是关系国计民生的基础性行业，在推进工业现代化进程中发挥了不可替代的作用。我国钢铁工业快速发展，2020 年粗钢产量 10.56 亿吨，满足了下游行业对材料数量和质量性能不断提升的要求，有力地支持了国家重大工程、重点建设项目的需要。钢铁工业也是典型的能源资源密集型产业，由于近年来粗钢产量快速增长屡创新高，虽然单位产品吨钢综合能耗下降，能源消费总量仍有上升的压力，钢铁工业在工业节能减排工作中占有举足轻重的地位，是我国节能减排的重点和难点领域。随着节能潜力的挖掘，单体节能技术、工序节能技术、二次能源回收技术的普及应用，钢铁工业未来节能空间越来越小，节能难度将越来越大。近年来一些先进钢铁企业从系统工程的角度全面考虑安排节能工作，通过提高钢铁企业的能源管理水平，动态监控和管理能源生产、消耗、转换、输配和回收，实现系统性节能降耗。

　　本书围绕钢铁工业中的能源高效利用先进技术，概述钢铁工业能源消耗情况，着力分析钢铁流程的节能潜力和节能途径，在冶金工艺高效化、能量转换与余热回收、流程重构与系统集成优化等方向上论述能源高效转化与利用先进技术，从基本原理、节能减排效果、研究进展及推广应用等方面全方位展现各项技术。第 1 章重点论述钢铁工业能源结构、能源转换与利用方式，以及能源评价指标；第 2 章介绍能量转换基本原理、能量平衡与㶲分析方法；第 3 章从节能原理出发，分析钢铁工业的节能途径和措施；第 4 章介绍典型的高效冶金工艺技术案例；第 5 章介绍典型的能源高效转化与余热回收技术案例；第 6 章介绍典型的流程结构优化与生产调度技术案例；第 7 章以技术展望的形式介绍钢铁工业节能减排技术发展趋势。

在本书编写过程中，得到了宝武集团、首钢集团、鞍钢集团、钢铁研究总院、东北大学等单位的支持，蔡九菊教授、王立教授、温燕明教授级高工等专家对书稿进行了精心的审查，在此一并表示感谢。

书中不足之处，恳请广大读者和行业专家学者批评指正。

作者

2021 年 5 月

目　　录

1 钢铁工业能源消耗概述

1.1 钢铁生产流程及其能源消耗

1.1.1 钢铁生产工艺流程

当前，钢铁生产的主流流程主要有两类（见图 1-1）：一类是高炉—转炉"长流程"，它以铁矿石、煤炭等为源头，包括烧结、焦化、炼铁、炼钢、连铸、轧钢等主体工序；另一类是以废钢、电力为源头的电炉"短流程"，由电炉炼钢、连铸、轧钢等工序组成。由于废钢资源的缺乏，我国钢铁企业的生产流程以高炉—转炉"长流程"为主。

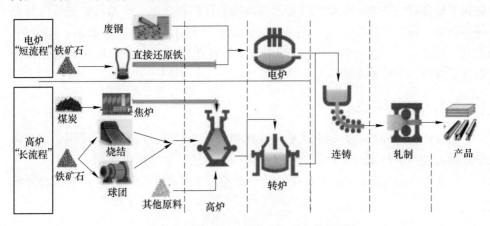

图 1-1　钢铁生产"长流程"与"短流程"

长、短流程生产系统的能源消耗有所不同，高炉—转炉"长流程"因铁前和炼铁工序（烧结、焦化、炼铁等）消耗大量的煤炭，其总体能耗和煤炭的消耗都远高于电炉"短流程"，而电炉"短流程"的电力消耗显著高于长流程。

1.1.2 钢铁生产的能源消耗

冶金能源是冶金工业使用或消耗的各种能源的总称，包括购入能源、自产能源和回收再利用的余热余能三部分。

购入能源主要包括煤炭、燃料油、天然气、电力等。冶金企业使用的煤炭主要是洗精煤、无烟煤和动力煤等，其中洗精煤用于炼焦，无烟煤用于烧结和高炉喷吹，动力煤用于自备电厂发电、蒸汽机车、工业锅炉和其他炉窑。燃料油和天然气在冶金厂很少使用，只是在厂内能源供需无法平衡时才用少部分重油、天然气补缺。电力一般是购入的，较大的联合企业有自己的发电厂，发电厂的锅炉用购入的动力煤和企业内部剩余的高炉煤气和焦炉煤气为燃料。

自产能源是指由购入能源加工转换而成的各种能源产品，最常见的有焦炭、焦炉煤气、高炉煤气、转炉煤气、电力、蒸汽、氧气、压缩空气等。自产能源又可以分为两类。一类是满足钢铁生产工艺需要而被转换加工的能源。例如，将洗精煤用焦炉炼制成焦炭，用动力煤烧锅炉生产蒸汽或电力，利用电能生产或处理获得压缩空气、鼓风、氧气、氮气、氩气、冷却水等。另一类是生产过程中产生的副产能源。例如，炼焦过程副产的焦油、粗苯、焦炉煤气等副产品，炼铁过程副产的高炉煤气，转炉炼钢过程副产的转炉煤气等。这些副产能源占企业购入能源总量的50%左右，因此充分有效地利用副产煤气资源，杜绝放散，对钢铁企业节能减排有十分重要的意义。

余热余能是指可供回收的、具有一定温度或压力的排气、排液和高温待冷却物料等所含有的热能，包括烟气和冷却水等的显热和余压、产品及炉渣等的显热等。例如，各类炉窑排放烟气的显热，烧结矿、球团矿、焦炭、铁水、连铸坯、铁渣、钢渣等固/熔体的显热，冷却水带走的显热，还有高炉炉顶煤气余压及一部分带有压力的冷却水等[1]。

1.1.3 冶金能源系统

冶金能源品种繁多，相互关联又彼此制约，这些能源的转换、使用、回收以及存储输送和缓冲调控等过程构成了冶金能源系统，基本结构如图1-2所示。

图1-2中，"能源转换子系统"是冶金能源系统的供给侧，它将大部分外购

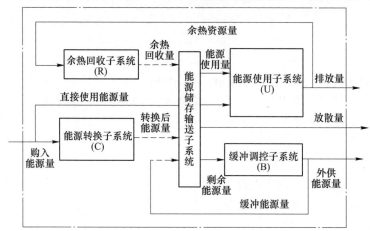

图 1-2 冶金能源系统结构示意图

的一次能源加工转换成钢铁生产所需要的焦炭、煤气、蒸汽和电力等二次能源。例如，焦炉将洗精煤炼制成焦炭，同时副产粗苯、焦油和焦炉煤气；高炉在炼铁的同时副产高炉煤气；转炉在炼钢的同时副产转炉煤气。再如，用动力煤烧锅炉，生产蒸汽或电力；利用电能生产或处理获得压缩空气、鼓风、氧气、氮气、氩气、冷却水等。"能源使用子系统"是冶金能源系统的需求侧，由烧结、球团、焦化、炼铁、炼钢、连铸、轧钢以及辅助生产装置构成。这些用能工序和装置，是冶金企业的主要耗能部门，在供给能量的驱动和作用下完成相应的物理化学变化。它们产生的废气、废渣和废水以及获得的产品还蕴含着一定的热能或压力能，需进入"余热回收子系统"，经过换热器、余热锅炉、干熄炉、余压透平等回收装置进行余热余能回收。由于受各种影响因素的非线性作用，系统内各种能源的供应与需求之间是不平衡的，时常出现涨落现象。因此，为了保障能源的稳定供给和避免富余能量放散，"能源储存输送子系统"和"缓冲调控子系统"在冶金能源系统中是不可或缺的。例如，氧气储罐、煤气储柜，以及掺烧煤气的燃煤锅炉、纯燃气锅炉等富余煤气缓冲设备等。图 1-2 中用点画线标示冶金能源系统的边界，系统内富余的煤气、蒸汽、自发电等能量流，只有通过不断地与外界进行物质和能量的交换，才能从非平衡状态转变为一种有序状态[1]。

1.2 自产能源的生产和利用

在钢铁生产过程中，购入的燃料能源（煤炭等）被大部分转换成多种形式的其他能源再加以利用，最常见的有焦炭、焦炉煤气、高炉煤气、转炉煤气、电力、蒸汽、氧气、压缩空气等。这些能源，习惯上称作冶金工业的自产能源或二次能源。自产能源的低耗生产和高效利用是冶金能源系统中的两大核心过程，也是钢铁生产过程节能降耗的关键环节[1]。

1.2.1 焦炭的生产和利用

焦炭是高炉炼铁的主要燃料和还原剂，其生产过程是在焦炉内将洗精煤隔绝空气加热形成焦炭。焦化工序包括炼焦和化产两大部分。炼焦是一个复杂的物理化学过程，焦炉的主要原料是由气煤、主焦煤和瘦煤等配合而成的配合煤，满足灰分、硫分、挥发分、粒重、堆密度等指标要求。配煤完成后入贮煤塔，经加料车装入炭化室。在炭化室中，煤经过高温干馏生成焦炭，同时获得煤气和煤焦油并通过回收得到其他化工产品。来自焦炉的荒煤气，经冷却和用各种吸收剂处理后，可以提取出煤焦油、氨、萘、硫化氢、氰化氢及粗苯等化学产品，并得到净焦炉煤气。经过化学产品回收的焦炉煤气是具有较高热值的冶金燃气，是钢铁生产的重要燃料。

焦炭在被推出焦炉时具有较高的温度和显热，在实际生产中，这部分的热量可通过干熄焦技术进行回收利用。干熄焦是在密闭的系统中用循环的惰性气体将红焦冷却，温度约1000℃的红焦在干熄炉的冷却室内与循环风机鼓入的惰性气体进行热交换。吸收了红焦显热的惰性气体温度上升到800~900℃，焦炭温度降到200℃以下，惰性气体先经过一次除尘器除尘，然后进入余热锅炉进行换热，余热锅炉产生的蒸汽用于发电或外送用户使用。

在整个焦化和干熄焦过程中主要消耗洗精煤、高炉煤气、焦炉煤气、蒸汽、电、水和氮气，其燃料为高炉煤气、焦炉煤气、转炉煤气或上述煤气混烧，产出主要有冶金焦、焦末、焦炉煤气、黄血盐、粗苯、焦油、干熄焦蒸汽等二次能源。

1.2.2 电力的生产和利用

电力是钢铁联合企业中消耗的重要能源，钢铁企业电力系统较为复杂，用户较多。某钢铁联合企业电力消耗情况统计如下：铁前工序占20.8%（其中焦化占2.8%、烧结工序占10.0%、球团工序占0.7%、炼铁工序占7.3%），炼钢工序占12.0%（其中转炉炼钢工序占9.9%、电炉炼钢工序占2.1%），轧材工序占25.6%（其中热轧宽带占10.5%、冷轧带钢占6.2%、高线占3.2%、中厚板占1.4%），其他及能源加工占41.6%。钢铁企业的电力大部分来自钢铁企业的自发电。例如，年产1500万吨钢铁联合企业不考虑外购动力煤发电的前提下，自发电比例达91%。钢铁企业的发电方式主要有热电联产（CHP）、燃气-蒸汽联合循环发电（CCPP）、高炉炉顶余压发电（TRT）和干熄焦发电（CDQ）等。

1.2.2.1 热电联产

热电联产（CHP）是指动力设备同时对外供应电能和热能，高品位的热能先用来发电，在热功转换过程中产生的低位热能再对外供热，把热和电生产有机地结合起来。热电联产是一种成熟的节能技术，它使本应排至凝汽器中放弃的蒸汽凝结热转供给热用户而不排放至大气中，不仅具有提高供热质量，提高能源利用率，节约能源，控制粉尘污染，减少灰渣污染，减少 CO_2、SO_2 和 NO_x 的排放，增加电力供应量等综合效益，而且使火力发电厂的全厂热效率大幅度提高，可以由凝汽式发电状态的25%~40%提高至70%~85%。

通常热电联产有两种方式：背压式和抽汽式。背压式热电联产系统中，汽轮机的排汽压力高于大气压，设计成热用户所需的压力，蒸汽经汽轮机做功后，排汽再供给热用户使用，使蒸汽的冷凝热在热用户中得到进一步利用，代替锅炉生产新蒸汽，得到的冷凝水经过处理后再由循环水泵回供至锅炉。背压式汽轮发电机组运行时以热定电，要求电负荷和热负荷完全匹配，因而不能同时满足热、电负荷的需要，应变能力较差，因此供热背压式机组宜用于热负荷相对稳定的场合。背压式汽轮机的排汽压力高，蒸汽的焓降较小，与排汽压力很低的凝汽式汽轮机相比，发出同样的电量，所需蒸汽量较大。抽汽式热电联产系统，是从汽轮机中部抽出一部分经做功后尚具有一定压力的蒸汽供给热用户，其余部分继续在汽轮机内膨胀到低压，抽汽式汽轮机的抽汽压力根据用户的需要和产品的要求而确定，能在一定范围内调整。抽汽式热电联产系统根据需要可以设计成一次调节抽汽式或二次调节抽汽式，具有很强的灵活性，可以同时满足用户热负荷和电负荷的需要。

1.2.2.2 燃气-蒸汽联合循环发电

燃气-蒸汽联合循环发电（CCPP）是由燃气轮机与汽轮发电机组共同构成一套完整的发电装置。燃气轮机是以高炉煤气为工质，经压缩、燃烧后在透平中膨胀，将部分热能转换为机械能的旋转式动力机械。燃气轮机一般由压气机、燃烧室、透平、控制系统及必要的辅助设备组成。而汽轮发电机组是以蒸汽为工质，将蒸汽的热能转换为机械能的旋转式热能动力机械。燃气-蒸汽联合循环发电正是将上述两种装置有机结合后的一种新的发电方式。

CCPP 的工艺流程为：燃气轮机采用电动机启动，燃烧器采用焦炉煤气点火。高炉煤气经电除尘器除尘后，经煤气加压机加压；燃烧空气经空气过滤器过滤后经空气加压机加压，并与加压后的煤气一同送至燃烧器燃烧。燃烧产生的高温高压烟气进入燃气轮机做功发电。燃气轮机排出的高温烟气进入双压余热锅炉产生蒸汽后进入蒸汽轮机做功，带动发电机组发电，低压蒸汽直接供余热锅炉除氧器用汽。余热锅炉排烟经烟囱排入大气，当余热锅炉故障时烟气通过旁路烟囱排入大气。

1.2.2.3 高炉炉顶余压发电

高炉炉顶煤气余压透平发电（TRT）装置是利用高炉冶炼的副产品——高炉炉顶煤气具有的压力能及热能，使煤气通过透平膨胀机做功，将其转化为机械能，驱动发电机或其他装置发电的一种二次能源回收装置。

高炉炉顶余压发电装置由透平主机、大型阀门系统、润滑油系统、电液伺服控制系统、给排水系统、氮气密封系统、高低压发配电系统及自动控制系统等八大系统组成。TRT 装置在工艺中的设置一般是：高炉产生的煤气经过重力除尘器、塔文系统/双文系统/比肖夫系统进入 TRT 装置，TRT 与减压阀组是并联设置。高压的高炉煤气经过 TRT 的入口蝶阀、入口插板阀、调速阀、快切阀，进入透平机膨胀做功，带动发电机发电，自透平出来的低压煤气，进入低压煤气系统。同时在入口插板阀之后、出口插板阀之前，与 TRT 并联的地方，有一旁通管及快开慢关旁通阀（简称旁通快开阀），作为 TRT 紧急停机时 TRT 与减压阀之间的平稳过渡之用，以确保高炉炉顶压力不产生大的波动，从 TRT 和减压阀组出来的低压煤气再送到高炉煤气柜和用户。

TRT 工艺有干、湿之分，其中采用水来除尘并设置 TRT 工艺的为湿式 TRT

工艺,采用干式除尘(布袋或电除尘)并设置 TRT 工艺的为干式 TRT。TRT 装置所发出的电量与高炉煤气的温度、压力和流量有关,一般吨铁发电量为 30 ~ 40kW·h。高炉煤气采用干法除尘可以使发电量提高 25% ~ 40%,且温度每升高 10℃,会使透平机出力提高 10%,进而使 TRT 装置吨铁最高发电量可达 54kW·h,同时可以节约大量的除尘用水,生产每吨铁节水约 9t,其中节约新水 2t。

1.2.3 副产煤气的生产和利用

副产煤气通常指在炼焦、炼铁和炼钢过程中伴生的气体燃料,是冶金能源中重要的能源介质,主要有焦炉煤气(coke oven gas,COG)、高炉煤气(blast furnace gas,BFG)和转炉煤气(Linz-Donawitz gas,LDG)等。

煤气的生产伴随着炼焦、炼铁和炼钢等工艺过程,通过碳素的转换形成钢铁企业重要的气体燃料,由于生产工艺过程不同,影响因素各异,煤气的成分和发热值有较大差异。焦炉煤气是洗精煤在焦炉绝氧的状态下炭化或干馏产生的,主要成分为 H_2 和 CH_4,热值约为 16000 ~ 19300kJ/m³(见表 1-1);高炉煤气是铁矿石和焦炭等在高炉中发生还原反应产生的,主要成分为 N_2 和 CO,热值较低,约为 3000 ~ 3800kJ/m³;转炉煤气是氧气转炉冶炼钢水时产生的,主要成分为 CO 和 CO_2,热值约为 7500 ~ 8000kJ/m³;还可将焦炉煤气、高炉煤气和转炉煤气中的两种或三种煤气按照一定比例混合成不同热值的混合煤气供用户使用。

表 1-1 副产煤气的成分及发热值

燃 料 组 成		高炉煤气	转炉煤气	焦炉煤气
干成分(体积分数)/%	CO	25 ~ 30	45 ~ 65	5 ~ 9
	H_2	1.5 ~ 3	<2	50 ~ 60
	CH_4	0.2 ~ 0.6	—	20 ~ 30
	C_nH_m	—	—	1.5 ~ 2.5
	CO_2	8 ~ 15	15 ~ 25	2 ~ 4
	N_2	55 ~ 58	24 ~ 38	1.0 ~ 10
	O_2	—	0.4 ~ 0.8	0.5 ~ 0.8
低位发热值/kJ·m⁻³		3000 ~ 3800	7500 ~ 8000	16000 ~ 19300

在冶金企业内部,这些回收的副产煤气主要作为燃料供焦炉、热风炉、加热炉等工业炉窑加热使用;富余的煤气用于发电,作为纯烧煤气锅炉发电机组、掺烧煤气锅炉发电机组或燃气-蒸汽联合循环发电机组的燃料;当煤气用户无法消纳产生的煤气时,往往通过放散塔进行放散。实际生产中应充分回收、高效利用,减少放散。

1.2.4 蒸汽的生产和利用

　　钢铁企业蒸汽生产渠道多样，包括：燃气燃煤等动力锅炉产生的蒸汽，高炉、转炉、电炉及其他冶金炉的高温烟气通过余热锅炉生产的蒸汽等。通过回收余热产生蒸汽的主要环节有干熄焦技术、烧结矿环冷余热回收技术、转炉煤气汽化冷却系统、电炉烟气余热回收系统和加热炉汽化冷却系统，利用这些系统回收余热蒸汽的典型参数见表 1-2。钢铁企业余热蒸汽主要应用在预热烧结混合料、焦化副产品热源、升值发电、蒸汽喷射式制冷、热电联产、钢水精炼炉的真空脱气、RH 设备的动力、生活取暖等。

表 1-2　典型余热蒸汽参数

余热蒸汽种类	温度/℃	压力/MPa	是否过热
干熄焦	450	3.82	是
烧结环冷	375	1.95	是
转炉煤气	240	3.2	否
电炉烟气	200	1.6	否
加热炉烟气	175	0.8	否

　　锅炉是生产蒸汽的主要装置。钢铁企业主要有两种锅炉：动力锅炉和余热锅炉。动力锅炉和余热锅炉在产生蒸汽的原理上是一致的，主要的不同点是能量的来源。动力锅炉是燃气或燃煤的化学能经过燃烧产生高温的烟气，将锅炉中的水加热产生高温蒸汽。余热锅炉是通过锅炉将钢铁生产过程中产生的各种余能余热传递给锅炉中的水，将锅炉中的水加热，产生不同温度和压力的蒸汽。

1.2.5 氧、氮、氩气体的生产和利用

　　空气分离是利用液化空气中氧、氮等各组分沸点的不同，通过精馏的方法，将各组分分离开来。空气分离装置的工艺流程为：原料空气经过滤器清除灰尘和其他机械杂质，进入空气压缩机中被压缩到工艺所需的压力；然后被送入空气冷却塔中进行清洗和预冷；出空气冷却塔的空气进入分子筛吸附器，原料空气中的水分、二氧化碳和乙炔等杂质被分子筛吸附掉；净化后的空气一股进入增压机中增压，然后被冷却水冷却至常温进入主换热器，再从主换热器的中部抽出进入膨胀机中膨胀做功，膨胀后的空气部分被送入精馏塔上塔进行精馏，其余通入污氮管道；另一股空气直接进入主换热器后，被返流气体冷却至饱和温度进入精馏塔下塔进行精馏；空气经下塔初步精馏后，在下塔底部获得液空，在下塔顶部获得液氮；从下塔抽取液空、液氮进入液空液氮过冷器过冷，进入上塔相应位置，从

辅塔顶部得到氮气，经过冷器、主换热器复热后经冷箱作为产品输出，一部分液氮直接进入液氮贮槽；经上塔进一步精馏后，在上塔底部得到氧气，氧气经主换热器复热后出冷箱，经氧气透平压缩机加压后进入氧气管网，液氧产品从冷凝蒸发器底部抽出，进入液氧贮槽。

空气分离过程消耗大量的电能、蒸汽和水，产出氧气、氮气、氩气等钢铁生产必不可少的能源介质。氧、氮、氩气体用户主要是高炉炼铁工序、转炉炼钢工序及轧钢工序。其中转炉和高炉生产都会消耗大量的氧气；氮气和氩气在炼钢过程中作为搅拌气体效果明显，又由于氮气有很好的化学稳定性，因此在连铸、冷轧和热处理等工序作为保护性气体使用；氩气在精炼、轧钢等工序也同样作为保护性气体，显现出很好的性能。表1-3为某钢铁企业氧、氮、氩气体消耗量。氧气用户连续生产或间歇生产，以及故障检修或部分停产等都会导致氧气供需不平衡。一般情况下，钢铁企业对氧气产量的实时调节能力相对不足，调节速度较慢，并且氧气缓冲存储能力比较固定，因此瞬时的不平衡将会导致一定的放散或不足，这样就会浪费能源或者不能保证正常生产。

表1-3   某钢铁企业氧、氮、氩气体消耗量

车　间	年产量 /万吨	作业时间 /h	单耗/m³·t⁻¹			作业小时耗量/m³		
			氧气	氮气	氩气	氧气	氮气	氩气
2×2000m³ 高炉	280	8400	49	40	0	16330	13330	0
2×120t 转炉	299	7320	58	40	1.1	23690	16340	450
连铸	290	7752	3	0.1	0.2	1120	40	70
切割	45.72	3000	6	0	0	910	0	0
其他	—	—	0	0	0	2000	2000	20
合　计						44050	31710	540

1.2.6　水的生产和利用

钢铁生产取水主要有工业用水、生活用水、地下水、矿井废水、城市污水、雨水、海水等。用水要坚持节约与开源并重，节约优先，治污为本，取消直排水，提高用水效率，实现多级、串级使用，提高水的循环利用率的原则。要按水质和水温进行优化供水，建立钢铁企业的生活水循环系统、浊水循环系统、污水循环处理系统、软水密闭循环系统和清水循环系统等。

钢铁企业生产过程中水的作用主要有：设备和产品的冷却、热力供蒸汽、除尘洗涤和工艺用水（如轧钢除鳞等）。冶金长流程生产工艺过程，吨钢取新水$2.5m^3$，重复用水率98.04%[2]。

表1-4为2013~2018年中国钢铁工业协会企业平均用水情况。但是由于我国

钢铁企业处于不同生产结构、多种层次，先进指标与落后指标并存的阶段，因此各企业之间的工序水耗和新水消耗量差距特别大，存在多方面的不可比性。我国长江以南的钢铁企业处于丰水地区，用水来源容易、供水费用偏低，影响当地钢铁企业节水的积极性。总体上讲，南方钢铁企业普遍水耗高。

表 1-4　2013~2018 年中国钢铁工业协会会员企业平均用水情况

项　　目	年份	选矿	球团	焦化	炼铁	转炉	电炉	热轧	冷轧
工序水耗 /m³·t⁻¹	2013 年	5.22	0.83	3.25	20.17	11.25	53.71	16.67	26.98
	2014 年	5.03	0.90	3.33	19.13	10.84	52.08	13.73	26.89
	2015 年	5.6	1.03	3.25	19.95	10.60	61.89	13.87	26.16
	2016 年	4.52	0.44	2.04	18.36	10.53	59.61	12.01	25.69
	2017 年	5.03	0.66	2.25	19.30	10.21	53.96	12.61	20.77
	2018 年	5.22	0.67	4.49	17.05	8.24	46.01	10.51	23.26
新水消耗 /m³·t⁻¹	2013 年	0.58	0.19	1.21	1.05	0.71	1.75	1.55	1.45
	2014 年	0.61	0.15	1.30	0.98	0.77	1.79	0.57	1.48
	2015 年	0.54	0.15	1.21	0.52	0.70	2.28	0.63	0.98
	2016 年	0.54	0.14	1.21	0.49	0.59	2.42	0.61	1.30
	2017 年	0.61	0.19	1.24	0.75	0.49	2.39	0.45	0.78
	2018 年	0.58	0.18	1.29	0.49	0.51	2.18	0.94	1.08

1.3　企业能量平衡及能耗评价指标

1.3.1　企业能量平衡

企业能量平衡是以企业为对象的能量守恒关系，包括各种能源收入与支出的平衡，消耗与有效利用及损失之间的数量平衡。即：

耗能量 = 购入量 ± 库存量的变化 - 外销量

耗能量 = 有效利用能量 + 各种能量损失之和

耗能量 = 各部门耗能量之和 + 内部亏损及输送损失之和

能量平衡是能量在数量上的平衡，未考虑能量质量的差别。耗能量是指由外部提供的一次能源、二次能源、耗能工质等各种能源按照一定的折算方法累加获得的能源消耗总量。

企业能量平衡是以企业为体系，从能源购入储存、能量转换、输送分配，到各个主要生产部门、辅助生产部门、附属生产部门用能之间的平衡，企业能量平衡框图（《企业能量平衡通则》（GB/T 3484—2009））如图 1-3 所示[3]。它又可以将工序（车间）直至单个用能设备分割成子系统，进行局部的平衡测定后再进行综合。也可以按能源的品种进行热平衡、电平衡、水平衡、汽平衡等,再进行综合。无论采用哪种平衡方法,其结果应是一致的,可以互相验证测定数据的准确性。

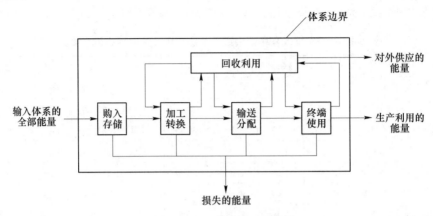

图 1-3　企业能源平衡框图

1.3.2　能源折标的含义

一个单位实物量能源含有的能量,称作这种能源的当量热值(或当量能量)。燃料的当量热值等于其应用基低位发热值,$1kW \cdot h$ 电能的当量热值是 $3600kJ$,蒸汽的当量热值等于它的焓值。

企业所消耗的能源中,包括一次能源和二次能源(包括耗能工质)。二次能源有的是外购的,例如电力等;也有的是自产的,例如蒸汽等。由于二次能源是一次能源经加工转换获得的,其生产过程有能量损失,为便于能源结构不同的体系间相互比较,可以将二次能源生产过程的能量损失分摊到终端用户身上。一个单位实物量二次能源在生产过程中消耗的一次能源所含有的能量,称作这种能源的等价热值(或等价能量)。

$$等价热值 = \frac{一个单位实物量二次能源所含有的能量}{二次能源的加工转换效率}$$
$$= \frac{生产过程消耗的一次能源所含有的能量}{二次能源产量} \qquad (1-1)$$

等价热值主要是对二次能源而言的,二次能源的等价热值大于其当量热值,一次能源的等价热值等于其当量热值。二次能源的等价热值是个变动值,随着能源加工转换工艺的提高和能源管理工作的加强,其生产过程能量损失逐渐减少,等价热值会不断降低。

单位实物量能源所蕴含的能量也可以折算成标准煤量表示,称为折标准煤系数或折标系数。有些直接作为燃料的能源物质生产能耗较小(如洗精煤),有些二次能源物质生产能耗界限不好划分（如煤气），在国标中这部分能源物质的折标准煤系数按照能源物质的当量热值进行计算。对于电力，不同发电方式的能耗各不相同，在国标中电力的等价折标准煤系数按上年电厂发电标准煤耗计算（例如，2019 年的电厂发电能耗是 8998kJ/kW·h，折标准煤系数是 0.307kg/kW·h）。对于主要耗能工质，其折标准煤系数按能源等价值来计算，主要耗能工质折标准煤系数（依据《综合能耗计算通则》（GB/T 2589—2020）[4]）见表 1-5。

表 1-5　主要耗能工质折标准煤系数

耗能工质名称	单位能耗工质耗能量	折标准煤系数
新水	7.54MJ/t	0.2571kg/t
软化水	14.24MJ/t	0.4857kg/t
除氧水	28.47MJ/t	0.9714kg/t
压缩空气	1.17MJ/m³	0.0400kg/m³
氧气	11.72MJ/m³	0.4000kg/m³
氮气（作副产品时）	11.72MJ/m³	0.4000kg/m³
氮气（作主产品时）	19.68MJ/m³	0.6714kg/m³

1.3.3　吨钢综合能耗

《钢铁企业节能设计标准》（GB/T 50632—2019）中对吨钢综合能耗的定义为：吨钢综合能耗是指钢铁企业在统计期内平均每生产 1t 钢所消耗的各种能源折合成标准煤量[5]。

吨钢综合能耗的统计范围是企业生产流程的主体生产工序（包括原料储存、焦化、烧结、球团、炼铁、炼钢、连铸、轧钢、自备电厂、制氧厂等）、厂内运输、燃料加工及输送、企业亏损等的消耗能源总量，不包括矿石的采、选工序，也不包含炭素、耐火材料、机修及铁合金等非钢生产工序的能源消耗量。

根据《综合能耗计算通则》（GB/T 2589—2020）中关于单位产品综合能耗计算方式可得[4]，吨钢综合能耗计算表达式如下：

$$e = \frac{E}{M} \tag{1-2}$$

式中，e 为吨钢综合能耗（以标煤计），kg/t；E 为综合能耗（以标煤计），kg；M 为钢产量，t。

其中综合能耗 E 的计算公式如下：

$$E = \sum_{i=1}^{n} (E_i \times k_i) \tag{1-3}$$

式中，n 为消耗的能源种类数；E_i 为生产中实际消耗的第 i 种能源量；k_i 为第 i 种能源的折标煤系数。

根据工序能耗和钢比系数来计算综合能耗的方法被称为 e-p 分析法，吨钢能耗计算式为：

$$e = \sum_{j=1}^{m} (e_j \times p_j) \tag{1-4}$$

式中，m 为生产钢经历的工序数；e_j 为各工序生产每吨实物的能耗（工序能耗，以标煤计），kg/t；p_j 为统计期内各工序实物产量与钢产量之比（钢比系数）。

其中对于工序能耗，《钢铁企业节能设计标准》（GB/T 50632—2019）中给出的定义如下：工序能耗是工序单位产品能耗的简称，指在统计期内，该工序每生产 1t 合格工序产品，扣除本工序回收能源量后的各种能源消耗总量。可以得到工序能耗计算表达式：

$$e_j = (e_{jz} - e_{jh})/P_j \tag{1-5}$$

式中，e_j 为工序单位产品能耗（以标煤计），kg/t；e_{jz} 为工序消耗能源的折标准煤量总和（以标煤计），kg；e_{jh} 为工序回收能源的折标准煤量总和（以标煤计），kg；P_j 为工序生产合格产品产量，t。

1.3.4 能源利用效率

能源利用效率可简称能效，是生产体系中供给能量的有效利用程度在数量上的表示，它等于有效利用能量对供给能量的百分数：

$$能源利用效率 = \frac{有效利用能量}{供给能量} \times 100\% \tag{1-6}$$

供给能量包括体系实际消耗的一次能源、二次能源以及耗能工质的总量。有效利用能量是指体系终端利用所必需的能量，包括用于生产、运输、照明、采暖等过程的有效利用能量。

在计算能源利用效率时，需明确划定生产体系，针对单一设备、工序以及整体流程，能源量的统计和测算方法有所不同。对单一设备和工序，一般可以直接统计计算各种能源的消耗量；对整体流程或整个企业，往往要划分到各个生产部门，需要统计主体生产系统、辅助和附属生产系统的能源量以及体系的能源亏损量。有效利用能量的测算方法与实际工艺过程的性质有关，可以在理论上分析计算工艺过程必须消耗的能量（理论法），也可以根据设计规范、运行统计数据等来规定统一的消耗定额指标（指标法），针对难以理论计算的过程，还可以结合实际测试及生产经验来分析确定其有效能（经验测试法）。

当供给能量采用各种能源的当量值累加计算时，能源利用效率可以称作能量利用率；当供给能量采用各种能源的等价值累加计算时，能源利用效率可以称作能源利用率。能源利用率是将购入的二次能源的转换损失（例如电能等）均归在企业内部，相当于包含体系外二次能源生产过程的综合能源利用效率。例如，某生产企业消耗外购电力较多，其能源利用率会显著低于其能量利用率，因为在能源利用率计算中把电力生产过程的能量损失也计入供给能量中。能量利用率反映体系对供给能量的有效利用程度，而能源利用率反映体系直接和间接消耗一次能源的利用效率，在考虑环境效应评价时，能源利用率更具可比性[1]。

1.4 钢铁工业能耗现状与发展趋势

1.4.1 钢铁工业能耗现状

我国钢铁工业粗钢产量整体上一直呈增长态势，从 2000 年的 12850 万吨到 2020 年的 106476 万吨，粗钢年产量增加近 8 倍。而钢铁工业作为能源消耗大户，根据中国能源统计数据，2018 年钢铁工业能源消耗量为 62279 万吨标准煤，占全国总能源消耗量的 13% 左右。钢铁工业主要消耗的能源物质及消耗量见表 1-6。其中焦炭和煤炭是主要的能源物质，消耗量占能源消耗总量的 70%~80%，且消耗量在逐年增加；电力的消耗量占 10% 左右，消耗量也在逐年增加；燃料油的用量很少，而且在逐年减少；2000 年以后，天然气、可再生能源和新能源等在逐年增加。与世界主要产钢国钢铁行业能源结构相比，我国钢铁行业消耗的煤炭比例远高于其他产钢国，而天然气和燃料油的比重明显低于发达国家。

表 1-6 中国钢铁行业能源消耗量

年份	煤炭 /万吨	焦炭 /万吨	电力 /亿千瓦时	燃料油 /万吨	天然气 /亿立方米	能源消耗总量 （以标煤计）/万吨
1997 年	12673	7849	934.16	421.82	2.44	18155.5
2000 年	11133	7720	1077.69	332.01	1.71	16791.6
2005 年	19187	19032	2544.4	187.42	10.68	35988.23
2010 年	30749	33448	4611.61	23.91	21.43	66873
2011 年	33886	35449	5248.27	9.13	28.56	64726
2012 年	34104	38367	5220.52	7.88	33.12	67376
2013 年	34531	39313	5704.23	7.99	38.2	68839
2014 年	34527	40146	5795.6	5.48	43.56	69342
2015 年	33512	37336	5332.61	3.8	44.05	63951
2016 年	30384	38439	5281.67	2.86	52.48	62101
2017 年	29440	37521	5261.49	2.13	59.39	60934.21
2018 年	29308	37152	6142	1	110	62279

注：数据来自中国统计年鉴。

根据中国钢铁工业协会统计数据，中国钢铁工业协会会员单位各工序能耗见表 1-7[6]。从表中可以看出，在整个钢铁生产过程中，高炉工序即炼铁工序是能耗最大的工序，其能耗量占总能耗的 68% 左右，其次是焦化工序占 17% 左右。目前来看，部分钢铁企业的工序能耗指标已达到或接近国际先进水平，而部分钢铁企业的能耗值较高与先进值存在一定差距。由此可以看出，我国钢铁企业的发展存在不平衡。这些差距主要来自各企业间节能设备的推广使用情况以及余能余热回收利用程度等。因此，我国钢铁行业还有节能潜力。

表 1-7 中国钢铁工业协会会员单位能耗情况对比

年份	吨钢综合能耗（以标煤计）/kg·t⁻¹	各生产过程能耗（以标煤计）/kg·t⁻¹							吨钢电耗/kW·h	吨钢耗新水/m³
		烧结	球团	焦化	炼铁	电炉	转炉	钢加工		
2018 年	559.35	48.65	25.41	106.93	391.74	55.70	-13.36	54.84	452.84	2.74
2019 年	552.96	48.53	23.43	105.81	388.52	53.04	-13.85	53.73	455.09	2.56
2019 年最低值		39.0	16.16	75.94	322.6	21.84	-32.94	27.30	206.46	0.93
2019 年最高值		55.25	33.60	144.52	427.46	113.24	11.89	141.80	794.09	6.39

1.4.2 钢铁工业节能方向和趋势

近年来，随着中国钢铁工业生产结构调整、节能减排技术普及和节能管理水平提高，能源消耗得到进一步下降，节能减排工作取得了一定的进步，部分企业生产技术经济指标达到世界先进水平。1996~2016 年的 20 年间，钢铁工业综合能耗进一步降低，重点大中型企业的吨钢综合能耗由 33.2GJ 下降到 17.2GJ，节能降耗成效显著[7]。但是，钢铁工业节能减排的道路仍是任重而道远。

国家发展改革委每年会给出当年重点推广的节能低碳技术目录，目的是加快节能技术进步，引导用能单位采用先进适用的节能新技术、新装备、新工艺，促进能源资源节约集约利用，促进绿色发展。目前，钢铁生产过程中仍存在未能回收利用的余能余热资源。因此，研发和运用新的余能余热回收技术，提高二次能源回收利用率对提高钢铁企业节能减排具有重要意义，也是未来钢铁工业节能发展的重要方向。

钢铁工业节能管理方式经历了从经验管理向现代化管理的转变，节能管理体系经历了从单一节能向整个企业管理体系综合管理的转变，整体节能管理水平提升。近年来，随着能源管理中心、能源管理体系在钢铁行业的推广应用，钢铁行业逐步面向系统化、精细化管理行列。但目前钢铁企业的能源管理仍处在数据显示阶段，能源系统的优化基本为离线优化，未能实现在线的处理和优化，这距离真正意义上的系统节能管理存在差距。智慧能源系统是解决钢铁企业能源管理的新方向。智慧能源系统是将钢铁企业能源管理系统作为"能源网络"进行智慧设计、建设和管理，实现企业能源流网络化、定制化、智能化，通过全网设计和全网优化的理念实现钢铁企业能源的高效利用、可持续可循环利用。重点是对钢铁企业能源管理开展能源网络智能设计、建设和管理，对能源的可持续性、可循环性利用通过全网设计和全网优化的理念来进行管理、实现和完成，构建钢铁企业大系统能源专家系统及企业内外综合能源专家系统[8]。

国家工信部发布的《绿色制造工业实施指南（2016~2020年）》中指出绿色制造是工业转型升级的必由之路，实施能源利用高效低碳化改造是重点任务之一。《指南》明确指出："加快应用先进节能低碳技术装备，提升能源利用效率，扩大新能源应用比例。重点实施高耗能设备系统节能改造，力争使在用的工业锅炉（窑炉）、电机（水泵、风机、空压机）系统、变压器等通用设备运行能效指标达到国内先进标准。深入推进流程工业系统节能改造，重点推广原料优化、能源梯级利用、可循环、流程再造等系统优化工艺技术，普及低品位余热余压发电、制冷、供热及循环利用。推广工业用能低碳化，积极使用新能源，开展电力需求侧管理，大力建设厂区、园区新能源、分布式能源和智能微电网。"因此，探索低消耗、低排放、高效率的制造工艺和高效回收利用余能余热资源是钢铁工业节能降耗的方向。

参 考 文 献

[1] 徐安军. 冶金流程工程学基础教程 [M]. 北京：冶金工业出版社，2019.

[2] 王维兴. 2019年上半年钢铁工业用水、节水和水质情况分析 [N]. 世界金属导报，2019-10-08（B16）.

[3] 全国能源基础与管理标准化技术委员会能源管理分委员会. GB/T 3484—2009 企业能量平衡通则 [S]. 北京：中国计划出版社，2009.

[4] 全国能源基础与管理标准化技术委员会（SAC/TC 20）. GB/T 2589—2020 综合能耗计算通则 [S]. 北京：中国计划出版社，2020.

[5] 中国冶金建设协会. GB/T 50632—2019 钢铁企业节能设计标准 [S]. 北京：中国计划出版社，2019.

[6] 王维兴. 2019年中钢协会员单位能源消耗评述 [N]. 世界金属导报，2020-05-26（B14）.

[7] 张琦，张薇，王玉洁，等. 中国钢铁工业节能减排潜力及能效提升途径 [J]. 钢铁，2019，54（2）：13~20.

[8] 李冰，李新创，李闯. 国内外钢铁工业能源高效利用新进展 [J]. 工程研究——跨学科视野中的工程，2017，9（1）：68~77.

2 能量转换基本原理

钢铁生产过程离不开能源和能量的转换与利用。自然界存在的各种能源（如煤、石油、天然气等），通常需要经过转换变成所需要的能量形式后（通常是电能、热能等）再加以利用。

能量转换过程中必须遵守的基本规律是热力学第一定律，即能量守恒定律。但是，对涉及热能和某些化学能转换的过程，仅仅基于能量守恒定律（即能量在数量上的守恒关系）进行分析，往往会掩盖不同形式的能量在"质量"上的差异。例如：对于不同温度水平的热能，即使能量在数量上相等，但其利用价值和品质并不相同。因此，为了更加有效地利用各种能量，正确地指导节能工作的开展，找到高品质能量损失的关键所在，需从量和质两个方面对能量进行全面评价。

自 19 世纪 50 年代起，热力学第一定律和第二定律得到了确立。在此基础上，学术界和工程界拥有了评价能量"数量"和"质量"的工具。特别是 20 世纪 50 年代起，基于热力学第二定律，学术界提出了兼顾能量数量和品质的"㶲"参数，并逐步用于评价各类能量转换与利用过程。经过几十年的发展，㶲分析方法对各类能源应用技术的节能评价和技术改进产生了深远的影响。因此，本章主要介绍能量转换过程中的基本原理[1,2]，包括用于评价能量数量关系的"能量守恒定律"和用于评价能量质量的"㶲分析方法"，并重点介绍㶲的概念、各类㶲和㶲损失的计算及㶲分析的具体方法。

2.1 能量转换过程基本原理

2.1.1 常见的能量转换过程

自然界由不断运动着的物质构成，而物质的运动形态是多种多样的。物质的每一种运动都具有做功能力，就是通常所说的具有"能"。不同运动形式的能分别被称为机械能、热能、化学能、电能、光能、原子能等。钢铁生产过程中，涉及的能量形式主要有以下几种：

（1）热能。热能是钢铁企业消耗的最主要的能源形式之一，约占总体利用能源的 80%。热能的主要来源为化石燃料燃烧所释放出的化学反应热，例如提供高炉炼铁过程的还原反应所需的热量，炉内物料（原料或中间产品）加热、热处理过程中所需的热量等，均为热能。

（2）机械能。多用于流体的输送和压缩，一般是采用鼓风机、泵、压缩机等，提高流体的压力和速度，满足输送的需求；同时，物料的运输、提升、压延、破碎、机械加工等，也都会用到机械能。机械能大部分由电能转换而来，也有利用蒸汽动力装置直接拖动的。

（3）电能。主要是通过电动机转换成机械能，同时可提供照明、电热等。

（4）化学能。最常见的是燃料燃烧，将燃料蕴藏的化学能转换成热能。在转炉炼钢过程中，铁中碳的氧化反应也能使化学能转换成热能。

上述几种能量形式之间相互转换的关系见表 2-1。不同形式的能量之间的转换，有些是可能的，有些是不可能的；有些可以全部转换，有些只能部分地转换；有的在理论上正向、逆向都相同；有的需要一定条件。例如，电能与机械能之间，理论上可百分之百地相互转换，它们又可完全转换成热能。然而，热能则绝对不可能达到百分之百地转换成电能或机械能，并且，热能只可能从高温向低温方向传递。

表 2-1 四种主要能量形式之间的相互转换过程

输入能	输出能			
	热能	化学能	机械能	电能
热能	传热过程	吸热反应	热力发动机	热电偶
化学能	燃烧过程	化学反应	肌肉、渗透压	电池
机械能	摩擦	—	机械传动	发电机
电能	电热	电解	电动机	变压器

上述常见的几种能量形式，可由多种一次能源转换而来，常见的能量转换装置见表 2-2。实际中，由于一次能源具有不同的固有特性，因此，对于选择能源以及能量转换和利用是很必要的。例如，太阳能的绝对数量极大，但辐射到地面上的能流密度很小，而且随时随地不断变化；水力资源的能量比较集中，但受到地域限制，就地不能全部利用，需要解决能量的储存和输送问题；化石燃料虽具有现成的化学能，但不能直接利用，要通过燃烧过程转换为热能后才便于使用。而且，来源不同的各种化石燃料中，能量也有集中或分散使用的技术经济问题。从生产和生活中实际大量用能的过程来看，目前绝大多数一次能源都首先经过转换成热能的形式，或者直接使用，以满足各种工艺流程和生活的需要；或者通过热机等进一步转化为机械能和电能后再利用。经过热能这个重要环节而被利用的能量，在我国占 90% 左右，世界各国平均也超过 85%。

表 2-2 各种能源间的转换方式及转换装置

能源种类	转换方式	转换装置
水能、风能、潮汐、波浪	机械能→机械能	水车、风车、水轮机
	机械能→电能	水力发电、风力发电
太阳能	光能→热能	太阳能取暖、热水器
	光能→热能→机械能	太阳能热机
	光能→热能→机械能→电能	热力发电装置
	光能→热能→电能	热电及热电子发电
	光能→电能	太阳能电池、光化学电池
煤、石油等化石燃料 氢、酒精等二次燃料	化学能→热能	燃烧装置、锅炉
	化学能→热能→机械能	各种热力发动机
	化学能→热能→机械能→电能	热力发电厂
	化学能→热能→电能	磁流体发电、热电发电、燃料电池
地热能	热能→机械能→电能	蒸汽透平发电
核能	核裂变→热能→机械能→电能	现有的核电站
	核裂变→热能→电能	磁流体发电、热电发电、热电子发电

在实现能量转换时，一般对转换装置有以下几项基本要求：

（1）转换效率要高。转换效率的一般定义是指转换后得到的能量（收益）与转换前耗费的能量（支付）之比。转换效率可以指一个设备，也可以指一个系统。能量可以是指数量而言，也可以是指质量而言。例如，煤气的燃烧效率比煤的燃烧效率要高得多，但是，城市煤气多数也是由煤转换而来。在比较转换效率时，要对煤→煤气→热能的转换系统与煤→热能的转换系统进行比较才有意义。由于煤气的转换系统效率比煤直接燃烧的效率高，煤气化是节能的一个重要方向。

（2）转换速度要快，能流密度要大。一般的能量转换装置希望用尽量紧凑的设备转换更多的能量。例如，一般的热交换器希望传热强度尽可能大，单位面积上传递的热量尽可能多，可以用最小的装置满足热交换的要求。尤其是在一些移动式设备上（如汽车、火车等），要求装置尽可能紧凑。目前，内燃机比燃料电池的转换速度和能流密度都要大得多，因此多用于汽车等设备上。另外，在一些通过化学反应进行能量转换的过程中，往往可以通过提高反应温度或使用催化剂来增加转换的速度。

（3）具有良好的负荷调节性能。一种能量转换装置往往需要根据用能一方的要求来调节转换能量的多少。电能是调节最方便的二次能源，因此使用最广泛。为了调节负荷的需要，必要时可采用储能装置。

（4）满足环境的要求和经济上的合理。燃烧过程的污染是造成环境污染的主要根源，防止燃烧污染是当前能量转换领域的重要课题。但是这一要求通常与经济性又有矛盾。太阳能、风力等均为清洁能源，但是，要大规模地利用，还有许多问题需要解决。因此，应当把降低污染与经济性的统一作为努力的方向。

2.1.2　能量守恒定律

热力学第一定律表达了能量守恒这一自然规律。即：能量可以由一种形式转换为另一种形式，从一个物体传递给另一个物体，但在转换和传递过程中，其总能量的数量保持不变。

对任何的能量转换系统来说，能量守恒定律可写成下式：

$$输入能量 - 输出能量 = 储存能量的变化 \qquad (2\text{-}1)$$

对于封闭系统，热力学第一定律可表达为：

$$Q = \Delta E + W \qquad (2\text{-}2)$$

式中，Q 为输入的热量；W 为输出的功量，当实际为输出热量或输入功量时，则取负值；ΔE 为储存能量的变化，包括宏观运动的动能、位能以及热力学能的变化，存储能量增加时取正值。

对生产上实际的能量转换装置或整个生产工序，在正常情况下，其物流与能流均可看成是稳定的。如果将它作为研究系统（见图 2-1），则为一个稳定流动系统。一般情况下，可忽略宏观的流动动能及位能的变化。输入的能量为流体带入的焓 H_i、输入的热量 Q_i 和功量 W_i，输出的能量为流体带出的焓 H_e、输出的热量 Q_e 和功量 W_e。对稳定流动来说，体系内部储存的能量保持稳定不变，则式（2-1）可写成：

图 2-1　稳定流动系统示意图

$$H_i + Q_i + W_i = H_e + Q_e + W_e \qquad (2\text{-}3)$$

式（2-3）是稳定流动系统的第一定律表达式，也就是能量平衡关系式。

另外对单纯的热设备，例如加热炉，由于系统和外界无功量的交换，即 $W = 0$，则：

$$H_i + Q_i = H_e + Q_e \qquad (2\text{-}4)$$

式（2-4）即为热平衡关系式。在进行热工设备的热平衡测定时，就是要测定为了计算各股物流的焓值及热量所需的数据，还可根据热平衡关系校核测定的准确性，然后可计算出热效率以及各项热损失的大小。

由于焓的绝对值是不能求得的，因此，在计算各项焓值时，实际上是指该状态的焓值与基准状态下的焓值的差值，并取基准状态（例如 0℃，101325Pa）下的焓值为零。所取的基准状态不同，不影响平衡结果。但是，在同一平衡关系中，需选取一致的基准状态。

供给热设备的燃料，实际是在炉内（体系内）进行燃烧反应而释放出热量。因此，对热平衡关系式（2-4）来说，可认为 $Q_i = 0$。而在 H_i 中应包括燃料与氧气的焓，在 H_e 中应包括燃烧产物（CO_2、H_2O 等）的焓。按这种方法考虑的能量平衡关系也称"焓平衡"。对于焦炉来说，装入炉内的洗精煤，绝大部分是作为加工成焦炭的原料，并不参加燃烧反应，因此，用焓平衡计算较为方便、合理。对于一般的加热炉、锅炉等热工设备，燃料是作为热源提供者，习惯上是用燃料的发热值代替燃料与燃烧产物的焓差，作为 Q_i 项计入。

在热平衡关系式中，焓与热量具有相同的单位。但是，焓是指能量，"某物料带入多少热量"的说法，严格来讲是不确切的。

2.1.3 能量品质的评价——㶲

能量守恒定律说明了不同形式的能量在转换时数量上的守恒关系，但是它没有区分不同形式的能量在质上的差别。

热力学第二定律指出了能量转换的方向性，即自然界一切自发的变化过程都是从不平衡状态趋于平衡状态，而不可能相反。例如，热能会自发地从高温物体传向低温物体，高压流体会自发地流入低压空间等。相反的过程，例如让一杯温水中的一半放出热量变为冷水，另一半吸收热量变为热水，虽不违反热力学第一定律，但这样的过程不可能自发地发生。绝热节流过程是节流前后能量不变的过程，但是节流后流体的压力降低，能量的质量下降。

上述事例说明不同能量的可转换性不同，反映了其可利用性不相等，也就是它们的质量不同。当能量已无法转换成其他形式的能量时，它就失去了它的利用价值。根据能量可转换性的不同，可以分为三类：

（1）高级能。可以不受限制地、完全转换的能量。例如电能、机械能、位能（水力等）、动能（风力等）。从本质上来说，高级能是完全有序运动的能量。它们在数量上与质量上是统一的。

（2）中级能。具有部分转换能力的能量，即具有部分转换为功的能力。例如热能、物质的热力学能、焓等。它只能一部分转变为第一类有序运动的能量。即根据热力学第二定律，热能不可能连续地、全部变为功，它的热效率总是小于1。中级能的数量与质量是不统一的。

（3）低级能。受自然界环境所限，完全没有转换能力的能量。例如处于环境状态下的大气、海洋、岩石等所具有的热力学能和焓，虽然它们具有相当数量的能量，但在技术上无法使它转变为功。因此，它们是只有数量而无质量的能量。

从物理意义上说，能量的品位高低取决于其有序性。第二、三类能量是组成物系的分子、原子的能量总和。这些粒子的运动是无规则的，因而不能全部转变为有序的能量。为了衡量能量的可用性，一般采用"可用能"或"㶲"（exergy）作为衡量能量质量的物理量。

㶲指的是在一定环境条件下，通过一系列的变化（可逆过程），最终达到与环境处于平衡时，所能做出的最大功。或者说，某种能量在理论上能够可逆地转换为功的最大数量，称为该能量中具有的可用能，用 E_x 表示。

由此可见，㶲是指能量中的可用能的那部分。这也就意味着，能量可分成可用能和不可用能两部分。通常，将可用能称为㶲；而不可用能称为炕（anergy），用 A_n 来表示。因此，可以将能量表示为㶲与炕的加和：

$$E = E_x + A_n \qquad (2\text{-}5)$$

对环境状态而言，能量中没有可用能部分，即对于低级能，$E_x = 0$，$E = A_n$。

对高级能而言，能量中全部为可用能，即 $E = E_x$，$A_n = 0$。

对热能这样的中级能，$E > E_x$，$E = E_x + A_n$。

根据热力学第一定律，在不同的能量转换过程中，总㶲与总炕之和（即总能量）保持不变；根据热力学第二定律，总㶲只可能减少，最多保持不变（仅在可逆过程中）。

另外，由于能量中所含㶲的多少反映了该能量的质量高低。通常能量中㶲所占的比例称为能级，也叫有效度，用 λ 表示：

$$\lambda = \frac{E_x}{E} \qquad (2\text{-}6)$$

能级也可以表示能量质量的高低。对于高级能，$\lambda = 1$；对于低级能，$\lambda = 0$；对于中级能，$\lambda < 1$。

2.2 物理㶲

由于与环境的温度、压力不同属于物理不平衡，因而具有的㶲称作物理㶲。物理㶲包括热量㶲、温度㶲和压力㶲等。

2.2.1 热量㶲

热能是属于第二类能量。它具有的㶲（可用能）取决于它的状态参数（温度、压力等），同时与环境状态有关。当热能的参数与环境相同，即与环境处于平衡状态时，其㶲值为零。但是，只要与环境处于不平衡状态，它就具有一定的㶲值；在向环境趋于平衡的变化过程中，能够做出功。

热量是一个系统通过边界以传热的形式传递的能量。系统所传递的热量在给定环境条件下，用可逆方式所能做出的最大功称为该热量的㶲。

热量所能转变为功的数量与它的温度水平有关。如果从热力学温度 T 恒温热

源取得热量 Q，当环境温度为 T_0 时，根据卡诺定理，通过可逆热机它能转换成功的最大比例（最高效率）是取决于卡诺热机的效率 η_c：

$$\eta_c = 1 - \frac{T_0}{T} \tag{2-7}$$

通常，η_c 也称为卡诺因子或卡诺系数。因此，由热量可能得到的最大功 $W_{\max}$ 为：

$$W_{\max} = Q\left(1 - \frac{T_0}{T}\right) \tag{2-8}$$

根据热量㶲的概念，$W_{\max}$ 即为热量㶲 E_{XQ}。由式（2-8）可见，热量㶲等于该热量与卡诺因子的乘积。传递热量的温度水平越高，环境温度越低，则卡诺因子及热量㶲越大。

需要注意的是，热量㶲是热量本身的固有特性。当一个系统吸收热量时，同时吸收了该热量中的㶲；反之，当放出热量时，同时放出了该热量中的㶲。通过可逆热机可将㶲以功的形式表现出来。

另外，热量中不能转换为功的部分为 QT_0/T，即为炻（A_{nQ}）。热量为热量㶲与热量炻之和：

$$Q = E_{\mathrm{xQ}} + A_{\mathrm{nQ}} \tag{2-9}$$

当热源的热容量有限，放热过程中热源温度发生变化时（变温热源），对微小的放热过程 δQ，式（2-8）的关系仍然成立。即：

$$\delta E_{\mathrm{xQ}} = \left(1 - \frac{T_0}{T}\right)\delta Q \tag{2-10}$$

对整个放热过程 Q，则可通过积分的方法，获得热量㶲：

$$E_{\mathrm{xQ}} = \int_1^2 \left(1 - \frac{T_0}{T}\right)\delta Q \tag{2-11}$$

热源放出热量，焓将减小，在无相变时，温度将降低。它们的关系为：

$$\delta Q = -\,\mathrm{d}H = -\,mc_p\mathrm{d}T \tag{2-12}$$

式中，m 为热源的质量，kg；c_p 为热源的质量定压热容，$\mathrm{J/(kg \cdot K)}$。

则热源放出热量 Q，温度从 T 降至 T_0 时的热量㶲为：

$$
\begin{aligned}
E_{\mathrm{xQ}} &= \int\left(1 - \frac{T_0}{T}\right)\delta Q \\
&= -\int\left(1 - \frac{T_0}{T}\right)mc_p\mathrm{d}T \\
&= mc_p(T - T_0) - T_0 mc_p\ln\frac{T}{T_0} \\
&= mc_p(T - T_0)\left(1 - \frac{T_0}{T - T_0}\ln\frac{T}{T_0}\right)
\end{aligned}
\tag{2-13}
$$

同理，根据上述关系，当热源放出热量 Q，温度从 T_1 降至 T_2 时的热量㶲为：

$$E_{xQ} = \int_1^2 \left(1 - \frac{T_0}{T}\right) \delta Q = mc_p (T_1 - T_2)\left(1 - \frac{T_0}{T_1 - T_2}\ln\frac{T_1}{T_2}\right) \tag{2-14}$$

2.2.2 稳定流动系统工质的㶲

对处于稳定流动状态的工质，如果它的状态参数分别为压力 p、温度 T、焓 H、熵 S，如图 2-2 所示。当忽略宏观运动的动能和位能时，工质具有的能量为焓，因此，它所具有的㶲（也叫焓㶲）是指经过一系列状态变化过程后，最终达到与环境平衡时（环境状态下各状态参数用下标 "0" 表示）所能做出的最大功 W_{max}。

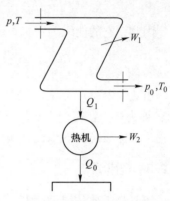

图 2-2 开口体系的焓㶲

要使做出的功为最大，这一系列的过程必须是可逆过程。设在这些过程中，共做出功 W_1，放出热 Q_1。因为放热过程并不是在环境温度下进行，在该热量中还具有一定的做功能力，可以假想通过一个可逆热机可做出功 W_2，最终向环境放出热 Q_0。因此，它共能做出的最大功应为 $W_{max} = W_1 + W_2$。

根据能量平衡关系，将热机也包括在体系之内，则：

$$H = H_0 + W_1 + W_2 + Q_0 \tag{2-15}$$

它所具有的㶲值为：

$$E_x = W_{max} = W_1 + W_2 = H - H_0 - Q_0 \tag{2-16}$$

由于上述的所有过程均为可逆，对可逆过程，总熵变（包括体系与环境的熵变之和）应为零。而工质本身的熵由 S 变化到 S_0；热机循环的熵变为零；环境接受热量为 Q_0，熵增为 Q_0/T_0。因此，总熵变为：

$$S_0 - S + \frac{Q_0}{T_0} = 0 \tag{2-17}$$

$$Q_0 = T_0(S - S_0) \tag{2-18}$$

将式（2-17）和式（2-18）代入式（2-16）可得：

$$E_x = (H - H_0) - T_0(S - S_0) \tag{2-19}$$

式（2-19）是计算一定状态下稳定流动体系工质的㶲的基本公式。由于实际所遇到的过程绝大多数是流动体系，因此，焓㶲也可看成是㶲的基本表示式。由式（2-19）可见，相对于一定的环境状态，㶲由状态参数可以确定，因此它本身也是一个状态参数。

对于 1kg 工质，单位㶲（比㶲）e_x 为：

$$e_\mathrm{x} = (h - h_0) - T_0(s - s_0) \tag{2-20}$$

式中，h 为工质的比焓；h_0 为工质在环境状态下的比焓；s 为工质的比熵；s_0 为工质在环境状态下的比熵。

对于开口体系，在不考虑宏观运动的动能和位能时，工质具有的总能即为其焓，与环境状态相比，所具有的能量为：

$$e_\mathrm{x} = h - h_0 \tag{2-21}$$

因此，它的能级为：

$$\lambda = \frac{e_\mathrm{x}}{h - h_0} = \frac{(h - h_0) - T_0(s - s_0)}{h - h_0} = 1 - T_0 \frac{\Delta s}{h - h_0} \tag{2-22}$$

由式（2-22）可见，它的能级也小于 1。能级的高低与熵差 Δs 有直接关系，$T_0 \Delta s$ 即为炕。在转变为功的过程中，工质的熵变量越大，炕就越大，相应的炕值就越小，能级越低。因此，熵变量也可以用来评价热能的品质。

2.2.3　温度㶲

当只是工质的温度（T）与环境温度（T_0）不同，压力与环境相同时，它所具有的㶲叫温度㶲。当工质无相变，并已知其比热容时，由于：

$$\mathrm{d}h = c_p \mathrm{d}T \tag{2-23}$$

$$\mathrm{d}s = \frac{\delta q}{T} = \frac{c_p \mathrm{d}T}{T} \tag{2-24}$$

则根据焓㶲的表达式，可得其温度㶲为：

$$e_\mathrm{xT} = \int_{T_0}^{T} c_p \mathrm{d}T - T_0 \int_{T_0}^{T} \frac{c_p}{T} \mathrm{d}T \tag{2-25}$$

当物质的温度高于环境温度时，由于温度的不平衡所具有的可用能即为其温度㶲。当其比定压热容近似地视为常数时，则：

$$\begin{aligned}
e_\mathrm{xT} &= c_p \int_{T_0}^{T} \mathrm{d}T - c_p T_0 \int_{T_0}^{T} \frac{\mathrm{d}T}{T} \\
&= c_p \left[(T - T_0) - T_0 \ln \frac{T}{T_0} \right] \\
&= c_p (T - T_0) \left[1 - \frac{T_0}{T - T_0} \ln \frac{T}{T_0} \right] \\
&= (h - h_0) \left[1 - \frac{T_0}{T - T_0} \ln \frac{T}{T_0} \right]
\end{aligned} \tag{2-26}$$

在式（2-26）的温度㶲的计算公式的推导过程中，并没有要求必须是 $T > T_0$，因此，对 $T < T_0$ 时（低温物质）也同样可以适用。另外，当温度低于环境温度时，即 $(T - T_0) < 0$，按式（2-16）计算的温度㶲仍为正值。即低于环境温度

的物质，它也具有可用能。这是不违背热力学基本定律的。

因为，焓的数值是一个相对值，通常将在环境温度下的焓设为零，当物质的温度低于环境温度时，就认为它的能量（焓）为负值。但是，根据热力学第二定律，要获得低于环境的温度，需要消耗外部一定的能量。所以，从可逆过程来看，将它回复到环境状态时，也应具有一定的对外做功的能力，即具有正的㶲值。

2.2.4 压力㶲

压力㶲是指温度与环境温度相同，压力 p 与环境压力 p_0 不同时所具有的㶲值。

2.2.4.1 开口体系

根据热力学中熵的微分关系式：

$$ds = c_p \frac{dT}{T} - R \frac{dp}{p} \tag{2-27}$$

以及开口体系稳定流动时焓㶲的表达式可得：

$$de_x = dh - T_0 ds = c_p dT - \frac{c_p T_0}{T} dT + RT_0 \frac{dp}{p} \tag{2-28}$$

在 $dT=0$ 的条件下，对开口体系的工质压力㶲为：

$$e_{xp} = \int_{p_0}^{p} RT_0 \frac{dp}{p} = RT_0 \ln \frac{p}{p_0} \tag{2-29}$$

压力㶲相当于工质在等温流动时由于膨胀做出的技术功。由式（2-29）可见，当 $p < p_0$ 时，e_{xp} 为负值。这是因为对压力低于环境压力的工质，流入环境状态内时必须要消耗外功，所以它的压力㶲为负值。

2.2.4.2 闭口体系

如果考虑封闭于气缸中的工质（闭口体系），温度为 T_0，压力为 p，体积为 V，则等温可逆膨胀到与外界压力 p_0 呈平衡状态时，气体做出的外功 W 为：

$$W = \int_{V}^{V_0} p dV \tag{2-30}$$

但是，反抗大气压力 p_0 做的功并不能作为有效功加以利用，因此，其有效功即封闭体系的工质的压力㶲为：

$$E_{xp} = W - \int_{V}^{V_0} p_0 dV = \int_{V}^{V_0} (p - p_0) dV \tag{2-31}$$

根据理想气体状态方程 $pV = nRT_0$ 可得：

$$p dV + V dp = 0 \tag{2-32}$$

$$dV = -\frac{V}{p} dp = -nRT_0 \frac{dp}{p^2} \tag{2-33}$$

将它代入式（2-31），积分后可得：

$$E_{xp} = -nRT_0 \int_p^{p_0} \frac{\mathrm{d}p}{p} + nRT_0 p_0 \int_p^{p_0} \frac{\mathrm{d}p}{p^2} = nRT_0 \left[\ln \frac{p}{p_0} - \left(1 - \frac{p_0}{p} \right) \right] \qquad (2\text{-}34)$$

式中，n 为气体物质的量，mol；R 为气体常数。

由于每 1kmol 气体，在标准状态下占的体积为 22.4m³，因此，每 1m³（标准）的气体所具有的压力㶲（kJ/m³）为：

$$e'_{xp} = \frac{RT_0}{22.4} \left[\ln \frac{p}{p_0} - \left(1 - \frac{p_0}{p} \right) \right] \qquad (2\text{-}35)$$

由式（2-35）可见，当 $p = p_0$ 时，压力㶲为零。对封闭体系来说，当 $p \neq p_0$ 时，不论 $p > p_0$ 还是 $p < p_0$，压力㶲始终为正值。这是因为对真空空间来说，由于造成真空空间也需要消耗能量，它与环境存在压差，使气体从环境流入真空容器的过程中，同样可以做出功。

2.2.5　水和水蒸气的㶲

水和水蒸气是最常用的工质。它的热力性质已详细地制成蒸汽表和线图，根据压力和温度可以查出相应的焓值及熵值。因此，它们的㶲值只要利用蒸汽图表查出该状态（h，s）及环境状态下的焓、熵数据（h_0，s_0），不难由焓㶲的公式求得。而环境状态下的数据取环境温度下饱和水的值（或取环境温度下饱和水蒸气的值，不影响结果）。

另外，在此基础上，同样可编制出不同状态下的㶲值表。在环境状态取定的情况下，㶲也可按状态参数处理。对此，实际中，为了工程应用方便，绘制了㶲-熵图（见图 2-3）和㶲-焓图（见图 2-4）。

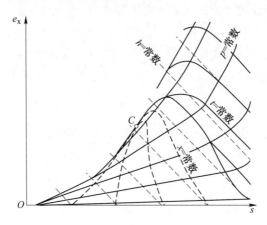

图 2-3　水蒸气的㶲-熵图

需要指出的是，在绘制㶲-熵图和㶲-焓图时，环境温度和环境压力是取定的。当实际环境状态（主要是温度）与绘图时的取值不同时，需对㶲值进行修

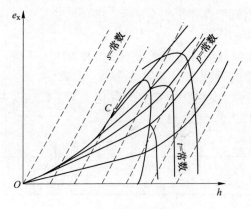

图 2-4　水蒸气的㶲-焓图

正。实际环境为 $10^5\mathrm{Pa}$、273.15K 时水蒸气㶲修正公式如下：

$$e_{xH} = e'_{xH} - \delta e_{xH} \tag{2-36}$$

当 $T_0 = 10℃$ 时，　　　　$\delta e_{xH10} = 10s - 0.76$

当 $T_0 = 20℃$ 时，　　　　$\delta e_{xH20} = 20s - 3.00$

当 $T_0 = 30℃$ 时，　　　　$\delta e_{xH30} = 30s - 6.67$

当 $T_0 = 40℃$ 时，　　　　$\delta e_{xH40} = 40s - 11.71$

当 $T_0 = 50℃$ 时，　　　　$\delta e_{xH50} = 50s - 18.10$

2.2.6　潜热㶲

当物质在发生融化或气化等相变时，需要吸收热量，但温度保持不变。单位质量的物质相变所需的热量 r 称相变潜热。潜热㶲是指单位物质从相变开始至相变结束，吸收相变（融化或气化）潜热所产生㶲的变化。因此，潜热㶲是指物质在相变前后㶲的变化。

由焓㶲的定义可得，潜热㶲的计算公式为：

$$\Delta e_x = e_{x2} - e_{x1} = (h_2 - h_1) - T_0(s_2 - s_1) = r - T_0\frac{r}{T} = r\left(1 - \frac{T_0}{T}\right) \tag{2-37}$$

式中，T 为相变温度。

由式（2-37）可见，潜热㶲即为恒温热源热量㶲的一种形式。

2.3　化学㶲

2.3.1　化学㶲与基准体系

由于环境的温度、压力所具有的㶲为物理㶲。但是，环境是由处于完全平衡状态下的大气、地表和海洋中选定的参考物质所组成，因此，即使在环境温度 T_0

和压力 p_0 下，如果与环境存在化学不平衡，则仍可能具有可用能。这种由于化学不平衡具有的㶲称为化学㶲。

化学不平衡包括系统与环境的成分不平衡和组成不平衡。为了确定元素的化学㶲，首先需要规定与元素相对应的基准物。通常而言，对在大气中所含的元素，以表 2-3 所列的大气组成为基准；对其他元素，以表 2-4 所列的对应的稳定化合物（或纯物质）为基准物。

表 2-3 环境基准状态下的大气组成

组　分	N_2	O_2	Ar	CO_2	Ne	He	H_2O
组成（摩尔分数）/%	0.7557	0.2034	0.0091	0.0003	1.8×10^{-5}	5.24×10^{-6}	0.0316

表 2-4 元素的基准物

元素	基准物	元素	基准物	元素	基准物
Ag	AgCl	Mg	$CaCO_3 \cdot MgCO_3$	Au	Au
Al	Al_2O_3	Li	$LiNO_3$	Pt	Pt
Ca	$CaCO_3$	P	$Ca_3(PO_4)_2$	Ir	Ir
Cl	NaCl	Mn	MnO_2	Si	SiO_2
Cu	$CuCl_2 \cdot 3Cu(OH)_2$	S	$CaSO_4 \cdot 2H_2O$	Pb	PbClOH
Fe	Fe_2O_3	Ar	空气	K	KNO_3

这些基准物是环境（地壳、海水等）中存在的稳定化合物（例如 SiO_2、Fe_2O_3、Al_2O_3、$CaCO_3$、NaCl 等）或元素（例如 Au、Pt 等），或是对应的元素发生化学反应，生成的化合物中具有反应自由能 $\Delta G_f^{\ominus}$ 为最大者。这些物质处于完全的热力学平衡，相互之间不会自发地进行化学反应而做出有用功。因此将这些在化学上完全稳定的基准物的㶲值均规定为零。凡是与所规定的环境状态及基准物不处于化学平衡的物质，则都具有化学㶲。

2.3.2 混合气体的㶲

气体的混合过程是不同分子相互扩散的过程，它是一个不可逆过程，体系的总熵将增加，可用能（总㶲）将减少。设混合前两种气体具有相同的温度 T 和压力 p，物质的量（mol）分别有 n_1 和 n_2。混合前的㶲分别为：

$$E_{x1} = n_1 e_{x1} = n_1 \left[c_{p1}(T - T_0) - c_{p1} T_0 \ln \frac{T}{T_0} + RT_0 \ln \frac{p}{p_0} \right]$$

$$E_{x2} = n_2 e_{x2} = n_2 \left[c_{p2}(T - T_0) - c_{p2} T_0 \ln \frac{T}{T_0} + RT_0 \ln \frac{p}{p_0} \right]$$

混合后的温度和总压力保持不变，分压力分别为 p_1 和 p_2，则混合物的㶲为：

$$e'_{x1} = c_{p1}(T - T_0) - c_{p1} T_0 \ln \frac{T}{T_0} + RT_0 \ln \frac{p_1}{p_0}$$

$$e'_{x2} = c_{p2}(T - T_0) - c_{p2}T_0\ln\frac{T}{T_0} = RT_0\ln\frac{p_2}{p_0}$$

$$E_{xm} = n_1 e'_{x1} + n_2 e'_{x2} = n_1 e_{x1} + n_2 e_{x2} + n_1 RT_0\ln\frac{p_1}{p} + n_2 RT_0\ln\frac{p_2}{p}$$

$$= \sum_1^2 n_i e_{xi} + RT_0(n_1\ln x_1 + n_2\ln x_2)$$

其中　　　　　　　　　　　$$N = n_1 + n_2, \quad x_i = \frac{n_i}{N}$$

式中，N 为混合气体的总物质的量。

因此，对每摩尔混合气体，则有：

$$e_{xm} = \frac{E_{xm}}{N} = \sum_{i=1}^2 x_i e_{xi} + RT_0\sum_{i=1}^2 x_i\ln x_i \tag{2-38}$$

由于各组分的摩尔成分 $x_i < 1$，$\ln x_i < 0$，因此式中等号右边第二项为负值。所以，混合物的㶲值将小于组成混合气体的各组分的㶲值之和。

实际上，混合过程温度保持不变（$T_1 = T_2 = T$），熵的变化为：

$$\Delta s_1 = n_1\left(c_{p_1}\ln\frac{T_1}{T} - R\ln\frac{p_1}{p}\right) = -n_1 R\ln x_1$$

$$\Delta s_2 = -n_2 R\ln x_2$$

$$\Delta s = \sum_{i=1}^2 \Delta s_i = -NR\sum_{i=1}^2 x_i\ln x_i$$

$$\Delta s = -R\sum_{i=1}^2 x_i\ln x_i$$

因此，式（2-38）可推广至由 k 种组分组成的混合气体，并改写为：

$$e_{xm} = \sum_{i=1}^k x_i e_{xi} - T_0\Delta s \tag{2-39}$$

由此可见，由于气体混合引起㶲减少的数值与其熵增成正比。

作为环境组成之一的大气，本身就是混合气体，并且它的组成将随地点有所变化。一般以基准状态（25℃和0.1MPa）下的饱和湿空气作为基准，取其㶲值为零。环境大气的标准组成的规定见表2-3。

当成分和组成与环境不同而具有的㶲称为扩散㶲。以标准空气为基准，可以求出组成大气的各组分（纯气体）的标准㶲值。

根据式（2-38），标准空气的㶲为零，即：

$$e_{xm0} = \sum_{i=1}^7 x_{i0} e_{xi} + RT_0\sum_{i=1}^7 x_{i0}\ln x_{i0} = 0 \tag{2-40}$$

因此

$$\sum_{i=1}^7 x_{i0} e_{xi} = \sum_{i=1}^7 x_{i0} RT_0\ln\frac{1}{x_{i0}} \tag{2-41}$$

比较等式两边可知，要保持等式恒等，两边多项式对应的项应相等。则各组分（纯气体）的标准㶲值为：

$$e_{xi}^{\ominus} = RT_0 \ln \frac{1}{x_{i0}} \qquad (2\text{-}42)$$

根据表 2-3 中的各组分的标准摩尔分数 x_{i0}，就可计算出其㶲值。对氧的㶲值为：

$$e^{\ominus}(O_2) = RT_0 \ln \frac{1}{0.2034} = 8.314(J/mol \cdot K) \times 298.15(K) \times \ln \frac{1}{0.2034}$$
$$= 3948(J/mol)$$

同理，对 N_2、CO_2、H_2O 的标准㶲值为：

$$e^{\ominus}(N_2) = RT_0 \ln \frac{1}{0.7557} = 694(J/mol)$$

$$e^{\ominus}(CO_2) = RT_0 \ln \frac{1}{0.0003} = 20108(J/mol)$$

$$e^{\ominus}(H_2O) = RT_0 \ln \frac{1}{0.0316} = 8563(J/mol)$$

利用空气为原料，将空气进行分离，制取 O_2、N_2 时，由于要提高㶲值，就必须消耗能量。并且，制取的气体纯度越高，所需消耗的能量就越大。

根据上面求得的各纯组分的标准㶲值，可以求出由它们组成的任意成分的混合气体的㶲值。设该混合气体的成分分别为 x_i，并将式（2-42）代入式（2-38），则混合气体的㶲值为：

$$e_{xm} = \sum_{i=1}^{k} x_i e_{xi} + RT_0 \sum_{i=1}^{k} x_i \ln x_i = \sum_{i=1}^{k} x_i RT_0 \ln \frac{1}{x_{i0}} + RT_0 \sum_{i=1}^{k} x_i \ln x_i$$
$$= RT_0 \sum_{i=1}^{k} x_i \ln \frac{x_i}{x_{i0}} \qquad (2\text{-}43)$$

例如，对含氧为 30% 的富氧空气（其余为 N_2），其㶲值为：

$$e_{xm} = RT_0 \left(0.30\ln \frac{0.30}{0.2034} + 0.70\ln \frac{0.70}{0.7557} \right) = 0.06299RT_0 = 156(J/mol)$$

富氧空气的㶲值大于零，但比纯氧的㶲值还要小得多。

式（2-38）同样适用于理想溶液。式中等号右边的第 2 项表示理想最小分离功，或称分离㶲。

2.3.3 化学反应的㶲

由热力学可知，在可逆等温反应过程中，稳定流动系统做出的最大有用功等于系统自由焓的减少。

$$W_{max} = -\Delta G = -[(H_2 - TS_2) - (H_1 - TS_1)]$$
$$= -[(H_2 - H_1) - T(S_2 - S_1)] \qquad (2\text{-}44)$$

式中，G 为自由能，kJ/mol，$G = H - TS$；$H_2 - H_1$ 为反应焓；$S_2 - S_1$ 为反应熵。

如果反应是在标准状态下进行，所得的数据均为标准热力学数据，用上角标 $\ominus$ 表示。可以从有关化学热力学书籍中查到这些标准数据。此时：

$$- \Delta G^{\ominus} = - (\Delta H^{\ominus} - T_0 \Delta S^{\ominus}) \tag{2-45}$$

等式右边即为化学反应引起的㶲的变化，称为反应㶲。由此可见，反应㶲即为化学反应前后标准自由焓的减少。

2.3.4 元素的㶲

对于存在于大气中的各元素，根据式（2-42）已可计算出其分子 O_2、N_2 等的标准㶲，则其元素的标准化学㶲为：

$$e^{\ominus} (O) = \frac{1}{2} e^{\ominus} (O_2) = - \frac{1}{2} RT_0 \ln x_{O_2}^{\ominus}$$

$$e^{\ominus} (N) = \frac{1}{2} e^{\ominus} (N_2) = - \frac{1}{2} RT_0 \ln x_{N_2}^{\ominus}$$

对于以大气为基准物的 C 元素，由于 CO_2 的生成反应为：

$$C + O_2 = CO_2 \tag{2-46}$$

式中，O_2 和 CO_2 都是标准大气的组成物，它们的标准㶲可以确定，因此，只要知道该反应的反应㶲 $-\Delta G_f^{\ominus}(CO_2)$，就可以计算出 C 的标准㶲：

$$e^{\ominus} (C) = - \Delta G_f^{\ominus} (CO_2) - 2e^{\ominus} (O) + e^{\ominus} (CO_2)$$

对于其他任意元素 X，需找出含有该元素的基准化合物（$X_x A_a B_b \cdots$），设其标准㶲为零，并已知该化学反应的反应㶲 $-\Delta G_f^{\ominus}(X_x A_a B_b \cdots)$ 和元素 A、B$\cdots$的已知标准㶲，就求取元素 X 的标准㶲：

$$e^{\ominus} (X) = \frac{1}{x} [- \Delta G_f^{\ominus} (X_x A_a B_b \cdots) - ae^{\ominus} (A) - be^{\ominus} (B) - \cdots] \tag{2-47}$$

例如，要确定 Fe 元素的标准化学㶲，由表 2-4 可知 Fe 对应的基准物 Fe_2O_3，取其㶲值为零。Fe 与 O_2 反应生成 Fe_2O_3，可查得其反应㶲 $-\Delta G_f^{\ominus}(Fe_2O_3) = 742.6$ kJ/mol，因此，由反应式：

$$2Fe + \frac{3}{2} O_2 = Fe_2O_3$$

可知，Fe 的标准化学㶲的计算式为：

$$e^{\ominus} (Fe) = \frac{1}{2} [- \Delta G_f^{\ominus} (Fe_2O_3) - 3e^{\ominus} (O)] = \frac{1}{2} (742.6 - 3 \times 1.966) = 368.35 (kJ/mol)$$

2.3.5 化合物的㶲

化合物的一般生成反应为：

$$aA + bB + cC + \cdots \Longrightarrow A_aB_bC_c\cdots$$

生成化合物（$A_aB_bC_c\cdots$）的标准㶲可按下式计算：

$$e^{\ominus}(A_aB_bC_c\cdots) = \Delta G_f^{\ominus}(A_aB_bC_c\cdots) + ae^{\ominus}(A) + be^{\ominus}(B) + ce^{\ominus}(C) + \cdots$$
$$(2\text{-}48)$$

例如，要计算 Fe_3O_4 的标准㶲 $e^{\ominus}(Fe_3O_4)$，由于已知反应式为：

$$3Fe + 2O_2 \Longrightarrow Fe_3O_4$$

并已知反应㶲为 $-\Delta G_f^{\ominus}(Fe_3O_4) = 1014.7kJ/mol$，根据已知的 O 和 Fe 的标准㶲，就可以求出：

$$e^{\ominus}(Fe_3O_4) = \Delta G_f^{\ominus}(Fe_3O_4) + 3e^{\ominus}(Fe) + 2e^{\ominus}(O_2)$$
$$= -1014.7 + 3 \times 368.3 + 2 \times 3.95 = 98.2(kJ/mol)$$

2.3.6　燃料的化学㶲

燃料在氧化反应中释放出热量，它的化学㶲的定义为：在基准状态 p_0、T_0 下，燃料与氧气一起稳定地流经化学反应系统时，以可逆方式转变到完全平衡的环境状态所能做出的最大可用功。它包括氧化反应的反应㶲以及燃烧产物在标准空气中的扩散㶲。但是，由于燃烧产物的扩散㶲实际上难以被利用，因此，习惯上暂不考虑扩散㶲。所以，燃料的基准化学㶲定义为：

$$e_F^{\ominus} = -(\Delta H^{\ominus} - T_0\Delta S^{\ominus}) = Q_{dw} + T_0\Delta S^{\ominus}$$
$$(2\text{-}49)$$

式中，Q_{dw} 为燃料的低位发热值；$\Delta S^{\ominus}$ 为反应熵，生成系熵中的 H_2O 按气态计算。

对于煤、石油和化学组成未知的其他燃料，虽然可由实验测定 $-\Delta H_0$，但 ΔS_0 的数据缺乏，因此，实际难以用式（2-49）求得燃料的化学㶲。国标 GB/T 14909 建议采用朗特（Rant）的近似公式：

对气体燃料：

$$e_F^{\ominus} = 0.95Q_{gw}$$
$$(2\text{-}50)$$

对液体燃料：

$$e_F^{\ominus} = 0.975Q_{gw}$$
$$(2\text{-}51)$$

对固体燃料：

$$e_F^{\ominus} = Q_{dw} + 2438w$$
$$(2\text{-}52)$$

式中，Q_{gw} 为燃料的高位发热值，kJ/kg；w 为固体燃料中含水质量分数；2438 为水的汽化潜热，kJ/kg；$e_F^{\ominus}$ 为估算的燃料的化学㶲，kJ/kg。

2.4　㶲损失与㶲平衡

2.4.1　不可逆过程和㶲损失

能量守恒是一个普遍的定律，能量的收支应保持平衡。但是，㶲只是能量中的可用能部分，它的收支一般是不平衡的，在实际的转换过程中，一部分可用能将转变为不可用能，烟将减少，称为烟损失。这并不违反能量守恒定律，因此，烟平衡是烟与烟损失（不可用能）之和保持平衡。

设穿过体系边界的输入烟为 E_{xin}，输出烟为 E_{xout}，内部烟损失为 I_{int}，烟在体系内部的积存量为 ΔE，则它们之间的平衡关系为：

$$E_{xin} = E_{xout} + I_{int} + \Delta E_{xsys} \tag{2-53}$$

对稳定流动体系，内部烟的积累量为零。对多股流体，对照能量方程式：

$$\sum H_{1i} + Q = \sum H_{2i} + W \tag{2-54}$$

可写出烟平衡方程式为：

$$\sum E_{x1i} + E_{xQ} = \sum E_{x2i} + W + \sum I_{int} \tag{2-55}$$

式中，下角 1 为流入的各股流体携带的能（烟）量；下角 2 为流出的各股流体携带的能（烟）量。

此外，也可将体系的烟分为支付烟 E_{xp}、收益烟 E_{xg}，以及未被利用的烟 E_{xl}，它也叫外部烟损失，用 I_{ext} 表示。则烟平衡关系可表示为：

$$E_{xp} = E_{xg} + E_{xl} + I_{int} = E_{xg} + I \tag{2-56}$$

$$I = I_{int} + I_{ext} \tag{2-57}$$

外部烟损失是由于烟未被利用而造成的损失，相当于能量平衡中的能量损失项所对应的烟损失，也称第一类烟损失，例如被高温烟气带走的烟等，它通过适当的回收装置有可能被回收。内部烟损失是由于过程不可逆造成的烟损失，它不改变能量数量，只是降低能量的质量，使可用能转变为不可用能（烟），这种损失项在能量平衡中往往没有反映，也称第二类烟损失。烟已不可能转变为烟，要减少这类烟损失，只能从设法减小过程的不可逆性着手。

2.4.2　流动烟损失

本节主要介绍节流过程、有输出功的流动过程（如汽轮机）和有输入功的流动过程（如压缩机）的烟损失。

2.4.2.1　节流过程烟损失

通过阀门的流动过程是最简单的过程，如图 2-5 所示。流经阀门时压力降低，可看成是绝热节流过程。

节流过程与外界没有功量和热量的交换，因此，能量平衡关系式是进、出口的焓相等，认为是没有能量损失。即：

$$H_1 = H_2 \tag{2-58}$$

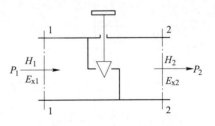

图 2-5　节流过程示意图

但是，从烟平衡来看，它是一个不可逆过程，将有烟损失。其烟平衡关系为：

$$E_{x1} = E_{x2} + I_{int} \tag{2-59}$$

内部㶲损失为：

$$I_{int} = E_{x1} - E_{x2} = H_1 - H_2 - T_0(S_1 - S_2) = T_0(S_2 - S_1) \tag{2-60}$$

由式（2-60）可见，内部㶲损失与熵增成正比，即与过程的不可逆程度成正比。

2.4.2.2 输出功的过程

工质流经汽（气）轮机（透平）膨胀对外做功时，可看成是绝热膨胀输出功的过程，如图 2-6 所示，其能量平衡关系为：

$$H_1 = H_2 + W \tag{2-61}$$

㶲平衡的关系为：

$$E_{x1} = E_{x2} + W + I_{int} \tag{2-62}$$

㶲收入为 $E_{xin} = E_{x1}$。输出功全部为可用能，㶲支出为 $E_{xout} = E_{x2} + W$，因此，内部㶲损失为：

$$I_{int} = E_{xin} - E_{xout} = E_{x1} - E_{x2} - W \tag{2-63}$$

该项㶲损失是工质在透平内膨胀时，由于摩擦、涡流等不可逆阻力损失造成的，在能量平衡中没有体现，它转换成热能后将被工质带走，包含在 H_2 中。

2.4.2.3 有输入功的流动过程

工质流经压缩机、风机和泵的时候，可看成是绝热压缩的过程，需要消耗外功来提高其压力，如图 2-7 所示，其能量平衡关系为：

$$H_1 + W = H_2 \tag{2-64}$$

$$E_{x1} + W = E_{x2} + I_{int} \tag{2-65}$$

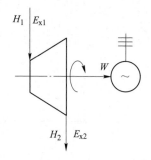
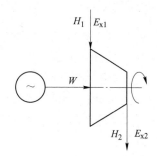

图 2-6　有输出功的流动过程示意图　　图 2-7　输入功的过程

输入功全部为可用能，㶲收入为 $E_{xin} = E_{x1} + W$。㶲支出为 $E_{xout} = E_{x2}$，因此，内部㶲损失为：

$$I_{int} = E_{xin} - E_{xout} = E_{x1} + W - E_{x2} \tag{2-66}$$

该项㶲损失是工质在压缩机内被压缩时，由于摩擦、涡流等不可逆阻力损失造成的附加功耗，它转换成热能后被工质带走，在能量平衡中包含在 H_2 中，没有体现该项损失。

2.4.3 燃烧烟损失

燃烧过程是一个氧化反应过程。燃料与空气通过燃烧器混合、燃烧，释放出热量，转换成烟气携带的热能。在理想情况下，燃烧器内的燃烧过程可看作是绝热过程，没有能量（焓）损失。若以燃烧器为体系（见图 2-8），分析它的能量平衡和烟平衡，求得的内部烟损失就是由于燃烧不可逆产生的烟损失。

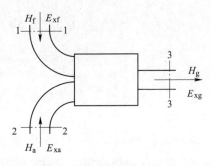

图 2-8　燃烧烟损失分析系统

流入系统的两股流分别为燃料与空气，流出系统的是燃烧产物——烟气。其能量平衡关系式为：

$$H_f + H_a = H_g \tag{2-67}$$

目前，在燃烧计算中习惯于将燃烧反应焓按燃料的发热值项 Q_{dw} 考虑，焓中只计其显热部分。现以单位燃料（1kg 等）为基准，上式可改写为：

$$Q_{dw} + h_f + V_a h_a = V_g h_g \tag{2-68}$$

$$Q_{dw} + c_{pf} t_f + V_a c_{pa} t_a = V_g c_{pg} t_{ad} \tag{2-69}$$

式中，V_a 为每 1kg 燃料的助燃空气量，m^3/kg；V_g 为每 1kg 燃料的燃烧产物量，m^3/kg；c_{pa}、c_{pg} 分别为空气、燃烧产物的平均比定压热容，$kJ/(m^3 \cdot \text{℃})$；t_f、t_a 分别为燃料、空气的预热温度，℃；t_{ad} 为理论绝热燃烧温度，℃。

根据能量平衡，可求得理论绝热燃烧温度：

$$t_{ad} = \frac{Q_{dw} + c_{pf} t_f + V_a c_{pa} t_a}{V_g c_{pg}} \tag{2-70}$$

当燃料与空气均未预热，以环境温度进入系统时，$t_f = t_a = t_0$，则：

$$t_{ad} = t_0 + \frac{Q_{dw}}{V_g c_{pg}} \tag{2-71}$$

燃烧器的烟平衡关系式为：

$$E_{xf} + E_{xa} = E_{xg} + I_r \tag{2-72}$$

$$e_f^{\ominus} + e_{xf} + V_a e_{xa} = V_g e_{xg} + I_r \tag{2-73}$$

燃料带入的烟包括燃料的化学烟 $e_f^{\ominus}$ 和燃料的物理烟（焓烟）e_{xf}，化学烟取决于它的发热值，焓烟取决于它的预热温度。空气带入的焓烟 e_{xa} 取决于空气预热温度。离开系统的燃烧产物带出的焓烟 e_{xg} 取决于理论绝热燃烧温度。它们均可根据温度烟的计算公式计算。对 e_{xg} 为：

$$e_{xg} = c_{pg}(T_{ad} - T_0)\left(1 - \frac{T_0}{T_{ad} - T_0}\ln\frac{T_{ad}}{T_0}\right) \tag{2-74}$$

当燃料与空气均未预热时，$t_f = t_a = t_0$，其焓㶲均为零，则燃烧过程的㶲损失公式可简化为：

$$I_r = e_f^{\ominus} - V_g e_{xg} = Q_{dw} + T_0\Delta S - V_g c_{pg}(T_{ad} - T_0)\left(1 - \frac{T_0}{T_{ad} - T_0}\ln\frac{T_{ad}}{T_0}\right) \tag{2-75}$$

将式（2-70）的理论绝热燃烧温度关系式代入式（2-75）的 $T_{ad} - T_0$ 项可得：

$$I_r = Q_{dw} + T_0\Delta S - Q_{dw}\left(1 - \frac{T_0}{T_{ad} - T_0}\ln\frac{T_{ad}}{T_0}\right) = T_0\Delta S + Q_{dw}\frac{T_0}{T_{ad} - T}\ln\frac{T_{ad}}{T_0}$$

$$\tag{2-76}$$

需要注意的是，式（2-76）是按燃料及空气均未预热的特殊情况下推导出的。但是，影响燃烧㶲损失的主要因素还是可以体现的。由式（2-76）可见，理论绝热燃烧温度越高，燃烧㶲损失越小。而 T_{ad} 与烟气量及预热情况有关。如果空气系数 n 接近于 1，则 V_g 接近理论烟气量，相对的烟气量较小，则 T_{ad} 较高。采用空气或燃料预热方式，同样可提高绝热燃烧温度，以减少燃烧㶲损失的目的。但是，此时的燃烧㶲损失应按式（2-70）和式（2-73）逐项计算。

燃烧㶲损失率 ξ_r 是指燃烧㶲损失与供给的㶲之比，即：

$$\xi_r = \frac{I_r}{e_f^{\ominus} + e_{xf} + V_a e_{xa}} = 1 - \frac{V_g e_{xg}}{e_f^{\ominus} + e_{xf} + V_a e_{xa}} \tag{2-77}$$

空气预热温度及空气系数对燃烧㶲损失率的影响见表2-5。表中的数据是按燃料的化学㶲 $e_f^{\ominus} = 43790$ kJ/kg，环境温度 $T_0 = 303.15$K 计算的。

表 2-5　燃烧㶲损失率与空气系数及空气温度的关系

空气温度/℃	项目内容	空气系数 n			
		1.0	1.1	1.3	1.5
30	空气的焓㶲/kJ·kg⁻¹	0	0	0	0
	绝热燃烧温度/℃	2240	2080	1810	1615
	烟气的焓㶲/kJ·kg⁻¹	30140	29430	28210	27290
	燃烧㶲损失率 ξ_r/%	31.5	32.0	34.6	36.7
500	空气的焓㶲/kJ·kg⁻¹	3140	3460	3580	4130
	绝热燃烧温度/℃	2540	2420	2150	1980
	烟气的焓㶲/kJ·kg⁻¹	36335	35916	35748	35581
	燃烧㶲损失率 ξ_r/%	22.6	24.0	25.2	26.3

由表2-5可见，一般情况下，燃烧㶲损失率高达30%以上。提高空气预热温度，可以显著地降低㶲损失率。

实际燃烧时，由于火焰向周围传热，烟气温度将会比绝热燃烧温度低 10%～30%。

降低空气系数固然可以降低燃烧㶲损失率，但是，这是指完全燃烧而言的。如果供给的空气量不足，或者燃料与空气混合不充分，此外，由于温度过低而造成燃烧速度降低，或者由于燃烧温度过高而使 H_2O 和 CO_2 发生热离解，这些情况均会产生化学不完全燃烧损失。此时，一部分燃料的化学能未能转换成热能，随烟气散失到大气中。这部分化学㶲损失实际也应加算在燃烧㶲损失中。

2.4.4 传热㶲损失

物质实际的加热或冷却过程是在有限温差下进行的传热过程。有温差的传热是不可逆过程，即使没有热量损失，也必然会产生㶲损失。

设从温度为 T_H 的高温物体向温度为 T_L 的低温物体传递了微小热量 δQ，环境温度为 T_0，且 $T_H > T_L > T_0$。在无散热损失时，能量平衡关系为：

$$\delta Q = -\delta Q_1 = \delta Q_2 \tag{2-78}$$

根据热量㶲的表达式，高温物体失去的热量㶲为：

$$|dE_{x1}| = \delta Q\left(1 - \frac{T_0}{T_H}\right) \tag{2-79}$$

低温物体得到的热量㶲为：

$$dE_{x2} = \delta Q\left(1 - \frac{T_0}{T_L}\right) \tag{2-80}$$

传热造成的㶲损失为：

$$dI_c = |dE_{x1}| - dE_{x2} = T_0\left(\frac{1}{T_L} - \frac{1}{T_H}\right)\delta Q = T_0\frac{T_H - T_L}{T_H T_L}\delta Q \tag{2-81}$$

显然，传热过程将造成㶲减少，并且，传热温差越大，传热㶲损失也越大。同时，它还与二者温度的乘积成反比。在相同的传热温差情况下，高温传热时的㶲损失比低温时要小。或者说，当要求㶲损失不超过某一定值时，温度水平高的情况下，可允许选用较大的传热温差；温度水平低的情况下，则应选用较小的传热温差。

如果高温物体在向低温物体传热的同时，向外界放散热量 $\delta Q'$，则这部分热量㶲将全部向外散失，它是属于外部㶲损失。系统的总㶲损失为：

$$dI_c + dI'_c = T_0\left[\left(\frac{1}{T_L} - \frac{1}{T_H}\right)\delta Q + \left(\frac{1}{T_0} - \frac{1}{T_H}\right)\delta Q'\right] \tag{2-82}$$

下面再讨论有限传热过程的传热㶲损失的计算。

2.4.4.1 恒温热源间的传热

当两个热源的热容量很大，放出或吸收热量 Q 温度均不变时，则对式（2-81）积分可得总传热㶲损失为：

$$I_c = \int T_0 \frac{T_H - T_L}{T_H T_L} \delta Q = T_0 \frac{T_H - T_L}{T_H T_L} Q \tag{2-83}$$

由式（2-83）可见，传热㶲损失同样是与温差（$T_H - T_L$）成正比，与 T_H 和 T_L 的乘积成反比。

2.4.4.2 有限热源间的传热（热源的温度发生变化）

如果物体的热容量有限，随着放热或吸热过程，温度均发生变化，变化范围分别为对高温热源从 T_{H1} 降至 T_{H2}，对低温热源从 T_{L1} 升至 T_{L2}。如果只考虑两物体之间的传热，没有散热损失，则根据热平衡关系可得：

$$\delta Q = - M_H c_H dT_H = M_L c_L dT_L \tag{2-84}$$

$$Q = - M_H c_H (T_{H2} - T_{H1}) = M_L c_L (T_{L2} - T_{L1}) \tag{2-85}$$

式中，M_H、c_H 分别为热物体的质量与比热容，其乘积即为热物体的热容；M_L、c_L 分别为冷物体的质量与比热容。

此时的传热㶲损失需对式（2-81）用积分的方法求得。将式（2-84）代入式（2-81），经积分后可得传热总㶲损失为：

$$I_c = T_0 \left(M_L \int_{T_{L1}}^{T_{L2}} \frac{c_L dT_L}{T_L} + M_H \int_{T_{H1}}^{T_{H2}} \frac{c_H dT_H}{T_H} \right) = T_0 \left(M_L c_L \ln \frac{T_{L2}}{T_{L1}} + M_H c_H \ln \frac{T_{H2}}{T_{H1}} \right)$$

$$= T_0 Q \left(\frac{\ln \dfrac{T_{L2}}{T_{L1}}}{T_{L2} - T_{L1}} - \frac{\ln \dfrac{T_{H2}}{T_{H1}}}{T_{H2} - T_{H1}} \right) = T_0 Q \left(\frac{1}{\overline{T_L}} - \frac{1}{\overline{T_H}} \right) = T_0 Q \frac{\overline{T_H} - \overline{T_L}}{\overline{T_L} \cdot \overline{T_H}} \tag{2-86}$$

其中

$$\overline{T_L} = \frac{T_{L2} - T_{L1}}{\ln \dfrac{T_{L2}}{T_{L1}}}, \qquad \overline{T_H} = \frac{T_{H2} - T_{H1}}{\ln \dfrac{T_{H2}}{T_{H1}}}$$

式中，$\overline{T_L}$、$\overline{T_H}$ 分别为冷、热物体的初、终态温度的对数平均值。

采用此平均温度代替，则传热㶲损失的公式与恒温热源时具有相同的形式，以前讨论的结论同样可以适用。传热㶲损失与它们的对数平均温度之差成正比。

当比热容不为常数，或在传热过程中发生相变时，转移的热量可按焓的变化进行计算：

$$\delta Q = - M_H dh_H = M_L dh_L \tag{2-87}$$

$$Q = - M_H \Delta h_H = M_L \Delta h_L \tag{2-88}$$

式中，h_L、h_H 分别为冷、热物体的比焓。

将 δQ 代入式（2-81），则可得传热㶲损失为：

$$dI_c = |dE_{xH}| - dE_{xL} = T_0\left(-\frac{dQ}{T_H} + \frac{dQ}{T_L}\right) = T_0(dS_H + dS_L) = T_0 dS$$

$$= T_0\left(\frac{M_H dh_H}{T_H} + \frac{M_L dh_L}{T_L}\right) \tag{2-89}$$

$$I_c = T_0\Delta S = T_0(M_H \Delta s_H + M_L \Delta s_L) = T_0 Q\left(\frac{\Delta s_L}{\Delta h_L} - \frac{\Delta s_H}{\Delta h_H}\right) \tag{2-90}$$

式中，Δs_H、Δs_L 分别为热物体、冷物体的单位熵增；ΔS 为体系的总熵增。

由于传热是一个不可逆过程，体系的总熵增 $\Delta S > 0$，即有温差的传热始终总存在有传热烟损失。并且，烟损失与总熵增成正比。

2.4.5 混合过程烟损失

混合过程是一个不可逆过程。实际的混合过程常会产生热，因此，混合器分绝热混合器和放热过程的混合器两种。

2.4.5.1 绝热混合

绝热混合过程如图 2-9 所示。其能量平衡关系为：

$$H_1 + H_2 = H_3 \tag{2-91}$$

烟平衡关系为：

$$E_{x1} + E_{x2} = E_{x3} + I_{int} \tag{2-92}$$

此过程没有能量损失，但有烟损失。内部烟损失为：

$$I_{int} = E_{x1} + E_{x2} - E_{x3} \tag{2-93}$$

2.4.5.2 放热混合

如果混合器外有冷却水套，将混合热传给冷却水，如图 2-10 所示。则其能量平衡关系为：

$$H_1 + H_2 = H_3 + Q \tag{2-94}$$

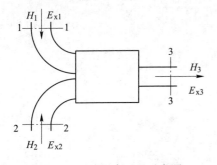

图 2-9 绝热混合过程示意图

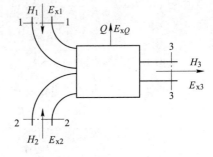

图 2-10 放热混合过程示意图

由于放出的热量中含有热量烟 E_{xQ}，其烟平衡关系为：

$$E_{x1} + E_{x2} = E_{x3} + E_{xQ} + I_{int} \tag{2-95}$$

该过程同样有内部不可逆㶲损失存在，可根据㶲的收支差计算：

$$I_{int} = E_{x1} + E_{x2} - E_{x3} - E_{xQ} \tag{2-96}$$

2.4.6 分离过程㶲损失

分离过程是混合的逆过程，必须要靠外部提供能量才能实现分离。根据提供的能量形式不同，可分为受热分离和受功分离两类。

2.4.6.1 受热分离

在蒸馏釜中实现的分离过程就是属于受热分离的一个例子。过程的示意图如图 2-11 所示。其能量平衡关系为：

$$H_1 + Q = H_2 + H_3 \tag{2-97}$$

在提供的热量 Q 中包含有热量㶲 E_{xQ}，其㶲平衡关系为：

$$E_{x1} + E_{xQ} = E_{x2} + E_{x3} + I_{int} \tag{2-98}$$

实际的分离过程也有内部不可逆㶲损失存在，同样可根据㶲的收支差计算：

$$I_{int} = E_{x1} + E_{xQ} - E_{x2} - E_{x3} \tag{2-99}$$

2.4.6.2 受功分离

制氧机实现的空气分离过程就是受功分离的一个例子，它主要是消耗压缩空气所需的功。此外，微分过滤、反渗透法分离也属于受功分离，它们均需要消耗压缩功 W。受功分离过程的示意图如图 2-12 所示。其能量平衡关系为：

$$H_1 + W = H_2 + H_3 \tag{2-100}$$

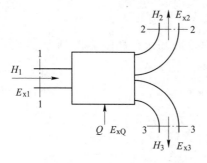 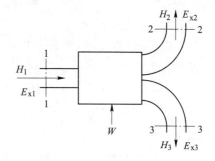

图 2-11 受热分离过程   图 2-12 受功分离过程

外界提供的功 W 全部为㶲，其㶲平衡的关系为：

$$E_{x1} + W = E_{x2} + E_{x3} + I_{int} \tag{2-101}$$

同样，过程的内部㶲损失可根据㶲的收支差计算：

$$I_{int} = E_{x1} + W - E_{x2} - E_{x3} \tag{2-102}$$

归纳起来可知，任何实际过程㶲的收支是不平衡的，收支之差反映了由于过程的不可逆造成的内部㶲损失。因此，只有包含了该内部㶲损失项后，才能列出㶲平衡式。内部㶲损失是不可用能，属于能量的一部分，因此，㶲平衡式是反映了能量平衡关系，即仍是遵守能量守恒定律。对其他过程，也可采用相同的方法，首先列出能量平衡和㶲平衡关系式，然后进行分析。

2.4.7　散热㶲损失

在加热炉等的一般炉窑设备中，通过体系边界向外散热的损失包括：（1）通过炉壁向外散失的热；（2）通过炉门孔处向外辐射的热损失；（3）被冷却水带走的热；（4）由炉内的辅助设备，如链条、台车等带走的热。在这些散失的热量中，均具有一定的可用能。由于这些散失的㶲一般不再被利用，因此也成为㶲损失的一部分，称为外部㶲损失。本节主要介绍这些㶲损失的计算方法。

2.4.7.1　炉壁散热㶲损失

为了减少通过炉壁的散热，在砌筑炉墙时，敷有绝热保温层，以降低外壁温度 T_2，减小与环境的温差。散热量是根据炉壁与周围空气的对流换热进行计算的。在稳定时，通过炉内壁和外表面的热量应相等。

就散热㶲损失来说，由于热量㶲与温度有关，因此，通过炉墙不同截面位置的㶲并不相等。假设炉的内壁温度为 T_1，通过内壁的㶲损失将大于通过外壁的㶲损失，一部分㶲在壁内不可逆传热过程中转变为㶲。由于这部分㶲损失归根结底是来自炉膛内部，因此，散热㶲损失应按炉的内壁平均温度 T_1 计算。设散热量为 Q_{sr}，则散热㶲损失 I_{sr} 为：

$$I_{sr} = \left(1 - \frac{T_0}{T_1} \right) Q_{sr} \tag{2-103}$$

2.4.7.2　炉门辐射㶲损失

通过炉门的辐射热损失 Q_{fs} 可根据辐射换热公式计算：

$$Q_{fs} = \varepsilon_s C_0 F_f \left[\left(\frac{T_1}{100} \right)^4 - \left(\frac{T_0}{100} \right)^4 \right] \tag{2-104}$$

式中，ε_s 为系统黑度，对通过炉门孔的辐射可取 $\varepsilon_s = 1$；C_0 为黑体辐射系数，5.67W/($m^2 \cdot K^4$)，当 Q_{fs} 采用 kJ/h 为单位时，$C_0 = 20.4 kJ/(h \cdot m^2 \cdot K^4)$；$F_f$ 为炉门孔面积，m^2；T_1 为炉膛内温度，K。

辐射热损失造成的㶲损失 I_{fs} 应根据炉内温度计算其热量㶲。即：

$$I_{fs} = \left(1 - \frac{T_0}{T_1} \right) Q_{fs} \tag{2-105}$$

当炉门位置不同，对应的炉内温度也不同时，应分别求出其辐射热损失 Q_{fs} 和相应的辐射㶲损失 I_{fs}，再求其总和，得到总的辐射㶲损失。当炉门间歇开闭时，需按开启的时间求其㶲损失。

2.4.7.3 冷却㶲损失

在加热炉中，为了保护金属构件，例如炉筋管等能在高温环境下正常工作，通常在管内需通水冷却。冷却水带走的热在造成热损失的同时，也引起㶲损失。热损失 Q_{ls} 计算如下：

$$Q_{ls} = 4.1868 M_{ls} (t_{s2} - t_{s1}) = M_{ls} (h_{s2} - h_{s1}) \tag{2-106}$$

式中，M_{ls} 为冷却水的流量；t_{s1} 为进口水温；h_{s1} 为对应的焓值；t_{s2} 为出口的水温；h_{s2} 为焓值。

由于它是从炉内带走热量，因此，在计算㶲损失时，热量㶲的能级 λ_Q 同样应按炉内工作温度 T 计算：

$$\lambda_Q = 1 - \frac{T_0}{T} \tag{2-107}$$

所以，冷却㶲损失 I_{ls} 为：

$$I_{ls} = \lambda_Q Q_{ls} = \left(1 - \frac{T_0}{T}\right) M_{ls} (h_{s2} - h_{s1}) \tag{2-108}$$

冷却水具有的㶲则取决于冷却水的出口温度。一般，在采用水冷却时，由于出口水温在45℃以下，它的能级很低，㶲值也很小，因此难以回收利用。目前，较普遍地采用汽化冷却，出口为温度较高的蒸汽。它具有的能级 λ_q 为：

$$\lambda_q = 1 - T_0 \frac{s_q - s_0}{h_q - h_0} \tag{2-109}$$

式中，h_q、s_q 分别为汽化冷却时出口蒸汽的焓与熵。

汽化冷却产生的蒸汽所具有的㶲可以加以回收利用，它具有的㶲为：

$$E_{xq} = \lambda_q Q_{ls} \tag{2-110}$$

由于在一般情况下，可认为冷却水进口的焓 h_{s1} 即为环境温度下的焓 h_0，因此，实际的冷却㶲损失可表示为：

$$I'_{ls} = I_{ls} - E_{xq} = Q_{ls} (\lambda_Q - \lambda_q) \tag{2-111}$$

2.4.8 燃烧产物带走的㶲损失

燃烧产物一部分会从炉门孔等处逸出，它的温度很高。逸气量的多少与炉内的压力和开孔面积有关。逸气带走的热及㶲无法回收，形成逸气热损失与㶲损失。大部分燃烧产物在炉内将热量传给工件后，从烟道排走。它仍具有相当高的温度，构成排气热损失。排气中具有的㶲如果不加以回收，也将成为㶲的损失。这些损失也属于外部㶲损失。

2.4.8.1 逸气㶲损失

逸气是高温气体，它的㶲 e_{xy} 可按温度㶲公式（2-16）计算。如果根据炉内外压差及炉门面积可估算出逸气量 M_y，并测出逸气的温度，就可计算出它的单

位㶲 e_{xy}，以及总的逸气㶲损失 I_y 为：

$$I_y = M_y e_{xy} \tag{2-112}$$

由于一部分炉气从炉门处逸出后，炉尾的排气量将相应减小。一般来说，逸气的温度高于排气温度，因此，逸气量增加，将使炉气带走的总㶲损失增大。

2.4.8.2　排气㶲损失

炉气从炉尾排走时，仍具有相当高的温度，它带走的热能伴随有㶲。如果未加回收利用，则构成㶲损失。它是属于未被利用的㶲，即外部㶲损失。

排气的单位㶲 e_{xg} 可根据排气温度，利用温度㶲的表达式进行计算。再乘以排气量，即为排气㶲损失。当不考虑逸气时，排烟量可根据燃料种类、空气系数以及燃料消耗量计算。图 2-13 所示为以重油为燃料的工业炉单位排气㶲损失与排气温度及空气系数的关系。图中的曲线是按 $T_0 = 273K$ 画出的。由图可见，排气温度越高，空气系数越大，排气㶲损失也越大。曲线是在未考虑逸气的情况下得出的。

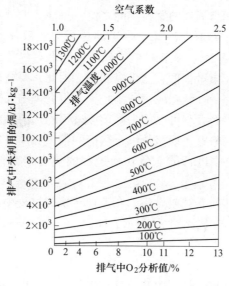

图 2-13　排气㶲损失

除上述的㶲损失外，还有一些与热损失无关的㶲损失。例如，当炉膛为负压，周围空气通过炉门等缝隙侵入炉内时，将会降低炉膛温度，造成一部分㶲的能质降低而成为炕，并且，它将使排气量增加，在离开炉尾时多带走一部分㶲；烟气在向周围大气中扩散时，也存在不可逆㶲损失。但是，由于烟气扩散㶲实际无法利用，一般将它忽略。也有在计算燃料的化学㶲时，预先将烟气的扩散㶲扣除。

2.5 能量系统的㶲效率

2.5.1 㶲效率的一般定义

在能量转换系统中，当耗费某种能量，转换成所需的能量形式时，一般来说不可能达到百分之百的转换，实际总会存在各种损失。损失的大小并不能确切评价转换装置的完善程度，一般需采用"效率"这个指标。

效率的一般定义为效果与代价之比，对能量转换装置也就是取得的有效能（收益能）与供给装置耗费的能（支付能）之比。

在热平衡中，用"热效率"的概念来衡量。它是指被有效利用的能量与消耗的能量在数量上的比值。它没有顾及能量在质量上的差别，往往不能反映装置的完善程度。例如，利用电炉取暖，单从能量的数量上看，它的转换效率可以达到100%，但是，从能量的质量上看，电能是高级能，而供暖只需要低质热能，因此用能是不合理的。对利用燃料热能转换成电能的凝汽式发电厂来说，它的发电效率是指发出的电能与消耗的燃料热能之比，目前，大型高参数的发电装置的最高效率也不到40%，冷凝器冷却水带走的热损失在数量上占燃料提供热量的50%以上。但是，热能在转换成机械能的同时，向低温热源放出热量是不可避免的。冷却水带走的热能质量很低，已难以利用。因此，要衡量热能转换过程的好坏和热能利用装置的完善性，热效率并不是一个很合理的尺度。

如前所述，㶲损失的大小可以用来衡量该过程的热力学完善程度。为了全面衡量热能转换和利用的效益，应该从综合热能的数量和质量的㶲的概念出发，用"㶲效率"来表示系统中进行的能量转换过程的热力学完善程度或热力系统的㶲的利用程度。

㶲效率是指能量转换系统或设备，在进行转换的过程中，被利用或收益的㶲 E_{xg} 与支付或耗费的㶲 E_{xp} 之比用 η_e 表示，即：

$$\eta_e = \frac{E_{xg}}{E_{xp}} \tag{2-113}$$

当考虑系统内部不可逆㶲损失及外部㶲损失时，支付㶲中需扣除这些㶲损失之和才为收益㶲。因此，㶲效率为：

$$\eta_e = \frac{E_{xp} - \sum I_i}{E_{xp}} = 1 - \frac{\sum I_i}{E_{xp}} = 1 - \sum \xi_i \tag{2-114}$$

式中，$\xi_i = I_i / E_{xp}$，称局部㶲损失率或㶲损失系数。

根据各项㶲损失率的大小，可知㶲损失的分配情况，以及它们所占的相对地位，从而确定减少㶲损失的主攻方向。

当只考虑内部不可逆㶲损失时，它的㶲效率将大于包括外部㶲损失时的㶲效率。这种㶲效率能够反映装置的热力学完善程度。此时的㶲损失已转变为炕，并反映为系统熵增。因此，它的㶲效率可表示为：

$$\eta'_e = 1 - \frac{A_n}{E_{xp}} = 1 - \frac{T_0 \Delta S}{E_{xp}} \qquad (2\text{-}115)$$

㶲效率与热效率有本质的不同。㶲效率是以㶲为基准，各种不同形式的能量的㶲是等价的。而热效率只计能量的数量，不管能量品位的高低。但是，它与㶲效率 η'_e 有一定的内在联系。现以动力循环为例加以说明，循环的热效率为循环做出的有效功与从热源吸取的热量之比，即：

$$\eta_t = \frac{W}{Q_1}$$

而㶲效率为收益㶲（即为净功 W）与热量㶲之比，即：

$$\eta'_e = \frac{W}{E_{xQ}} \qquad (2\text{-}116)$$

因此，热效率可表示为：

$$\eta_t = \frac{W}{Q_1} = \frac{E_{xQ}}{Q_1} \frac{W}{E_{xQ}} = \lambda_Q \eta'_e \qquad (2\text{-}117)$$

式中，λ_Q 为热量的能级，即为卡诺因子。

对可逆过程，内部不可逆㶲损失为零，$\eta'_e = 100\%$，则最高热效率等于卡诺循环的效率。装置的不可逆程度越大，η'_e 越小，则热效率离卡诺效率越远。由此可见，㶲效率 η'_e 可以反映整个热能转换装置及其组成设备的完善性，也便于对不同的热能转换装置之间进行性能比较。

2.5.2　常见热工设备或装置的㶲效率

㶲效率应用于热能转换过程可以是多方面的。例如：

（1）针对热能转换的全过程或总系统，求出总的㶲损失，从而确定总的㶲效率。

（2）只对热能转换的个别环节计算出㶲损失，从而得到某个局部环节的㶲效率。

（3）综合分析总的㶲效率和局部㶲效率，可以找出改进热能转换效应的途径。

（4）可以作为主要指标来评比工艺流程和设备的优劣。

如何认定收益㶲与消费㶲，针对不同的设备可以有不同的定义。即使对同一类设备，在不同的场合，也有不同的定义，因此计算出的㶲效率值就不同。例如，有的将输出㶲全部算作收益㶲，输入㶲全部作为消费㶲，这样定义的㶲效率可反映能量传递过程的效率，称为㶲的传递效率；也有以特定目的所获得的㶲作为收益㶲，消费㶲为输入㶲扣除其他非目的的输出㶲，这种㶲效率称为㶲的目的效率。对不同的热工设备或不同的分析目的，可以选择最合理、最能反映事物本质的烟效率定义。但是，对相同类型的设备，只有均采用按同样方法定义的烟效率，才具有可比性。

例如，对最简单的节流过程，由于阀门等节流装置的阻力，将产生不可逆内部烟损失，使流出的烟 E_{xout} 小于流入的烟 E_{xin}，它的烟效率可定义为：

$$\eta_e = \frac{E_{xout}}{E_{xin}} \tag{2-118}$$

它相当于上述烟的传递效率。$E_{xin} - E_{xout}$ 即为节流烟损失。

2.5.2.1 热交换器的烟效率

热交换器中，冷、热流体之间的传热过程产生的能量传递过程如图 2-14 所示。热流体放出热量，烟由 E_{xin1} 减为 E_{xout1}；冷流体吸收热量，烟由 E_{xin2} 增至 E_{xout2}。换热器存在内部的传热不可逆烟损失 I_c 及外部散热烟损失 I_{sr} 等。

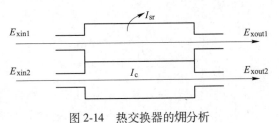

图 2-14 热交换器的烟分析

根据烟平衡关系，可以写出以下几种烟平衡方程形式：

（1）一般的烟效率。将冷流体作为被加热的对象，它增加的烟（$E_{xout2} - E_{xin2}$）为收益烟。而热流体出口的烟 E_{xout1} 不再回收利用，成为外部烟损失时，烟平衡方程为：

$$E_{xin1} = E_{xout2} - E_{xin2} + E_{xout1} + \sum I_i \tag{2-119}$$

烟效率为：

$$\eta_{e1} = \frac{E_{xout2} - E_{xin2}}{E_{xin1}} = 1 - \frac{E_{xout1} + \sum I_i}{E_{xin1}} \tag{2-120}$$

（2）目的烟效率。收益烟与上述相同，支付烟只考虑热流体在该换热器内减少的烟。烟平衡方程为：

$$E_{xin1} - E_{xout1} = E_{xout2} - E_{xin2} + \sum I_i \tag{2-121}$$

烟效率为：

$$\eta_{e2} = \frac{E_{xout2} - E_{xin2}}{E_{xin1} - E_{xout1}} = 1 - \frac{\sum I_i}{E_{xin1} - E_{xout1}} \tag{2-122}$$

它适合于热流体出口烟在下一道工序作为入口烟进一步加以利用时的情况。

（3）传递烟效率。将流入体系的烟均作为支付烟，流出体系的烟均作为收益烟时，烟平衡方程为：

$$E_{xin1} + E_{xin2} = E_{xout1} + E_{xout2} + \sum I_i \tag{2-123}$$

㶲效率为：

$$\eta_{e3} = \frac{E_{xout1} + E_{xout2}}{E_{xin1} + E_{xin2}} = 1 - \frac{\sum I_i}{E_{xin1} + E_{xin2}} \tag{2-124}$$

它适合于评价装置本身㶲的损失率；或对能源网络系统的各个节点，可统一用这样的方式定义㶲效率。

按 3 种定义求得的㶲效率值是不等的，一般 $\eta_{e1} < \eta_{e2} < \eta_{e3}$。因此在给出换热器的㶲效率时，应具体说明是如何定义的。

2.5.2.2　锅炉的㶲效率

锅炉是将燃料的热能转换成蒸汽的热能。当燃料消耗量为 $B(kg/h)$ 时，发热值为 Q_{dw} 时，设产生的蒸汽产量为 $D(kg/h)$，蒸汽焓为 h_q，给水焓为 h_s，则热效率 η_{tg} 为：

$$\eta_{tg} = \frac{D(h_q - h_s)}{BQ_{dw}} \tag{2-125}$$

相应地，支付的燃料㶲为 $E_{xp} = Be_f^{\ominus}$。收益㶲为给水进锅炉后吸热汽化时㶲的增加，设蒸汽㶲为 e_{xq}，给水㶲为 e_{xs}，则 $E_{xg} = D(e_{xq} - e_{xs})$。因此，锅炉的㶲效率为：

$$\eta_{eg} = \frac{D(e_{xq} - e_{xs})}{Be_f^{\ominus}} = \frac{Q_{dw}}{e_f^{\ominus}} \frac{e_{xq} - e_{xs}}{h_q - h_s} \frac{D(h_q - h_s)}{BQ_{dw}} = \frac{1}{\lambda_f} \lambda_q \eta_{tg} \tag{2-126}$$

式中，λ_f 为燃料的能级，$\lambda_f \approx 1$；λ_q 为蒸汽的能级，$\lambda_q < 1$。

因此，锅炉的㶲效率远低于其热效率。这是因为不可逆燃烧㶲损失及传热㶲损失在热平衡中没有体现，而根据㶲平衡关系，散热及排烟带走的热损失项作为外部㶲损失项仍包括在其中。

当考虑整个锅炉房的㶲平衡时，锅炉附属的风机、水泵等所消耗的功 $\sum W_I$ 也均应计入支付㶲中，以便全面衡量整个锅炉房的能量利用率。

2.5.2.3　轧钢加热炉的㶲效率

加热炉㶲效率的定义与锅炉的㶲效率相似，当燃料和空气没有预热时，支付㶲为所消耗的燃料㶲，收益㶲为被热钢坯得到的㶲。当加热钢坯量为 $M(kg/h)$，热坯的㶲为 $e_{x2}(kJ/kg)$，冷坯的㶲为 $e_{x1}(kJ/kg)$ 时，收益㶲为 $E_{xg} = M(e_{x2} - e_{x1})$。当采用汽化冷却时，回收蒸汽的㶲也应归入收益㶲中。

当考虑整套加热炉装置时，风机等动力设备消耗的动力也应归入支付㶲中。

对整个轧钢车间来说，轧机的电耗与钢坯的加热温度有关。加热温度低，加热炉的燃耗减少，而轧制电耗增加；加热温度高则反之。二者的能耗之和为最小时，节能效果最好。因此，通算轧钢车间的㶲效率时，支付㶲应是燃料㶲与消耗的电力㶲之和。

一些常用的热工设备或装置，其耗费㶲、收益㶲和㶲效率见表 2-6。

表 2-6 常见设备㶲效率

序号	热工设备	耗费㶲	收益㶲	㶲效率
1	锅炉	Be_f	$D(e_{x2} - e_{x1})$	$D(e_{x2} - e_{x1})/Be_f$
2	燃烧室	Be_f	$V_{Ge_xG} - V_{Ae_xA}$	$(V_{Ge_xG} - V_{Ae_xA})/Be_f$
3	透平	$D(e_{x1} - e_{x2})$	W	$W/D(e_{x1} - e_{x2})$
4	压缩机或泵	W	$m(e_{x2} - e_{x1})$	$m(e_{x2} - e_{x1})/W$
5	节流阀	me_{x1}	me_{x2}	e_{x2}/e_{x1}
6	闭口蒸汽动力循环	$\int_1^2 \left(1 - \dfrac{T_0}{T}\right)\mathrm{d}Q$	W	$W \Big/ \int_1^2 \left(1 - \dfrac{T_0}{T}\right)\mathrm{d}Q$
7	燃气轮机装置	Be_f	W	W/Be_f
8	压缩式制冷机	W	$\left(1 - \dfrac{T_0}{T_2}\right)Q_2$	$\left(1 - \dfrac{T_0}{T_2}\right)Q_2/W$
9	吸收式制冷机	$\int_1^2 \left(1 - \dfrac{T_0}{T_1}\right)\mathrm{d}Q$	$\left(1 - \dfrac{T_0}{T_2}\right)Q_2$	$\left(1 - \dfrac{T_0}{T_2}\right)Q_2 \Big/ \int_1^2 \left(1 - \dfrac{T_0}{T_1}\right)\mathrm{d}Q$

2.6 㶲分析案例

2.6.1 㶲分析方法

2.6.1.1 能量平衡分析目的

对热工设备或能源系统进行能量分析时，通过对能量形态的变化过程分析，定量计算能量有效利用及损失等情况，弄清造成损失的部位和原因，以便提出改进措施，并预测改善后的效果。

能量平衡分析可分热平衡（焓平衡）和㶲平衡分析两种。㶲分析是不仅考虑能量的数量，还顾及能量的质量。在做㶲分析时，需要计及各项㶲损失才能保持平衡。其中，内部不可逆㶲损失项在焓平衡中并无反映。因此，两种分析方法有质的区别。但是，相互之间又存在内在的联系，㶲平衡是建立在能平衡的基础之上的。

（1）定量计算能量（㶲）的各项收支、利用及损失情况。收支保持平衡是基础，能流的去向中包括收益项和各项损失项，根据各项的分配比例可以分清其主次。

（2）通过计算效率，确定能量转换的效果和有效利用程度。

（3）分析能量利用的合理性，分析各种损失大小和影响因素，提出改进的可能性及改进途径，并预测改进后的节能效果。

2.6.1.2 分析方法

能量分析有以下四种方法：

（1）统计法。通过每天的运转数据，分析影响热效率和单位能耗的各种因素，找出其相互关系。统计分析有以下作用：1）可以发现每天操作中突发性的异常现象；2）可以知道装置随运转年限增加，性能下降的情况；3）可预测将来的操作数据的变化趋势；4）可作为今后建设、设计的资料。随着计算机技术的发展，统计范围越来越广，数据处理也越来越快。

（2）动态模拟法。对操作条件给予某一阶梯形的或正弦形的变化，以测定对其他量有何影响，对随时间与随空间的变化情况进行分析。它适合于负荷变动激烈或运转率低的装置，以及生产多品种产品的装置分析。它可以预测对装置采用自动控制后所能取得的效果。但是，一般装置的动态特性相当复杂。

（3）稳态法。用于锅炉、连续加热炉、高炉等热工设备的分析。正常情况下，工况几乎不随时间变化。通过对分析对象的物料及能量平衡测定，可知道能流情况以及各项损失的大小。它是最常用的方法。

（4）周期法。适用于间歇工作的热设备，例如锻造炉、热处理炉等。分析时至少要测定一个周期内的数据，并要考虑装置积蓄能量的变化。其物料平衡以及能量平衡的分析方法与稳态法相同。

2.6.1.3 分析步骤

（1）确定体系。首先要明确分析对象，确定体系的边界。所取体系可大、可小，大至一个部门、一个厂矿，小至一个车间、一个具体设备甚至一个部件。这主要取决于分析的需要。为了便于分析，对大体系还可进一步划分成几个子体系。因此要用示意图标明所取体系的范围。

（2）分析体系与外界的质量交换。物料平衡是分析的基础，要标明和计算出穿过边界的各股物质流的流量和成分。

（3）分析体系与外界的能量交换。通过边界的能流包括功量、热量和物流携带的焓（㶲），有的要通过测定温度、压力等参数后计算确定。

（4）计算各项的数值，确定各项损失的大小。在计算时，要明确环境基准状态，要确定所需的热力学基础数据（物质的热容、焓和熵等）以及计算公式。

（5）分析能量平衡和㶲平衡。能量平衡是㶲平衡的基础，在此基础上，建立体系的平衡关系，确定各项输入、输出㶲及㶲损失，画出能流、㶲流图。

（6）计算㶲效率及局部㶲损失率等评价指标。

（7）评价与分析结果。根据计算结果，分析造成能量损失与㶲损失的原因，探讨体系进一步提高有效利用能量的措施及可能性。

2.6.2 锅炉㶲分析实例

某燃煤蒸汽锅炉的蒸发量为 $D=410t/h$，蒸汽参数是：压力 $p=9.81MPa$ ，温

度 $t=540℃$ ；给水温度 $t_s=220℃$ ；燃煤量 $B=44.5t/h$ ，其含水的质量百分数 $w=5.54\%$ ，煤的低发热值 $Q_{dw}=25523kJ/kg$ 。每 1kg 燃料的排烟量为 $9.975m^3/kg$ ，排烟温度 $t_y=132℃$ ，排烟的比定压热容为 $c_p=1.3873kJ/(m^3\cdot K)$ 。试对锅炉进行热平衡和㶲平衡分析。

取锅炉炉墙外侧，包括烟风道直至烟囱出口为体系，如图 2-15 所示。以周围的环境温度（20℃）为基准，进入锅炉的空气温度与环境温度相同，空气预热器在体系内部，因此，进入体系的空气㶲值为零。

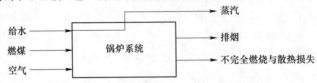

图 2-15　燃煤蒸汽锅炉系统示意图

根据水和水蒸气热力性质图表，可查得给水的焓为 $h_s=943.37kJ/kg$ ，蒸汽的焓为 $h_q=3476.1kJ/kg$ 。蒸汽所吸收的有效热为：

$$Q_1 = D(B_q - h_s) = 410 \times 10^3 \times (3476.1 - 943.37) = 1038.93 \times 10^6 (kJ/h)$$

烟气带走的热损失为：

$$\begin{aligned} Q_2 &= BV_y c_p (t_y - t_0) \\ &= 44.5 \times 10^3 \times 9.975 \times 1.3873 \times (405.15 - 293.15) \\ &= 68.97 \times 10^6 (kJ/h) \end{aligned}$$

燃料提供的热为：

$$Q = BQ_{dw} = 44.5 \times 10^3 \times 25523 = 1135.77 \times 10^6 (kJ/h)$$

热量的收支之差：

$$\Delta Q = Q - (Q_1 + Q_3) = (1135.77 - 1038.93 - 68.97) \times 10^6 = 27.87 \times 10^6 (kJ/h)$$

是锅炉的不完全燃烧和散热等其他热损失之和。

锅炉的热效率为：

$$\eta_{tg} = \frac{Q_1}{Q} = \frac{1038.93 \times 10^6}{1135.77 \times 10^6} = 91.47\%$$

在热平衡的基础上，可进行㶲平衡计算。燃料提供的㶲为：

$$\begin{aligned} E_{xf} &= B(Q_{dw} + 2438w) \\ &= 44.5 \times 10^3 \times (25523 + 2438 \times 0.0554) \\ &= 1141.78 \times 10^6 (kJ/h) \end{aligned}$$

给水的㶲为：

$$\begin{aligned} E_{xs} &= D[(h_s - h_0) - T_0(s_s - s_0)] \\ &= 410 \times 10^3 \times [(943.37 - 83.83) - 293.15 \times (2.5172 - 0.2963)] \\ &= 85.478 \times 10^6 (kJ/h) \end{aligned}$$

蒸汽的煓为：

$$E_{xq} = D[(h_q - h_0) - T_0(s_q - s_0)]$$
$$= 410 \times 10^3 \times [(3476.1 - 83.83) - 293.15 \times (6.7347 - 0.2963)]$$
$$= 616.99 \times 10^6 (kJ/h)$$

如果不计排烟与环境大气化学成分不平衡的扩散煓，烟气压力近似等于环境压力，则烟气带走的煓只是温度煓，即：

$$I_2 = E_{xTy} = BV_y c_p[(T_y - T_0) - T_0 \ln(T_y/T_0)]$$
$$= 44.5 \times 10^3 \times 9.975 \times 1.3873[(405.15 - 293.15) - 293.15\ln(405.15/293.15)]$$
$$= 10.558 \times 10^6 (kJ/h)$$

煤的理论燃烧温度为：

$$t_{ad} = t_0 + \frac{Q_{dw}}{V_y c_p} = 20 + \frac{25523}{9.975 \times 1.3873} = 1864.37(℃)$$

燃烧产物具有的温度煓为：

$$E_{xTr} = BV_y c_p[(T_{ad} - T_0) - T_0 \ln(T_{ad}/T_0)]$$
$$= 44.5 \times 10^3 \times 9.975 \times 1.3873[(2137.52 - 293.15) -$$
$$293.15\ln(2137.52/293.15)]$$
$$= 789.44 \times 10^6 (kJ/h)$$

因此，由于燃烧不可逆产生的内部煓损失为：

$$I_r = E_{xf} - E_{xTr} = 1141.78 \times 10^6 - 789.44 \times 10^6 = 352.34 \times 10^6 (kJ/h)$$

与 ΔQ 其他热损失项相对应的其他外部煓损失 I_0，若近似地按燃烧温度计算其热量煓，则：

$$I_0 = \Delta Q\left(1 - \frac{T_0}{T_{ad}}\right) = 27.87 \times 10^6 \times \left(1 - \frac{293.15}{2137.52}\right) = 24.05 \times 10^6 (kJ/h)$$

根据煓的收支差，应为其他内部不可逆煓损失，即传热煓损失。即：

$$I_c = E_{xf} + E_{xs} - E_{xq} - I_2 - I_r - I_o$$
$$= (1141.78 + 85.478 - 616.99 - 10.558 - 352.34 - 24.05) \times 10^6$$
$$= 223.32 \times 10^6 (kJ/h)$$

锅炉的煓效率为：

$$\eta_{eg} = \frac{E_{xg}}{E_{xp}} = \frac{E_{xq} - E_{xs}}{E_{xf}} = \frac{(616.99 - 85.478) \times 10^6}{1141.78 \times 10^6} = 46.55\%$$

由计算结果可见，锅炉的煓效率远低于其热效率，这是因为在煓平衡中，内部不可逆燃烧和传热煓损失之和 $I_r + I_c = 575.66 \times 10^6 kJ/h$ 占燃料煓的 50.42%，构成了煓损失的主体，而在热平衡中没有体现。

2.6.3 轧钢加热炉的煓分析

连续加热炉的热平衡和煓平衡分析方法与锅炉大致相同。但是，加热炉后的空气预热器是作为独立的烟气余热回收设备,在取分析体系时,可以将它划在体系之外。这时,进入体系的空气将为热空气,具有焓值和㶲值。表 2-7 给出了某连续加热炉的热平衡和㶲平衡的实际测定计算结果。它就是按这种方法取的体系。如果将预热器包括在体系内,则进入体系的空气温度为环境温度,此项㶲值为零,预热器回收的热量属于在体系内部循环,应在循环项(表中的第 41、91项)中标明该值。

表 2-7　连续加热炉的热平衡和㶲平衡

热 平 衡					㶲 平 衡			
分类	序号	项　目	热值/GJ·t^{-1}	热效率/%	序号	项　目	㶲值/GJ·t^{-1}	㶲效率/%
收入项	1	燃料的燃烧热	1369	84.0	51	燃料的化学㶲	1423	89.4
	2	燃料的显热	4	0.2	52	燃料的物理㶲	0	0
	3	空气的显热	114	7.0	53	空气的㶲	60	3.8
	4	雾化剂带入的热	58	3.6	54	雾化剂带入的㶲	30	1.9
	5	装入钢材的热焓	7	0.4	55	装入钢材的物理㶲	0	0
	6	氧化铁皮的生成热	78	4.8	56	钢材氧化反应㶲	78	4.9
	10	总　计	1630	100.0	60	总　计	1591	100.0
支出项	21	加热钢材的热焓	754	46.3	71	加热钢材物理㶲	428	26.9
	22	氧化铁皮的显热	19	1.2	72	氧化铁皮物理㶲	11	0.7
	23	排气的显热	511	31.3	73	排气物理㶲	241	15.1
	24	不完全燃烧损失热	0	0	74	排气中可燃物化学㶲	0	0
	25	炉渣带走的热	0	0	75	炉渣带走的㶲	0	0
	26	冷却水带走的热	122	7.5	76	冷却水带走的热量㶲	83	5.2
	27	散热等其他热损失	224	13.7	77	炉体及其他散失㶲	161	10.1
					78	传热过程㶲损失	265	16.7
					79	燃烧过程㶲损失	402	25.3
	30	总　计	1630	100.0	80	总　计	1591	100.0
循环	41	预热装置回收的热	0	0	91	预热装置回收的㶲	0	0

由于采用油为燃料,常用蒸汽作为雾化剂;钢材在炉内的高温下,表面将被氧化而生成氧化铁皮,同时会放出热量,因此在收入项中增加这两项的数值。因为在焓的计算中采用了以 0℃ 为基准,所以常温下的燃料和空气仍有焓值,但环境温度下的㶲值为零。

由于加热炉的金属构件(炉底管、炉门框等)采用水冷却,因此在支出项中包括被冷却水带走的焓和㶲值。

由表 2-7 可见，㶲平衡与热平衡相比，在支出项中增加了由于燃烧不可逆和传热不可逆产生的内部㶲损失项，并且占了相当大的比例。

加热炉的热效率按下式定义，则为：

$$\eta_t = \frac{(21) - (5)}{(1) + (2) + (3) + (4) + (6)} = \frac{754 - 7}{1369 + 4 + 114 + 58 + 78} = \frac{747}{1623} = 46\%$$

而在㶲效率的定义中，支付㶲只计燃料和雾化剂的㶲，因此，㶲效率为：

$$\eta_e = \frac{(71) - (55)}{(51) + (54)} = \frac{428}{1423 + 30} = 29.5\%$$

㶲效率远低于热效率就是因为内部㶲损失造成的。要提高㶲效率，首先要设法减少不可逆㶲损失。

目前，除了电炉外，要避免燃烧㶲损失是不可能的，只能设法尽量减小㶲损失。这就要采取前述的提高预热空气温度、减少过剩空气量、采用富氧燃烧等措施，以提高其绝热燃烧温度。

要减少由于传热不可逆造成的㶲损失，要尽可能减小燃烧产物与钢材的传热温差。为此要设法增大传热面积、提高传热系数和提高入料温度。采用热装或利用余热预热原料，延长炉长等措施，均可以达到减小预热段的传热温差的目的。

当然，在提高㶲效率的同时，也必然能提高其热效率，反之亦然。但是，通过㶲分析，可以从根源上找到其节能潜力，并起到最大的节能效果。

参 考 文 献

［1］汤学忠．热能转换与利用［M］．2 版．北京：冶金工业出版社，2002.
［2］傅秦生．能量系统的热力学分析方法［M］．西安：西安交通大学出版社，2005.

3 钢铁流程的节能潜力和节能途径

众所周知，钢铁工业是我国国民经济的支柱产业，也是资源、能源、资金和技术密集型行业。近年来，我国钢铁工业通过结构调整和技术进步，在节能降耗方面取得了显著的成效。本章主要讲述节能的基本原理和方法，并介绍了钢铁流程的节能潜力和节能途径。

3.1 节能的基本原理

3.1.1 节能的概念

节能是指节约能源的消耗，以较少的能源生产同样数量的产品或产值，或以同样数量的能源生产出更多的产品或产值。节能是从能源资源的开发到终端利用，采取技术上可行、经济上合理、社会能够接受、环境又能允许的各种措施，充分地发挥能源的效果，更有效地利用能源资源。

节能按性质可分为：

（1）工艺节能。通过改变原有生产工艺，采用先进的节能生产新工艺而达到节能的目的。例如：以连铸代替模铸，采用氧气顶吹转炉代替平炉炼钢等。

（2）技术节能。通过采用先进的节能技术、节能设备、节能机器等措施取得的节能效果。例如：增设余热回收设备、采用节能型电机、风机、水泵等。

（3）管理节能。通过加强能源管理和生产管理，减少能源损耗，避免不必要的浪费，合理组织生产，减少设备在低效率（低负荷）下运转等取得的节能效果。

（4）结构节能。通过改变产品的结构，增加低能耗、高产值产品的比例等所能取得的间接节能效果。

减少原材料的消耗实际上也是间接地节约了能源。提高产品的成品率可以降低单位能耗。

3.1.2 节能量及其计算方法

节能量是指满足同等需要或达到相同目的的条件下，能源消费减少的数量。对于生产企业来说，满足同等需要或达到相同目的主要是指生产产品的品种和规格相同，且合格产品的产量相同，或者提供的工作量或服务相同。

企业节能量的计算要在企业能量平衡的基础上进行，保证能源数据的准确性和计算的正确性。并且要以综合能耗量为基础，按综合能耗计算通则，将消耗的各种能源按相应的等价折标系数统一折算成标准煤或热值。计算必须用计量测试等实际测定的有关数据进行。

3.1.2.1 节能量计算的比较基准

节能量是一个相对的数量。针对不同的目的和要求，需采用不同的比较基准。

A 以前期单位能源消耗量为基准

前期一般是指上一年同期、上季同期、上月同期及上年、上季、上月等。也有以若干年前的年份（例如五年计划的初年）为基准。由于基准期选择不同，节能量的计算结果也会不同。

在计算累计节能量时，有定比法和环比法两种方法。定比法是将计算年（最终年）与基准年（最初年）直接进行对比，一次性计算节能量。环比法是将统计期的各年能耗分别与上一年相比，计算出逐年的节能量后，累计计算出总的节能量。一般评价某一年比几年前的某一年节能水平时，用定比法计算节能量；评价某年至某年这几年间的节能量时，用环比法累计计算。

B 以标准能源消耗定额为基准

由行业主管部门根据机器设备、生产工艺、操作水平、原材料、技术和管理等情况，制定符合当前实际的标准能耗定额、先进能耗定额，以此作为比较的基准。

这时，计算的节能量有名义节能量和实际节能量两种。名义节能量是与标准能耗定额相比的节能量，它反映企业的实际用能水平。实际节能量是与企业自身前期相比的节能量，它反映企业在能量利用上的提高与进步。

3.1.2.2 企业节能量的计算

企业节能量是企业统计报告期内能源消耗量，按各种比较基准计算的总量之差。一般分为产量节能量、产值节能量、技术措施节能量、产品结构节能量和单项能源节能量等，具体分类如图 3-1 所示。

A 企业总节能量

企业总节能量是考核企业节能效果的指标之一。但在不同企业之间此指标缺乏可比性。

企业产品总节能量是以企业生产的各种合格产品，计算出各种产品的单位产量节能量，然后计算各种产品节能量的总和，即为企业产品总节能量。它综合反映了一个企业从管理到技术、从设备到工艺、从产品到能源、从数量到质量的节能效果与用能水平，是企业能源管理的重要内容和主要指标。企业总节能量计算

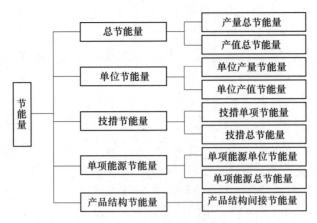

图 3-1   节能量的分类

公式为：

$$\Delta E_c = \sum_{i=1}^{n} (\Delta e_i M_i) \tag{3-1}$$

$$\Delta e_i = e_{0i} - e_{ji} \tag{3-2}$$

式中，ΔE_c 为企业产品总节能量（以标煤计），t/年（季、月）；Δe_i 为第 i 种产品的单位产量节能量（以标煤计），t/产量单位；M_i 为第 i 种产品在统计期内的合格产品产量，产量单位/年（季、月）；e_{ji} 为第 i 种产品在基准期的单位产量综合能耗量（以标煤计），t/产量单位；e_{0i} 为第 i 种产品在计算期的单位产量综合能耗量（以标煤计），t/产量单位。

上式中，若计算结果为负，则表示节能；如为正，则表示费能；等于零，表示持平。

B   企业产值总节能量

企业产值总节能量是以企业产值为依据计算的总节能量。它是国家、地区、部门进行宏观节能量统计、计算、分析的基础。也是衡量企业节能经济效益的依据。企业产值总节能量计算公式为：

$$\Delta E_g = \Delta e_g G \tag{3-3}$$

$$\Delta e_g = e_{g0} - e_{gi} \tag{3-4}$$

式中，ΔE_g 为企业产值总节能量（以标煤计），t；Δe_g 为企业单位产值节能量（以标煤计），t/万元；G 为计算期内企业的净产值，万元；e_{g0} 为计算期内企业单位产值综合能耗（以标煤计），t/万元；e_{gi} 为基期的企业单位产值综合能耗（以标煤计），t/万元。

需要注意的是，企业单位产值综合能耗实际是各种产品平均的单位产值综合能耗，是按整个企业的净产值来计算的，而不是按各种产品的单位产值综合能耗单独计算节能量后，再相加来确定的。

C　企业技术措施节能量

企业中某项技术措施实施后比采取该项措施前生产相关产品能源消耗减少的数量，称为该项技术措施节能量。各项技术措施节能量之和等于企业技术措施节能量。这里的技术措施是指设备的更新改造、采用生产新工艺等。

通常，企业技术措施节能量的计算公式为：

$$\Delta E_t = \sum_{i=1}^{m} \Delta E_{ti} \tag{3-5}$$

$$\Delta E_{ti} = \sum_{i=1}^{r} (e_{tbi} - e_{tji}) M_{bi} \tag{3-6}$$

式中，ΔE_t 为企业技术措施节能量（以标煤计），t/a；ΔE_{ti} 为第 i 种单项技术措施节能量（以标煤计），t/a；m 为企业技术措施项目数；e_{tbi} 为第 i 种单位产品的生产或单位工件的加工，在采取某项技术措施前所消耗的能源量（以标煤计），t/产品单位；e_{tji} 为第 i 种单位产品的生产或单位工件的加工，在采取某项技术措施后所消耗的能源量（以标煤计），t/产品单位；M_{bi} 为第 i 种单位产品的生产或单位工件的加工，在采取某项技术措施后一年中共生产出该产品或加工工件的数量，产品单位；r 为考核该项技术措施效果的产品品种数。

由于技术改造常常只涉及整个生产过程的某个工序或某一设备，如加热炉的改造只涉及产品加热一道工序能耗的变化。因此，只需考察这一部分采取技术措施前后能耗的变化就可以了。并且，能耗通常是指单项能耗，而不是综合能耗。当要区分评价各项技术措施带来的节能效果时，往往需要通过测试的办法。每项技术措施的节能量只计算一次，要防止交叉重复计算。

技术措施节能量是企业节能量的一部分，其节能效果已反映在企业总节能量中。

D　企业产品结构节能量

企业产品结构节能量是指企业生产的各种合格产品的产量所占的比重发生变化时形成的能源消耗数量的减少，其计算公式为：

$$\Delta E_{cj} = G \times \sum_{i=1}^{n} (k_{bi} - k_{ji}) e_{jgi} \tag{3-7}$$

其中　　　　　　$k_{bi} = G_{bi}/G, \quad k_{ji} = G_{ji}/G_j$

式中，ΔE_{cj} 为企业产品结构节能量（以标煤计），t；G 为计算期内企业的净产值，万元；k_{bi} 为第 i 种产品产值在计算期内占企业总产值的比重；k_{ji} 为第 i 种产品产值在基准期内占企业总产值的比重；G_{bi} 为第 i 种产品在计算期内的产值，万元；G_{ji} 为第 i 种产品在基准期内的产值，万元；G_j 为基准期内企业的净产值，万元；e_{jgi} 为基准期内第 i 种产品的单位产值综合能耗（以标煤计），t/万元。

为了在计算结果中不包括其他节能因素的作用，需要用基准期的单位产值综合能耗。

企业产品结构节能量是企业节能量的一部分，其节能量反映在企业产值总节能量中。它是企业内部的间接节能量，用于分析企业节能因素，改善企业经营管理的指标。

E 企业单项能源节约量

企业单项能源节约量是企业按能源品种计算的实物节约量。它是一种专用节能指标，便于分析考核单项能源节约情况。

单项能源节约量分为单项能源单位产量节能量和单项能源总节约量两类。它也是企业节能量的一部分，其节能量已反映在企业总节能量和单位节能量中。

单项能源单位产量节能量的计算公式为：

$$\Delta e_j = e_{bi} - e_{ji} \tag{3-8}$$

其中 $\qquad e_{bi} = E_{bi}/M_{bi}, \ e_{ji} = E_{ji}/M_{ji}$

式中，Δe_j 为单项能源单位产量节能量，能源实物单位/产量单位；e_{bi} 为计算期第 i 种能源的单位消耗量，能源实物单位/产量单位；e_{ji} 为基准期第 i 种能源的单位消耗量，能源实物单位/产量单位；E_{bi} 为计算期某种产品对第 i 种能源的消耗量，能源实物单位；M_{bi} 为计算期某种产品的合格产品产量，产量单位；E_{ji} 为基准期某种产品对第 i 种能源的消耗量，能源实物单位；M_{ji} 为基准期某种产品的合格产品产量，产量单位。

单项能源总节约量的计算公式为：

$$\Delta E_i = \sum_{j=1}^{m} (e_{bij} - e_{jij}) M_j \tag{3-9}$$

式中，ΔE_i 为单项能源总节约量，能源实物单位；e_{bij} 为计算期第 j 种产品对第 i 种能源的单位消耗量，能源实物单位/单位产量；e_{jij} 为基准期第 j 种产品对第 i 种能源的单位消耗量，能源实物单位/单位产量；M_j 为计算期第 j 种产品的产量，产量单位。

3.1.3 节能率

节能率是在生产的一定可比条件下，采取节能措施之后节约能源的数量与采取节能措施前能源消费量的比值。它表示所采取的节能措施对能源消耗的节约程度，即计算期比基准期的单位产品（或单位产值）综合能耗降低率的百分数。

3.1.3.1 产量节能率

产量节能率的计算公式为：

$$\xi_c = \Delta E_D / E_{Dj} \tag{3-10}$$

其中 $\qquad \Delta E_D = \Delta E_C \Big/ \sum_{i=1}^{n} M_i, \ \Delta E_{Dj} = E_j \Big/ \sum_{j=1}^{n} M_j$

式中，ξ_c 为产量节能率，%；ΔE_D 为计算期内单位产量节能量（以标煤计），t/产量单位；E_{Dj} 为基准期内单位产量综合能耗量，或单位产量的标准能耗定额（以标煤计），t/产量单位；ΔE_C 为计算期内的企业产品总节能量（以标煤计），t；$\sum M_i$ 为计算期内总产量，产量单位；E_j 为基准期内企业总综合耗能量（以标煤计），t；$\sum M_j$ 为基准期内总产量，产量单位。

3.1.3.2　产值节能率

产值节能率的计算公式为：

$$\xi_g = \Delta E_g / E_{gj} \tag{3-11}$$

式中，ξ_g 为产值节能率，%；ΔE_g 为企业单位产值节能量（以标煤计），t/万元；E_{gj} 为基准期企业单位产值综合能耗量（以标煤计），t/万元。

以表 3-1 中的数据为例，可以计算出企业产品总节能量为：

$$\begin{aligned}
\Delta E_C &= \sum_{i=1}^{3} (\Delta E_{bi} M_i) \\
&= (3.6 - 4) \times 500 + (1.8 - 2) \times 500 + (0.8 - 1) \times 1200 \\
&= -540 (t)
\end{aligned}$$

表 3-1　节能率的计算算例

年份	产品	产量/台	产值/万元	企业产品能耗（以标煤计）		
				总综合能耗/t	单位产量能耗/ t·台$^{-1}$	单位产值能耗/ t·万元$^{-1}$
基准年	甲	200	1000	800	4.0	0.8
	乙	400	1600	800	2.0	0.5
	丙	1000	2000	1000	1.0	0.5
	合计	1600	4600	2600	1.625	0.565
计算年	甲	500	2500	1800	3.6	0.72
	乙	500	2000	900	1.8	0.45
	丙	1200	2400	960	0.8	0.40
	合计	2200	6900	3660	1.664	0.531

单位产量节能量为：

$$\Delta E_D = -540/2200 = -0.2455 (t/台)$$

基准期内单位产量综合能耗为：

$$\Delta E_{Dj} = 2600/1600 = 1.625 (t/台)$$

企业产量节能率为：

$$\xi_c = -0.2455/1.625 = -15.1\%$$

企业单位产值节能量为：

$$\Delta E_g = (3660/6900 - 2600/4600) = -0.034 (t/万元)$$

基准期企业单位产值综合能耗量为：

$$E_{gi} = 2600/4600 = 0.565(\text{t}/万元)$$

产值节能率为：

$$\xi_g = -0.034/0.565 = -6.02\%$$

需要注意的是，当企业有多种产品时，产值节能率是按计算期与基准期的平均单位产值的能耗量来计算，但是，产量节能率不能用平均单位综合能耗的变化直接计算。

3.2   节能评估的基本方法

节能评估是指根据节能法规、标准等，对项目能源利用的科学合理性进行测算、分析和评价，以及提出能源优化利用的对策和措施的过程。

3.2.1   节能评估的基本原则

科学、准确、客观的节能评估在节能工作中具有重要的作用，《节能评估技术导则》（GB/T 31341—2014）给出了开展节能评估应遵循的基本原则：

（1）专业性。承担节能评估的机构和人员应具备相应的专业、能力以及必要的资质和经验。

（2）真实性。节能评估应依据真实可靠的资料、文件和数据，提出复核项目客观实际的评估结果。

（3）完整性。节能功能评估的内容、程序、范围应充分完整，覆盖项目资源利用全过程。

（4）可追溯性。节能评估应采用科学的计算方法，保持数据来源明确，计算过程清晰，便于计算结果的复查、核验。

（5）可操作性。节能评估应根据项目特点提出科学、合理、可行的调整建议，为项目建设提供依据。

3.2.2   节能评估的通用方法

节能评估的通用方法包括标准对照法、类比分析法、专家判断法。标准对照法是指对照相关节能法律法规、产业政策、标准和规范等，评估项目能源利用的合理性；类比分析法是指通过与同行业领先能效水平对比，评估项目能源利用的科学合理性；专家判断法则是指利用专家经验、知识和技能，评估项目能源利用的科学合理性。

在节能评估实际工作中应根据项目特点和评估需要，选择适用的评估方法。

3.2.3   节能评估的内容

《节能评估技术导则》（GB/T 31341—2014）将节能评估分为三个阶段：前

期准备、分析评估和报告编制。前期准备阶段的主要评估内容包括确定评估范围、收集基础资料、确定评估依据以及开展现场调研；分析评估阶段主要内容包括项目建设方案评估、节能措施效果评估、项目能源利用状况评估和能源消费影响评估。

3.2.3.1 前期准备阶段

A 确定节能评估范围

节能评估的范围应与项目投资建设范围一致，并体现项目的完整性，涵盖能源购入存储、加工转换、输送分配、终端使用的整个过程。改、扩建项目依托原项目建设，相关既有设施用能情况也应纳入评估范围。

B 收集基础资料

收集项目基本情况及用能方面的相关资料，主要涉及项目建设单位的基础资料包括项目建设单位基本情况、项目基本情况、项目咨询设计资料、项目用能情况、项目外部条件等方面：

（1）项目建设单位基本情况包括：建设单位名称，所属行业类型，建设单位性质，建设单位地址，建设单位法人代表和建设单位生产规模与经营概况等。

（2）项目基本情况包括：项目名称，项目建设地点、场地现状及周边环境（区域位置图），项目性质，投资规模及建设内容，项目工艺方案、主要产品方案、主要经济技术指标，项目进度计划及建设进展情况等和改、扩建项目需收集原项目的基本情况。

（3）项目咨询设计资料：项目可行性研究报告，项目所在区域总体规划及相关专项规划和其他相关支持性文件。

（4）项目用能情况包括：项目能源消耗种类、数量及来源，项目年综合能耗、综合能源消耗量及主要指标，项目主要供、用能系统与设备及其能效情况等和改、扩建项目需收集原项目用能情况、存在的问题、利用既有系统与设备的可行性等。

（5）项目外部条件包括：项目所在地的气候、地域区属及其主要特征，项目所在的经济、社会发展现状及发展目标，项目所在低能源、水资源供应、消费现状、特点及运输条件，项目所在地的全社会综合能源消费总量及节能目标和项目所在地的相关环境保护要求等。

应注意的是，实际工作中应避免陷入节能评估针对的只是项目可研报告这一误区，广泛收集能反映项目最新进展情况的相关文件；改、扩建项目还需收集原项目的用能情况等相关资料，以便后续开展利用既有系统与设备的可行性、优化改进的针对性等分析评估[1]。

C 确定评估依据

根据项目实际情况，按照全面、真实、准确、使用的原则收集并确定评估依据，主要包括：法律、法规、部门规章，规划、产业政策；标准及规范，节能工艺、技术、装备、产品等推荐目录，以及国家明令淘汰的生产工艺、用能产品、设备目录和类比工程及其用能资料等。应按照全面、真实、准确、适用的原则收集并确定评估依据。实际工作中，往往由于对评估依据重要性认识不足而出现遗漏重要文件、采用已废止或失效文件、罗列不相关或不适用的文件、错误引用指标参数等问题，应予以重视并避免。

D　开展现场调研

根据项目特点与基础资料收集情况，确定现场调研的工作任务并开展相应的踏勘、调查和测试。现场调研应重点关注的内容包括：项目进展情况，项目计划使用的能源资源情况，周边可利用的余能情况，改扩建项目原项目的用能状况、问题和类比工程实际情况等。

3.2.3.2　分析评估阶段

A　项目建设方案节能评估

项目建设方案评估是节能评估的核心，通常可从工艺方案、总平面布置、用能工序（系统）及设备、能源计量器具配备方案、能源管理方案等方面分别展开，评估内容应根据项目实际情况确定。

工艺方案较为简单的项目，可将工艺方案、总平面布置、用能工序（系统）及设备合并评估，工艺方案特别复杂的项目可将用能工序（系统）及设备进一步划分为主要用能工序（系统）及设备、辅助用能工序（系统）及设备、附属用能工序（系统）及设备分别进行评估。

工艺方案节能评估需要明确项目工艺流程和技术方案，重点说明项目所选择的生产规模、工艺路线、主要工艺参数等。在此基础上，先分析项目推荐选择的工艺方案是否符合行业规划、准入条件、节能设计规范等相关要求；然后，从节能角度评价该工艺方案，与当前行业内先进的工艺方案对比分析；最后，提出完善工艺方案的建议。

项目总平面布置节能评估要从节能角度分析项目总平面布置是否有利于过程节能、方便作业、提高生产效率，提出优化总平面布置的建议。

用能工序（系统）节能评估需要先说明各用能工序（系统）的工艺流程、用能设备选型及配置方案，判断是否采用国家明令淘汰的生产工艺、用能产品和设备，判断是否采用国家推荐的节能工艺、技术、产品和设备，若选用有新技术、新产品、新设备还应说明其用能特点；然后从节能角度评价各用能工序（系统）及设备选用的能源品种是否科学合理，能源使用是否做到整体统筹、充分利用；而后核算分析用能设备参数、裕量、容量，评价设备类型及配置和合理性；并计算主要用能设备及用能工序（系统）的能效指标，评价能效水平，判断是否满足相关标准要求；对于改、扩建项目应分析评估是否能充分利用既有设施和设备，避免重复建设；最后分析存在问题并提出完善建议。

能源计量器具节能评估需要结合行业特点和项目实际情况，说明项目能源计量器具配备方案，按照能源品种编制能源计量器具一览表，明确计量器具的名称、准确度等级、用途、安装部位、数量等；依据 GB 17167—2000 等相关标准要求，分析评价项目能源计量器具配备方案设置是否科学合理；最后分析存在问题并提出完善建议。

能源管理方案节能评估需要说明项目能源管理方案，重点说明项目针对能源管理制度建设、体系构建、机构设置、人员配置以及能源统计、检测、控制措施等制定的具体计划；依据 GB/T 15587—2008、GB/T 23331—2019 等相关标准要求，分析评价项目能源管理方案的合理性、先进性和可行性；最后分析存在问题并提出完善建议。

总的来说，建设方案各方面的评估均应在明确项目选定的设计方案基础上，首先判断是否符合相关节能要求，进而从节能角度分析其方案设计的合理性和可行性、评价能效水平的先进性、找出存在问题并提出优化完善的具体建议。标准就建设方案评估的不同方面分别给出了规范指导，体现了整体统筹、系统优化和回收利用的节能理念。

B 节能措施效果评估

针对节能评估过程中提出的优化、调整和完善建议，进行全面梳理，逐条分析评价项目节能措施的合理性、适用性、可行性，分析预测主要节能措施的节能量，并对采取这些节能措施预期可到达的能效水平、产生的节能效果进行说明。

C 项目能源利用状况评估

首先应依据行业特点和项目实际情况，明确项目所适用的主要能效指标，按照相关标准要求进行项目能量平衡分析并核算项目能效指标，说明项目能源消费结构，评价项目能效水平，分析存在问题并提出改进建议。

D 能源消费影响评估

根据项目所在地能源消费总量控制目标，或根据节能目标、能源消费水平、国民经济发展预测等，计算在指定经济规划时期内的项目所在地能源消费增量控制数，对比同时期内项目综合能源消费量、综合能耗指标核算结果，分析项目对所在地能源消费增量的影响和完成节能目标的影响。

如为改、扩建项目，应与项目新增能源消费量进行对比，其综合能源消费量应扣除原项目综合能源消费量。

3.2.3.3 报告编制阶段

A 报告编制要求

节能评估报告是完整记录项目节能评估过程与结果的文件，体现项目投入正常运行后能源利用情况的遇见性评定，应概括反映节能评估工作全貌，文字简洁，重点突出，结论明确，调整建议合理可行；文本规范，计量单位标准化，资料翔实,尽可能采用有助于理解的图表和照片,资料引用表述清晰,利于阅读和审查;分析评价全面、深入,数据真实可靠,计算过程完善。

B 报告结构和内容

节能评估报告一般可分为评估机构和人员信息、评估概要、正文和附录。

评估机构和人员信息一般包括:承担节能评估的机构名称和承担节能功能评估的人员姓名、专业、职称、分工等。

评估摘要一般需要包括:项目情况简要说明、节能评估工作过程和节能评估主要结论。

正文作为节能评估的主体,一般包括:项目基本情况、评估依据、建设方案节能评估、节能措施效果评估、能源利用状况评估、能源消费影响评估和结论。

附录一般包括:项目工程资料,项目总平面图、主厂房平面布置图、物料流程图、总工艺流程图等重要图纸,项目现场图片,项目主要用能设备一览表、主要能源计量器具一览表等重要统计表格,项目能源消费、能源平衡级能耗统计的计算书及相关图表和其他支持文件[2]。

3.2.4 节能量的测量和验证

测量和验证是一个利用测量方法来证明能源管理项目在设施单位内达到实际节能量的过程。所谓节能量指的是满足同等需要或达到相同目的条件下,使能源消费减少的数量。由于节能量是节能项目实施后,用能系统减少的能源消耗量,其无法直接测量。因此,节能量只能通过比较某个节能项目执行之前和执行该项目之后的能耗量,并根据不同条件的变化,作适度的调整而确定。

3.2.4.1 节能量计算原则

节能量测量和验证活动须满足如下原则:

(1)精确度。检测与验证报告应该在预算范围内尽可能精确。精确度的权衡,应不断提高评估和判断的保守性。

(2)完整度。节能量报告应考虑项目的所有影响,应以测量手段来量化显著的影响,其余影响,可做估算。

(3)保守性。对不确定数据的判断,检测与验证程序应对节能量做较保守的设计。

(4)一致性。项目的能效报告,在下列各项上应保持一致:不同类型的能效项目、任何项目中的不同能源管理专家、同一个项目中的不同时期、能效项目和新能源供应项目。

(5)相关性。对于节能量的确定,应该测量那些重要的绩效参数,而估算那些不重要的、可以预测的参数。

(6)透明度。所有检测与验证活动应该毫无保留地公开。

节能量计算基本公式如下：

$$E_s = E_r - E_a \tag{3-12}$$

式中，E_s 为节能量；E_r 为统计报告期能耗；E_a 为校准能耗。

节能量（E_s）、基期能耗（E_b）、统计报告期能耗（E_r）和校准能耗（E_a）的关系如图 3-2 所示。

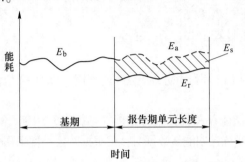

图 3-2　节能量、基期能耗、统计报告期能耗和校准能耗的关系

3.2.4.2 节能量测量、计算和验证方法

A　"基期能耗-影响因素"模型法

a　模型建立

通过回归分析等方法建立基期能耗与其影响因素的相关模型如下式所示：

$$E_b = f(x'_1, \cdots, x'_i) \tag{3-13}$$

式中，E_b 为基期能耗；x'_i 为影响因素在统计报告期内的值。

b　校准能耗的计算

校准能耗通过下式进行计算：

$$E_a = f(x'_1, \cdots, x'_i) + A_m \tag{3-14}$$

式中，x'_i 为影响因素在统计报告期内的值；A_m 为校准能耗调整值。

c　校准能耗调整值

仅当原本假定不变的影响因素（如设施规模、设备的设计条件、开工率等）发生影响统计报告期能耗的重大偶然性变化时，可通过合理的设定 A_m 值得到校准能耗。设定 A_m 时用到的影响因素应与式（3-13）用到的影响因素相互独立。

d　节能量计算

节能量应根据节能量基本计算公式计算。校准能耗和统计期报告能耗可以是项目边界内的能耗，也可以是所在用能单位（如建筑整体、车间、工厂）的整体能耗，计算时应保持范围相对应。

B　直接比较法

当节能措施可关闭且不影响项目运行时，可通过以下方式测量和验证节能量：

（1）在统计报告期内，节能措施开启时，测量各典型工况下项目边界内的实际能源消耗量（$E_{on,i}$）。

（2）在统计报告期内，节能措施关闭时，测量各典型工况下项目边界内的实际能源消耗量（$E_{off,i}$）。

（3）将各典型工况下的 $E_{on,i}$ 和 $E_{off,i}$ 作为输入数据，根据测量和验证方案中约定的计算方法分别确定 E_r 和 E_a。

（4）根据节能量计算公式计算节能量。

C　模拟软件法

当采用模拟软件法计算时应预先经过校核，以使模拟的能耗和实测数据吻合。

当没有实际的基期能耗和统计报告期能耗数据时，用于计算校准能耗的 $A_m = 0$。如果有实际基期能耗或统计期能耗数据时，可根据约定条件采用模拟软件计算 A_m。

3.2.4.3　测量和验证的主要内容

节能量测量和验证主要内容包括：划定项目边界，确定基期及统计报告期；选择测量和验证方法；制定测量和验证方案；根据测量和验证方案，设计、安装、调试测试设备；收集、测量基期能耗、运行状况等数据，并加以记录分析；收集、测量统计报告期能耗、运行状况等数据，并加以记录分析；计算和验证节能量，分析节能量的不确定度；各方最终确定节能量[3]。

3.3　钢铁流程的节能途径

3.3.1　主体工序的变革

现代钢铁企业主要有以铁矿石、焦炭为源头的长流程和以废钢、电力为源头的短流程两种典型生产流程[4]。起初由于我国废钢资源少、积蓄量低，因此，钢铁企业为节约生产成本而少有企业采用以废钢和电力为源头的短流程冶炼。同时，这部分钢铁企业为弥补废钢资源不足及全废钢冶炼的高成本，在电炉冶炼过程中加入部分铁水冶炼来缩短电炉冶炼周期，减少电能的消耗，提高电炉炼钢的生产率和产量，形成了具有中国特色的电炉冶炼短流程模式[5]。

钢铁企业高炉—转炉长流程和废钢—电炉短流程如图 3-3 所示。长流程钢铁生产过程从铁矿石原料开始，经烧结/球团—高炉炼铁—炼钢—连铸—轧钢等一系列工序，最终制备成钢铁产品。与长流程生产工艺相比，短流程主要采用废钢为原材料，电加热是热源的一个主要手段，没有铁矿石制备铁水环节，因此短流程在投资、效率和环保方面更具优越性[6]。2018 年全世界的电炉钢产量提高到52420 万吨，占全年粗钢产量的 29.2%。而此时，我国电炉钢占粗钢产量不到13%，主要受限于缺少优质废钢及电炉冶炼技术不够先进[7]。当前，短流程钢铁生产仍然没有得到足够重视，只占粗钢产量的 13% 左右，造成钢铁行业温室气体直接排放量非常大，2019 年我国钢铁行业 CO_2 排放总量为 17.7 亿吨[8]，面对未来工业低碳生产目标将是一个严峻的挑战[9]。

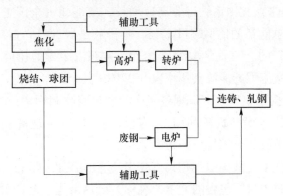

图 3-3　钢铁企业长、短流程图

2015 年 2 月废钢的价格在 1700~1800 元/t，而在 2015 年 12 月废钢的价格在 1000~1100 元/t，吨钢价格降了 700 元。显然，废钢价格的下降降低了短流程钢铁生产成本，使短流程生产的产品更具有市场竞争力。随着我国粗钢产量的不断增加，社会钢铁积蓄量也逐年增加，到 2000 年，其总量就已达 20 亿吨，实际回收量为 2500 万吨[10]。2013 年中国金属循环应用国际研讨会发布的数据显示，我国的废钢资源产生量位居世界之首，高达 1.6 亿吨，占全球废钢产生量的 26.7%，且废钢铁年产生量占我国再生资源总量的 60%。由于近些年国内钢铁企业都采用较为先进的冶炼设备对钢水进行纯净化处理，因此废钢的品质较高，而这部分高品质的废钢可采用更有效的方式利用。

此外为了适应当前钢铁生产的快节奏，电炉设备及冶炼技术也在不断地进步。当前，电炉积极采用余热回收、超高功率等手段加快设备熔炼操作过程中废钢熔化时间及降低能耗，为了部分取代长流程钢铁生产模式，电炉也采用了部分热装铁水+废钢的方式，并增加侧壁吹氧工艺，大幅度提高电炉冶炼效率。电炉短流程技术的进步有助于提高国内电炉钢所占粗钢产量，大幅度降低能耗及减少废气排放。近年来中频炉设备制造技术也取得了进步，使得中频炉短流程生产工艺在特钢厂部分代替了电炉短流程生产模式。中频炉采用感应加热，不进行吹氧或电极高温加热，使得废钢及合金回收率比例明显高于电炉，大大降低生产成本，得到了特钢企业的青睐。但当前，国内较为成熟的中频炉吨位在 30t 以下，与国外先进大型中频炉制备水平相比，还存在一定的差距[11]，需进一步技术提升。总之，电炉/中频炉短流程钢铁生产技术的进步，将推动长流程钢铁生产向短流程钢铁生产发展，大幅度节约能源与降低废气排放[12]。

3.3.2 余能深度回收

自 2000 年以来，我国钢铁行业高速增长，其能耗占全国工业能耗的比例超过 25%，占全国总能耗的比例超过 17%，碳排放量居世界之首，具有"高投入、高消耗、高排放"的"三高"特征。然而，按照占主导地位的长流程生产工艺来测算，我国钢铁流程的能源利用率仅为 27%，其余 73% 主要以余能余热的形式存在[13]。因此，提高钢铁生产流程各工序的余热回收利用率，分析与优化能耗，利用先进的节能技术提高资源利用率，降低生产成本，是实现生产流程的高能效、高品质、低排放甚至零排放的根本途径。

从广义上讲，工业系统中凡是具有高出环境的温度、压力、浓度等排气、排液和高温待冷却的物料所包含的能量，统称为余热余能。余热余能已经成为冶金能源的组成部分，包括：各种烟气（废气）携带的显热（包括高炉煤气、转炉煤气、焦炉煤气等同时携带内能的可燃气体）；最终轧制成材或成材前铁水、钢水、坯料具有的显热；烧结矿、球团矿具有的显热；高炉渣和钢渣等熔渣显热；生产中各种冷却水及产生的蒸汽携带的热能；高炉炉顶煤气的余压，少许带有压力的冷却水等。若按照余热资源的品种分类，可将余热资源分为产品显热、废气显热、冷却水显热和熔渣显热。其中，产品显热占 39%，废气显热占 37%，冷却水显热占 15%，熔渣显热占 9%。可见，产品显热和废气显热占总余热资源的 3/4 还多，因此是钢铁企业余热回收利用的重要研究对象。若将温度作为分类的依据，可以划分为低温余热、中温余热和高温余热。中高温余热往往呈现温度较高、热量较集中的特点，回收难度较低，企业投入优先向此类项目倾斜。低温余热比较分散且热源波动频繁，不容易集中回收。

我国钢铁企业 87% 是以高炉—转炉为主的长流程企业。完整的制造流程包括焦化、烧结或球团、高炉炼铁、转炉炼钢、轧制。图 3-4 所示为一个典型钢铁企业的制造全流程的余热余能技术应用点。

近年来，我国钢铁企业的余热余能资源回收利用水平取得了较大提高，全国余热利用示范钢厂宝钢的回收利用率为 48% 左右[14]，首钢京唐的回收利用率已达 50% 以上[15]。我国钢铁业余热余能资源回收利用的现状为：

（1）中国钢铁业是多层次、多水平共存的行业。先进与落后、领先与淘汰、最大与最小、清洁与污染共存，世界最先进钢铁生产工艺和装备在中国，最落后的也在中国。与之对应，钢铁企业的余热回收水平也参差不齐。

（2）高温余热资源存在三大世界性难题——荒煤气利用、熔渣显热回收和转炉煤气余热回收。此外，我国钢铁业未利用的余热资源量大，多集中在低温余热领域，需加大投入。

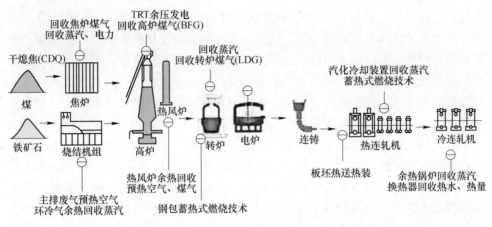

图 3-4 钢铁制造流程的主要余热余能回收技术应用点

（3）所有余热余能资源中，副产煤气所占比例最大，约 74.6%，其中焦炉煤气 22.29%，高炉煤气 43.66%，转炉煤气 9.02%。煤气收集至煤气管网，供应各工序或燃烧转化成电能，技术成熟，回收利用充分。

（4）TRT、干熄焦、热风炉烟气预热以及铸坯热装热送技术已经成熟和普及；煤调湿技术在重点开发和积极推广中。

（5）余热回收利用的理论研究滞后，关键技术和设备依赖进口。

（6）目前，高炉渣、钢渣尚无有效回收利用技术；高炉煤气显热、烧结和焦化烟气显热由于工艺操作原因，尚未很好地回收利用。

典型的长流程钢铁企业的余热余能资源回收利用网络如图 3-5 所示[16]。

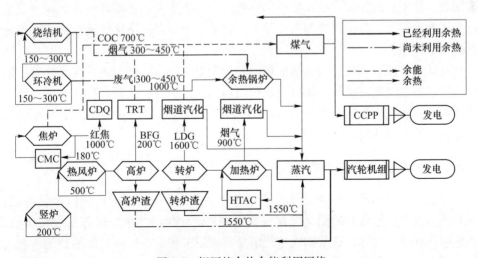

图 3-5 钢厂的余热余能利用网络

在焦化工序，焦炉煤气潜热的利用即煤气利用技术已经普及；对焦炉煤气显热还未进行回收，目前正在研究中的方法有利用循环氨水回收、利用初冷器回收、利用上升管汽化冷却器回收、利用上升管热管回收和直接热裂解或重整；焦炭显热是利用干熄焦技术回收，目前这项技术已经成熟和普及，多数钢厂已经应用；对于焦炉烟气显热，国内钢铁企业主要是重点开发和推广煤调湿技术，此外热管生产蒸汽技术目前也快速发展，未来的研究方向是根据工艺流程进一步完善和改进煤调湿技术，更新换代。

在烧结工序，对烧结矿的显热多数钢厂已经通过直接热利用（热风烧结、热风点火助燃和烧结混合料干燥）或余热发电进行了回收，目前正在研究的方向是烧结矿余热罐式回收发电工艺和烧结烟气余热回收与脱硫脱硝一体化工艺；对烧结烟气显热绝大部分钢厂并未进行回收，其回收方法主要是烧结烟气循环技术。

在炼铁工序，高炉煤气的潜热即煤气利用技术已经普及；高炉煤气的显热除小部分经 TRT 转化回收外，基本未进行回收，高炉煤气的显热回收技术还有待开发；对高炉炉渣显热的回收通过冲渣水采暖实现，部分北方企业已经应用于生产实践，目前研究的重点是干式粒化回收法、风淬法、离心法等回收方法；高炉炉顶余压可以利用 TRT 技术回收，国内全部 1000m³ 以上高炉及部分小高炉都已实现，目前正在研究的方法是干式 TRT 回收法；对于热风炉烟气显热的回收利用，国内钢厂通过煤气、空气双预热来实现，目前研究的重点是开发耐高温、耐腐蚀性能、气密性好的高性能换热器。

在炼钢工序，煤气潜热的利用即煤气利用已经普及；转炉烟气显热是经汽化冷却进行蒸汽回收利用，正在进行的研究重点是蒸汽发电以及导热相变材料回收储热等；电炉烟气显热未回收，电炉烟气汽化冷却系统正在研究中；炉渣显热也未回收，技术有待开发；钢坯显热部分通过连铸坯热装热送实现回收，该项技术已经成熟和普及，目前研究的重点是对于钢水过热和凝固潜热以及连铸坯物理显热的回收利用。

在轧钢工序，加热炉烟气的显热回收利用方式有：在烟道内设置换热器，用烟气加热助燃空气或煤气；设置预热段用烟气加热炉料；设置蒸汽过热器；设置余热锅炉用烟气热量生产蒸汽；蓄热式燃烧；炉内水梁汽化冷却。下一步的研究方向是低温余热发电[17]。

3.3.3　流程优化和系统节能

钢铁企业内部随铁素物质流的变化过程形成了主物质流的价值链增值过程，其物质资源和能量资源的消耗应保证铁素物质流价值的增值，既包括经济价值，也应包括环境价值等，这是钢铁生产满足市场需求和企业生存发展的目的所在之处。因此，钢铁制造系统中以铁素流为核心的物质流就成为整个制造系统的灵魂。可以对钢铁生产系统中3种主要的多因子"流"——物质流、能量流、信息流[18]进行分析，其中物质流是生产的基础，能量流是生产的动力；信息流通过收集处理生产过程中的物质、能量数据反映生产中物质流、能量流情况，并指导生产。

物质流和能量流在钢铁制造过程中既相互耦合、又自成体系，两者时分时合，既存在各种物质流网络、能量流网络，又在主要工序的设备上发生网络的交互和协同。尽管钢铁企业中物质流有多种，但从生产组织的角度，物质流是以铁素流为加工对象，其他是为满足铁素流加工变化的辅助物质流，铁素流是钢铁制造的基础，也是制造系统网络的主干精髓。能量流是指碳素流及与其相关的二次能源流等，是钢铁制造中物理化学变化的驱动力或其他作用力。钢铁企业中的能量流和物质流运行关系如图3-6所示。图3-6中，铁素流在由主要生产工序高炉—转炉—连铸—热轧—冷轧（部分产品）的设备组成的流程网络结构中流动运行，成为连接主工序的纽带——物质流。碳素流为主工序中铁素流的物质转变提供能

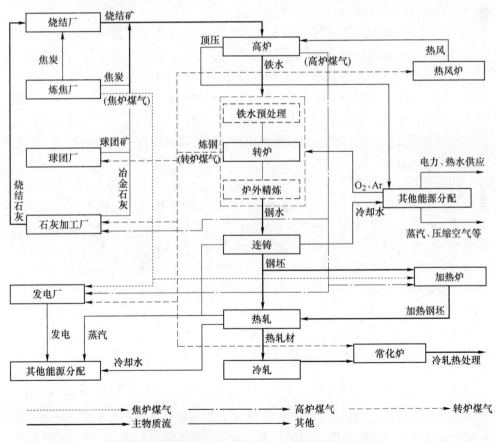

图 3-6 钢铁制造流程中物质流与能量流的运行关系

量，同时，铁素流在转换过程中生成焦炉煤气、高炉煤气和转炉煤气 3 种煤气，以及余热、余压等二次能源。二次能源以不同的能源形式进入能量流网络，并在主工序（如高炉的热风炉、热轧的加热炉及钢材热处理炉等）和辅助工序（冶金石灰加工、余能发电等）被利用。

总体而言，物质流与能量流在钢铁制造系统中的运行特征可以概括为：

（1）以铁素物质流在钢铁制造流程主工序相应设备上生产加工过程为主线，可将制造流程进行串联，构成制造流程网络的基础；而能量流及二次能源网络依托铁素物质流的主工序设备而建构，以此形成复杂且交错的物质流与能量流网络。

（2）物质流的顺行是钢铁产品产量和质量的根本保障，而能量流运行又是物质流顺行的基本条件。

（3）能量流的供给及二次能源的能量流产生均与主工序设备上铁素流的生产加工过程相关，受物质流的生产加工过程制约，使得单元加工设备的铁素流加工过程成为企业中物质流、能量流的交汇点；二次能量流产生后可单独成流并可为主工序与辅助工序利用。

（4）优化伴随物质流流动的能量流能促进钢铁生产的经济效益，优化单独成流的能量流能实现能源再利用的节能减排效益。

（5）辅助工序间接影响着主工序，因此，作用于辅助工序的能量流也会影响主工序中的物质流顺行。因此，钢铁制造系统中的物质转化与能量利用—转化—再利用密切相关，组成了一个相互影响的动态有序结构[19]，这种动态有序规律能通过数据反映在信息流中，对相关信息流的有效掌控将会促进物质流与能量流运行的协同优化[20]。

实施流程优化与系统节能的要点：

（1）充分认知和利用钢铁制造流程的特点和功能优势。钢铁流程能量系统是一类非稳态、非平衡态、不可逆、开放性、具有耗散特征的复杂大系统，这些特点为系统优化提供了前提条件。复杂大系统的组分具有多样性与差异性，能够产生丰富多彩、非平庸的整体涌现特性。系统越复杂，优化的空间和潜力越大。钢铁流程能量系统的复杂性主要体现在载体多样性、过程复杂性和功能多样性等方面，同时还存在时间、空间、能量、能质方面的差异性，应充分利用好这些特点和流程功能优势，通过多能源介质与多用户之间非线性关系的构建、供—用路径的优化、能源结构的调整、系统目标和功能的优化，以实现耗散最小、效率最高、效益最大。

（2）综合运用热力学第一定律和第二定律，从能源的"数量"和"质量"两方面分析、评价企业用能的合理性。随着系统节能工作的不断深入，热力学第二定律分析方法往往更重要。尤其在研究余热资源的回收利用时，更需要依据热力学第二定律，不仅要测算热量的"数量"平衡，更要研究热量的"质量"匹配，需要利用能级分析的方法，构建"供—用"之间更加合理的能级匹配关系。

（3）关注能源利用的系统效率和系统效益。系统节能要牢牢把握系统优化的总目标，提高系统效率是手段，提高系统效益、降低系统成本是根本，不能被混淆和干扰。效率是基础，效益是目的，效益往往通过效率来实现。按照系统论的整体性原理，强调从整体上衡量系统的能效。对于钢铁企业来说，系统节能要牢牢立足于降低整体能源成本、降低整体能源消耗、提高整体能源效益。

（4）钢铁制造流程能量流的核心是煤的转换与二次能源的回收利用问题，实现煤气资源与余热资源的高效回收利用是提升钢铁制造流程系统能源效率的关键。经模型分析，输入钢铁流程的煤炭大量转化为焦炉煤气、高炉煤气和转炉煤气，这些煤气所含化学能约占输入煤炭化学能的 47%；每生产 1t 钢产生的余热资源量约占消耗煤炭资源量的 52%[21]。钢铁企业实施系统节能时，应重点实施煤气、蒸汽、余热系统的集成优化，通过构建更加合理高效的能量流网络实现系统目标，主要有以下两种优化路线：

1）现阶段，通过提高煤气、蒸汽、余热的回收利用效率来提高余热余能发电水平，进而降低外购用电成本，是提升钢铁企业系统能效和竞争力的一条重要途径。单一技术或项目难以大幅度提升钢铁企业余热余能自发电水平，需要应用系统节能理论和方法，实施系统诊断、优化与顶层设计，通过规划项目的持续推进，才能大幅度提高余热余能发电水平。

2）依据系统学的原理，通过实施系统优化，钢铁制造流程的能量系统可在原有的基础上增加新的功能。充分利用钢铁制造流程的特点与功能优势，深度开发能源转换功能，通过物质流、能量流、信息流、价值流相互交叉、耦合，可构建一种"钢铁—化工—燃气—电力—供热—供冷"多联产耦合系统[22]。

3.3.4 管理节能

能源管理系统（简称 EMS 系统）是一种新型前沿的系统节能技术，它利用生产过程控制技术、网络通信技术、数据库管理技术、展示平台开发技术、管理优化理论和技术等手段，对企业能源体系的运行进行全面监控，并为生产组织、能源调度和其他能源业务管理提供必要而准确的数据参考，并通过系统化管理达到高效利用能源和节约能源的目的。国内外的众多案例显示，很多行业都从能源管理系统的建设应用中受益。钢铁冶金行业既是用能大户，也是产能大户，因此，能源的合理规划和利用就显得尤为重要。建立长效的能源管理体系，不仅可以有效减少甚至消除企业生产组织模式、工艺设备建设使用情况以及管理调度现状等环节存在的不合理现象，甚至还能够改变企业工业能耗居高不下、环境质量不如人意以及能源管理模式粗放浪费严重等深层次问题[23]。

能源管理系统主要运用各种技术手段，以节能降耗、优化输配、合理使用、绿色清洁生产为目标，通过先进技术手段或采集管理设备将分布于全公司各个角落的自动化控制设备、能源仪表、固体料计量磅秤仪表、环保检测站等各种工业单元进行有机整合和连接，形成数据信息网，按照业务管理需要实时获取数据，并在此基础上依据不同的业务需要建立多样化能源生产控制数学模型与管理模型，再以各种功能丰富的软件、系统作为数据计算、展示、管理的载体，以不同的信息形态面向企业各层级用户，实时、全面、立体地展示车间区域、厂区域乃至全公司区域的能源配置使用现状、工艺设备运行现状、物流组织现状、环保管理现状等。供用户对当前生产形式进行即时调整，同时为下一阶段的工作组织方向决策提供数据分析依据。

能源管理系统通过实行能源集中、扁平化、精细化控制，可降低人工成本，提升企业管理效率，减少事务处置环节，为企业的精细化管理提供基础数据，这对优化能源产耗平衡、减少煤气放散、提高环保质量、降低吨钢能耗都有重要作用，而且它对于事故预案的制定和执行、事故原因的快速分析和事故的及时判断处理、正常和异常情况下能源供需的合理调整和平衡都是十分有效的[24]。能源管理系统建设结构示意图如图 3-7 所示。

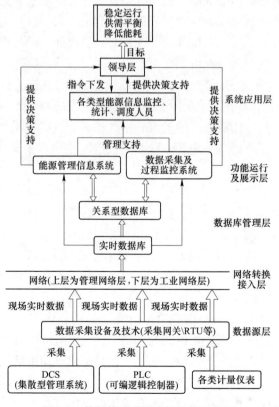

图 3-7 能源管理系统建设结构示意图

能源管理系统的实施过程主要应该注重以下几个方面的建设[25]：

（1）建立完善能源管理系统网络。能源管理系统网络要与现场自动化工业网络环境达到无缝衔接，实现数据安全采集。钢铁企业往往存在厂区分布状况复杂、工业网络设施部署复杂、工业自动化设备状况复杂、仪表安装使用情况复杂等问题。能源管理系统的成功构建离不开大量现场实时生产、管理、计量等信息数据的支撑，因此构建专业密闭隔离安全的能源网络显得十分重要。能源管理系统长久稳定的运行，必须要具备既符合企业能源系统建设需求和网络现状的技术路线的支撑，又要合理部署能够将现场工业网络与能源管理网络有效隔离的高性能安全设备，既保证能源管理系统采集数据的需要，又可以阻断非法信息及病毒在网络之间的传输，尤其是确保现场工业网络的绝对安全。

（2）规划先进的能源数据采集体系及实施过程监控系统（SCADA 系统）。钢铁企业的生产工序环节较多，现场管理数据的工业自动化设备种类、应用方式也大相径庭，而且能源管理体系的管理手段也很多样。因此，数据采集单元的建立应充分了解并掌握不同生产工艺环节的设备现状、数据管理现状、生产组织现状以及设备检修现状，并按照不同能源介质的计量和管理专业性，灵活采用不同的数据采集设备接入现场，并配备专业的数据存储、处理服务器，在按照系统建设需求实现数据采集的同时，减少整个能源管理系统以及现场工业自动化控制系统的安全性和可维护性。数据采集对象的选择应该按照工艺监控的实际需求、能源工艺体系输配和平衡的要求、能源管理的精度和粒度等多个方面衡量选择。另外，结合系统用户的需要以及能源系统的特点和具体情况，采用稳定、高效、高性能的 SCADA 系统平台，利用其优越的数据库及实时数据处理技术、预测和平衡优化技术、数字化模拟运行和调度技术、数据组合及综合展示技术等手段实现能源管理系统对于信息多样整合、统一发布、集中管控的需求。

（3）建立能源管控调度大厅。能源管控调度大厅是能源管理系统建设中不可或缺的一环，能源管理需要建立一个集中统一、多模块、高度集成的管控调度平台，辅助企业日常生产组织及过程监控。管控大厅的建设，应当集合大屏显示技术、视频监控管理技术、调度电话技术、供配电技术等于一体，通过将现场基础数据采集并以趋势模型和虚拟动态图等方式，将企业所有重点能源环保信息进行高度统一的结合，完全实现实时数据的在线统一监测和管控。这对于增强能源管理系统的应用效果、提高劳动生产率和调度管理水平将起到十分明显的促进作用。

（4）设计集中统一的能源基础信息管理系统。作为一个建立在基础数据采集和管理之上的平台，基础能源管理系统可以综合各能源管理业务处室之间的需求，利用信息化技术手段（报表、趋势、统一发布、权限管理、预测调度等），通过建立计划、调度、指标考核、设备管理和环保管理等功能模块，实时再现能源管理环节的过程映像，提升整体能源管理的统一性、针对性，使运行管理和调整决策建立在可靠的过程信息之上。系统实现的基本功能及对应用户示意图如图3-8 所示。

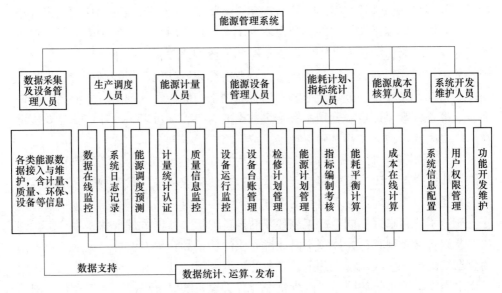

图 3-8 系统实现基本功能及对应用户示意图

（5）能源管理系统与 ERP 系统、MES 系统之间实现无缝集成，是确保能源管理功能完整实现、能源成本系统核算管理功能完整实现以及 ERP 系统/MES 系统信息完整的重要技术保证。能源管理系统可以向 ERP 系统、MES 系统提供完整的能源分析数据和分析结果，ERP 或 MES 系统也将按照能源管理和趋势预测分析的需要，向能源管理系统提供全企业的生产计划、检修计划以及其他方面的生产实际信息和过程控制信息。这种多样化的信息交互方式能够更好地解决企业能源评价体系中的不合理因素，企业管理层能够结合当前生产组织现状及时掌握能源消耗及配置情况，并对环境状况的评估具有重要作用。

（6）优化能源管理方式及组织结构职能。很多钢铁企业由于生产规模大、生产工序多而存在能源生产管理多层次、业务职权分散、生产与能源管理脱节等问题。因此在能源管理系统的建设过程中，要从精细化管理以及集中管理控制的角度出发，建立与能源管理系统相适应、相匹配的管理体系，从业务、组织机构、人力资源、规章制度等方面的管理进行优化改进：简化能源业务的管理流程、减少不必要的管理环节、优化调度机制、提高管理响应能力、消除管理盲区、明晰责权范围以及改善工业环境。通过管理与信息化的双重提升，最终实现"企业组织结构专业化、工作流程标准化、操作管理制度化、岗位人员职业化"的目标。

参 考 文 献

[1] 梁秀英, 朱春雁.《节能评估技术导则》国家标准介绍 [J]. 标准科学, 2016（S1）: 95~98.

[2] 全国能源基础与管理标准化技术委员会（SAC/TC 20）. GB/T 31341—2014 节能评估技术导则 [S]. 北京: 中国标准出版社, 2014.

[3] 全国能源基础与管理标准化技术委员会（SAC/TC 20）. GB/T 28750—2012 节能量测量和验证技术通则 [S]. 北京: 中国标准出版社, 2012.

[4] 国际钢铁协会. 世界钢铁统计数据 [J]. Wordsteel, 2018.

[5] 那洪明, 何剑飞, 袁喻兴. 钢铁企业不同生产流程碳排放解析 [J]. 第十届全国能源与热工学术年会论文集, 2019: 426~432.

[6] 徐匡迪, 洪新. 电炉短流程回顾和发展中的若干问题 [J]. 中国冶金, 2005, 15（7）: 1~8.

[7] 钢铁工业发展统计数据: 全世界 2018 年主要国家转炉. 电炉粗钢产量统计 [EB]. 2018.

[8] 郭敏晓, 杨宏伟. 我国钢铁行业温室气体减排机会分析 [J]. 中国能源, 2018, 40（8）: 35~39.

[9] 温宗国. 工业部门的碳减排潜力及发展战略 [J]. 中国国情国力, 2015（12）: 14~16.

[10] 姜钧普, 崔萍. 国内外废钢供求分析与对策 [J]. 河南冶金, 2004, 12（1）: 3~6.

[11] 潘宏涛, 吕明. 中频感应炉的炼钢特性分析 [J]. 工业加热, 2015, 44（1）: 18~20.

[12] 黄亮. 钢铁长流程和短流程生产模式环境影响对比分析 [J]. 环境保护与循环经济, 2016, 4: 31~33.

[13] 中国钢铁工业协会信息统计部. 中国钢铁工业统计月报 [J]. 2008~2015.

[14] 张颖, 桂其林, 王晓明. 宝钢低温余热利用现状及前景分析 [J]. 冶金能源, 2015, 1: 47~53.

[15] 陈冠军, 沈海波, 张效鹏. 首钢京唐炼铁余热余能回收及潜力 [J]. 冶金能源, 2012, 3: 153~158.

[16] 蔡九菊. 钢铁企业余热资源的回收与利用 [C]//2016 年冶金节能新技术与能源循环利用研讨会, 2016.

[17] 代铭玉. 钢铁制造全流程余热余能资源的回收利用现状 [J]. 冶金经济与管理, 2017, 2: 52~56.

[18] 殷瑞钰. 冶金流程工程学 [M]. 2 版. 北京: 冶金工业出版社, 2009.

[19] 殷瑞钰. 冶金流程集成理论与方法 [M]. 北京: 冶金工业出版社, 2013.

[20] 郑忠, 黄世鹏, 李曼琛. 钢铁制造流程的物质流和能量流协同优化 [J]. 钢铁研究学报, 2016, 28（4）: 1~7.

[21] 李洪福. 钢铁制造流程煤基能量系统优化与多联产研究 [D]. 北京: 北京科技大学, 2014.

[22] 李洪福. 钢铁制造流程系统节能理论与方法的探讨及应用实践 [J]. 冶金能源, 2020, 39（2）: 8~12.

[23] 冯晶, 田小果. EMS 系统在钢铁厂能源中心的应用 [J]. 自动化与仪器仪表, 2005（3）: 35~37, 44.

[24] 谈春燕. 冶金企业能源管理系统的关键技术及系统实现 [C]//2008 全国第十三届自动化应用技术学术交流会，2008.

[25] 耿佳节. 浅谈钢铁企业能源管理系统建设应用 [J]. 现代信息科技，2018，2（5）：125~127.

4 高效冶金工艺技术案例

4.1 冶金流程主体工序的耗能特点

钢铁生产过程包括从矿石原料的冶炼至生产出钢材的多个连续工序。目前，我国钢铁企业生产的主要流程是以高炉炼铁为主的长流程，其流程是以铁矿石等天然资源为主要原料，煤炭等为主要能源，将铁矿石在高炉内冶炼成生铁，用铁水炼成钢，再将钢水铸成钢坯，之后经轧制等塑性变形方法将钢坯加工成各种用途的钢材产品。上述流程中主要包括焦化、烧结、球团、高炉炼铁、转炉炼钢、精炼、连铸、轧钢等工序，每个工序的特点介绍如下。

4.1.1 焦化工序

焦化工序是将煤炭转变为焦炭的能源转换过程，其核心是焦炉炼焦。该工序中是将洗精煤通过隔绝空气加热形成焦炭，其目的是为高炉炼铁提供合格的燃料。焦炉炼焦工序中通常配备熄焦、筛焦、煤气净化等设备。熄焦分湿式熄焦和干式熄焦两种方式：湿式熄焦中用大量的水熄焦，焦炭中水分含量波动大，且浪费了红焦的热量，但其设备比较简单，主要有熄焦塔、喷洒装置、熄焦水沉淀池等设施；干式熄焦法采用熄火罐，使冷却、熄火用的气体（以 CO、CO_2、N_2 为主要成分）循环熄焦，同时把红焦的热量转移到循环气体里，然后由余热锅炉回收利用，其设备主要有焦罐的卷扬机、预冷室、冷却室、焦尘室、送风机等；为便于焦炭显热的回收利用，现代焦炉熄焦大多数采用干熄焦技术。

4.1.2 烧结球团工序

烧结工艺流程一般包括原燃料及熔剂的接受与储存、熔剂与燃料准备、配料、混合、烧结、冷却及整粒等过程。原料经过破碎机、振动筛、混合机、烧结机等设备的作用，最后被制成具有高强度的块状材料以适应高炉炼铁的要求。烧结除用混匀料外还需要消耗生石灰、白云石、石灰石等熔剂，以及消费公司其他部门生产时所产生的副产品，如烧结除尘灰、高炉灰、炼钢污泥、炼钢灰、焦化除尘灰、轧钢皮、钢精粉等有利用价值的物料。烧结工序中，会用到各类大中型设备，如翻车机、螺旋卸车机、堆料机、取料机、配料仓、自动配料系统、混合机、布料点火系统、烧结抽风系统、环式鼓风冷却系统、烧结台车、成品筛分振动筛、成品矿槽、余热发电系统、脱硫系统、皮带机运输系统等。

　　球团工艺流程一般包括原料、燃料接受与储存、精矿干燥、配料、混合、造球、生球筛分、生球干燥、预热、焙烧、成品球冷却等环节。球团生产的干燥预热和焙烧过程要利用燃料燃烧来供热，同时还有部分动力消耗。燃料利用情况与其生产的工艺密切相关：竖炉多利用低热值煤气；带式球团和链篦机回转窑球团的燃料主要有煤气和煤。另外球团生产过程中消耗少量的水，包括新水、软水和环水，主要用于冷却，但其耗量占总能耗的比例很低，不到5%。

4.1.3　炼铁工序

　　炼铁过程本质上是在高温还原的气氛下将矿石中的氧化铁还原、熔化从而产生铁的复杂物理化学过程。目前炼铁生产有高炉炼铁（占总产量的98%）、熔融还原和直接还原3种炼铁工艺，其中高炉炼铁和熔融还原生产主要供转炉炼钢用，直接还原产生海绵铁主要供电炉炼钢用。

　　高炉炼铁作为传统的炼铁工艺，其生产能力大、效率高、产品适应性强。生产过程中将铁矿石、烧结矿和球团矿、焦炭、熔剂根据一定的配料比例混合装入高炉内，同时在高炉风口鼓风、喷吹煤粉，使其中的焦炭燃烧生成还原性气体，制造还原性气氛，同时产生热量将矿石中的氧化铁还原生成铁水，并产生高炉煤气。高炉炼铁过程中主要由高炉本体炉、热风炉、上料设备、送风设备和冷却设备等设施，来配合工序的运行。

4.1.4　炼钢工序

　　炼钢系统是采用炼铁得到的铁水（铁块）和废钢为主要原料，降低其中的碳含量，同时根据产品需求将铁中除铁素外其他合金成分进行调整的过程；炼钢过程中可得到不同性能的钢，为后续的轧钢提供铸坯原料。其整个生产系统中有转炉炼钢/电炉炼钢、炉外精炼和连铸等工艺过程。炼钢设备有转炉、平炉和电弧炉3种。目前，氧气顶吹转炉炼钢是最常用的方法，世界钢产量的70%是通过这种方法生产的；平炉由于能耗高、生产周期长已被淘汰；电弧炉炼钢能耗较低，发展速度很快，已占世界钢产量的20%。

　　转炉炼钢主要有铁水预处理和炼钢过程，铁水预处理是为了减轻转炉工作、提高转炉效率、降低转炉冶炼成本、提高整体冶炼效率，在进转炉之前对铁水进行脱硫、脱磷、脱硅（三脱）处理。铁水脱硫过程是将苏打灰（Na_2CO_3）、石灰粉（CaO）、电石灰（CaC_2）和金属镁等脱硫剂喷吹到鱼雷罐车内生成 CaS 和 MgS 等固体渣然后扒出，比钢水脱硫效率高4~6倍；脱硅可以采用高炉出铁沟脱硅、鱼雷罐或铁水罐加入脱硅剂或吹氧的方法，常用高碱度烧结矿粒、氧化铁皮、铁矿石、铁锰矿、烧结粉尘、氧气等脱硅剂；脱磷则在铁水罐或转炉中喷射苏打系或石灰系脱磷剂来实现。

相对于转炉炼钢，电炉炼钢采用电能作为冶炼过程的热源，这种方法可以消纳废钢资源，生产成本低，冶炼过程中的温度容易控制，可以满足不同的冶炼要求。电炉炼钢是靠电极和炉料间放电产生的电弧，使电能在弧光中转变为热能，并借助辐射和电弧的直接作用加热并熔化金属和炉渣，冶炼出各种成分的钢和合金的一种炼钢方法。目前，常用的电炉炼钢指的是用碱性电弧炉采用氧化法来炼钢，炼钢的过程首先是利用电能使炉料（废钢、铁水、DRI、HBI 等）熔化及升温，然后在炉内进行精炼，去除钢中的有害元素、杂质及气体，调整化学成分到成品规格范围，以及使钢液在出钢时达到适合浇铸所需要的温度。虽然在电炉冶炼过程中要消耗大量的电力，但是，由于消纳了废钢资源，且流程较短，因此，整体生产流程的总能耗可以降低很多。

4.1.5 连铸工序

连铸是将高温钢水连续不断地浇注成具有一定断面形状和一定规格尺寸铸坯的生产工艺。与传统的模铸法相比，连铸技术具有大幅度提高金属收得率和铸坯质量，减少用能等显著优势。连铸机根据结构外形有立式连铸机、立弯式连铸机、带直线段的直弧形连铸机、弧形连铸机和水平连铸机。生产中根据钢种和断面规格要求和铸坯质量要求来选择合适的机型。

4.1.6 轧钢工序

加热炉是把金属加热轧制到锻造温度的工业炉，当前主要采用步进式加热炉、推钢式加热炉、室式炉和车底式炉。加热炉主要是满足料坯温度的要求，当板坯达到规定加热温度时就出炉进行轧制。加热炉的加热过程中主要用到的燃料为高、焦混合煤气和助燃气体（氧气、空气），另外还有少量设备驱动的电力和冷却用水，加热炉的整体能耗占轧钢系统总能耗的 70% 左右，对轧钢能耗情况起决定性的作用。

轧制是钢坯发生连续塑性变形的过程，另外还可以改善其初始组织、细化晶粒、改善相的组成和分布状态，提高产品性能。通常的塑性加工方法有锻造、扭拔、挤压等生产方式，根据加工过程中金属的加工硬化、回复和结晶的程度不同，轧制分为热轧、冷轧和温轧。轧制系统是钢铁生产过程中最后一道工序，主要的产品有各种管、棒、型、线材；如厚钢板、带钢、箔材，型钢有方钢、圆钢、扁钢、角钢、工字钢、槽钢等，钢管包括圆管异型钢管及变断面管等。

4.2 工序能质平衡与节能途径

钢铁工业是典型的流程制造业，是由功能不同的制造工序通过组合—集成构建起来的。钢铁生产流程中的每个工序都进行着物质转换和能量转换。各个工序输入的物质和能量与输出的物质和能量总是处于平衡状态。建立单个工序的能质平衡模型是分析工序能耗以及寻求节能点等重要方法。

本节将以高炉炼铁工序为例，建立工序的能质平衡模型。图 4-1 所示为典型高炉炼铁工序的能量流图。物质是能量的载体，故在能量流中也包含了物质流。从图 4-1 中可以看出，输入的能量中焦炭显热和化学能占总能量的 50%以上，热风炉所需能量占总能量的 10%左右。从输出能量可以看出，高炉中的化学反应需要消耗大量的能量，实际生产的铁水显热占总能量的比重不到 10%，高炉渣显热占比接近 5%，而煤气显热占比较大。从高炉炼铁工序各部分能量的占比可看出工序的主要能量来源为焦炭，而主要的能量消耗为炉内的化学反应，并且副产煤气将带走大量的能量。

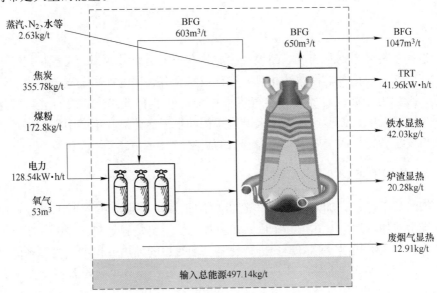

图 4-1　典型高炉炼铁能量流图

由此，能够看出高炉炼铁工序中的节能点。直接从高炉炼铁投入的能量来看，可通过减少焦炭使用量来直接降低高炉炼铁的能耗。现在常用的方法是向高炉中喷吹煤粉，以此来降低高炉炼铁的焦比。还有采用非高炉炼铁的方法，可不使用焦炭进行炼铁，直接减少了焦炭的使用，同时也减少了焦化工序的能耗。从高炉炼铁副产物来看，回收副产煤气的能量可以降低高炉炼铁的能耗，实现工序的节能减排。现在常用的是通过高炉煤气余压发电技术（TRT）回收煤气的压力能。每生产 1t 生铁要副产 0.3~0.6t 高炉渣，每吨渣含有 $1.26×10^6$~$1.88×10^6$kJ 余能，相当于 30~40kg 重油的能量。可见回收这部分余能可节约大量的能源。

目前，钢铁企业的能源利用率平均在 35%~40%，还有不小的节能空间。下述各节将介绍钢铁生产流程中各工序常见的节能技术。

4.3　铁前工序工艺高效化技术

4.3.1　厚料层烧结技术

4.3.1.1　技术介绍

厚料层烧结技术（thick layer sintering）是通过加高烧结机台车栏板，增加料层厚度，从而利用料层的自动蓄热，减少混合料中的配碳量，发展烧结料层中的氧化气氛。该工艺能有效地改善烧结矿的质量，提高烧结矿机械强度，减少粉末量，降低 FeO 含量，改善还原性能。此外，厚料层烧结技术还具有降低固体燃耗和提高烧结矿质量等方面的优点。该技术对现有和新建烧结机均具有适用性。

需要注意的是，实施厚料层烧结技术需采取如下改善料层透气性的相应措施：

（1）改善烧结前物料的准备，强化混合制粒，以改变混合料的粒度组成，提高其透气性。

（2）配加少量石灰以强化烧结过程。

（3）将混合料预热使其达到露点（60℃）以上的温度，以消除烧结过程中过湿层对透气性的不利影响。研究和生产表明，混合料温度每提高 10℃，烧结固体燃料消耗减少 2kg/t，利用系数提高 5% 左右。混合料预热采用的常见方式有蒸汽预热混合料、生石灰预热混合料等。

（4）使用偏析布料工艺和松料装置改善装料粒度分布及密实度，从而提高料层的透气性。

（5）适当增大抽风机能力以克服由于加厚料层所增加的阻力，以免导致抽风量下降而减慢烧结速度。

（6）增加保温炉和热风炉。在烧结温度下，随着保温时间的不同，针状铁酸钙的生成量也不断变化。试验证明，在烧结温度下要保持 2~3min，才能满足厚料层烧结的要求。增加保温炉和热风炉可以延长高温作用时间，有利于铁酸钙的生成。保温炉温度一般控制在 380~450℃ 之间，热风炉温度一般在 150~200℃。

4.3.1.2　节能减排效果

厚料层烧结不仅使热利用率提高，燃料消耗相应降低，而且因烧结过程自动蓄热量增加，高温保持时间延长，表层返矿量相对降低，减少了烧结过程不均匀带来的影响，使烧结矿的结构均匀，质量提高，固体燃耗也降低。

一般而言，料层厚度越高，烧结固体燃耗越低。料层由 500mm 增加到 800mm 以上时，每吨烧结矿工序能耗（以标煤计）由 80.74kg 降低到 56.51kg。烧结料层每提高 10mm，燃耗可降低 1~3kg/t。但综合考虑烧结矿各项指标，烧结料层厚度宜控制在 700~750mm。

4.3.1.3 推广应用情况

自20世纪80年代起，厚料层烧结技术在我国逐步推广开来，目前我国钢铁企业70%在应用，只是节能效果有很大差距。

20世纪80年代世界各国烧结料层厚度多数在450～600mm，个别高达700mm。我国由于资源特点主要使用细铁精矿粉烧结，因此过去较长时期料层厚度停留在200～250mm，直到20世纪70年代末期，首都钢铁公司、鞍山钢铁公司等烧结厂在使用细精矿粉的条件下，先后进行厚料层烧结工艺的探索并取得显著效果。到1983年，我国烧结料层已由原来的平均220mm增高到300mm以上，使每吨烧结矿的固体燃料消耗由89kg降低到70kg，烧结矿的FeO含量由平均17%下降到13.45%，小于5mm粉末由17%下降到14%。

包钢根据4个烧结车间设备状况及实际生产情况，分别采取了提高台车挡板和降低底料厚度等不同措施，以提高烧结有效料层厚度。除一烧车间1号烧结机料层630mm，其余所有烧结机料层提高到700mm。另外，一烧车间底料由100mm降至80mm；二烧车间由80mm降至60mm；三烧车间由80mm降至60mm；四烧车间由100～80mm降至60～40mm。

南钢180m^{2}烧结机年设计生产能力203.8万吨，利用系数1.3t/(m^2·h)，台车栏板设计高度620mm，其实际布料厚度随着原料状况的变化，经历了580mm、600mm、620mm、660mm几个时期，且铺底料厚度也由原来的50mm左右，降为35mm左右，相对提高了布料厚度。随着近年来铁矿石市场的变化，含铁原料粒度变粗，烧结料层透气性提高，以往的布料厚度已不适合目前的生产要求。因此，后来把原有的620mm台车栏板提高到720mm，同时抬高了点火炉高度。通过采取加强原料准备，强化混合料制粒，提高混合料温度，采取偏析布料等一系列措施，实现了720mm厚料层烧结生产。

韶关冶炼厂在烧结生产过程中需大量配入混合铅锌精矿与杂料，通过提高混合物料的透气性，在不改变烧结机台车栏板高度的情况下实现了厚料层（460mm）烧结，使混合铅锌精矿、杂料配比提高到60%～65%，烧结有效块率稳定在22%，减少了低空SO$_2$烟气的排放。

首钢炼铁厂一烧车间烧结机进行了厚料层技术改造。将烧结料层厚度由550mm提高到700mm，并相应进行了布料系统、白灰消化系统及一混雾化水系统等一系列改造。一烧车间厚料层改造前后主要指标见表4-1。可见，改造后，不但提高了烧结矿产量和质量，而且大幅度降低了各种消耗，其中固体燃耗下降了8.72kg/t。

表 4-1   首钢一烧车间厚料层改造前后主要指标对比

项目	料层厚度 /mm	利用系数 /t·(m²·h)⁻¹	TFe/%	FeO/%	转鼓指数 /%	固体燃耗 /kg·t⁻¹	返矿率 /%
改造前	550	1.340	56.92	9.56	87.13	49.63	9.95
改造后	700	1.358	57.40	8.44	87.18	40.91	8.38

4.3.2　低温烧结工艺技术

4.3.2.1　技术介绍

低温烧结技术（low temperature sintering）是在较低烧结温度（约 1200℃）条件下，发展氧化性气氛，促进固相反应，使烧结矿形成以低温纤细状铁酸钙为主的黏结相，去黏结其他矿物质，形成交织多相结构的生产工艺，具有显著节能和改善烧结矿性能的两大优点。

整个烧结过程是在较低温度和较高氧化氛围的条件下进行的，因而，能够充分发展铁酸钙系列的黏结相，减少硅酸盐黏结相，保证烧结矿具有良好的强度和还原性。另外，低温高氧化烧结抑制了 FeO 生成，使烧结矿 FeO 含量较低，软化和熔化温度升高，软熔性得到改善，烧结矿的高温还原性也得到改善，烧结燃耗也得到降低。高炉使用这种烧结矿，不但能降低焦比，而且也可以提高生铁产量。

低温烧结技术可以解决传统烧结方法透气性差、能耗高、系数低、烧结矿质量差、环保外排负荷大的问题，而且可以改善烧结矿质量性能。该技术对现有和新建烧结机均具有适用性，应用条件如下：

（1）烧结混合料要充分混匀，稳定成分。在物料一次混合前进行润湿，提高混合料的黏性及亲水性能，将一次混合机的功能变为混匀和造球。

（2）采用高品位、低硅的含铁物料。

（3）熔剂、燃料粒度要细，小于 3mm 的颗粒要大于 85%，燃料的固定碳含量要高（大于 80%）。混合料造球效果要好，使混合料具有良好的透气性。

（4）烧结矿的碱度要在 1.8~2.0 范围内。

（5）要有理想的加热曲线，采用低温低负压点火，点火温度控制在 1050℃±50℃，料层温度不超过 1250℃，并要保证混合料在 1100℃ 以上的温度下有 3min 以上的反应时间。

（6）适当配加低温烧结矿化节能添加剂，适合高铁低硅的炼铁生产要求。添加剂主要由燃煤气化剂、增氧剂、助燃剂、增强剂等四部分功能成分组成。一般添加剂配加量为烧结矿的万分之三至万分之七。可以使烧结矿冶金性能改善、固体强度提高、低温还原粉化率降低，高炉焦比可下降 2%~3%。

（7）发展针状铁酸钙的最佳条件为：低温（磁铁矿原料 1230~1250℃，赤铁矿原料 1250 ~ 1270℃）、高碱度（$CaO/SiO_2 = 1.8 ~ 2.2$）、合适的 Al_2O_3/SiO_2（0.1~0.2）、较长的高温（约1100℃）保持时间（2~3min）。

4.3.2.2　节能减排效果

低温烧结技术具有显著节能和提升烧结矿性能的两大优点。由于企业烧结机大小不同，而且使用的原料和生产条件不同，实施该技术后节能效果差距也很大。

2000 年，太钢在不能有效提高烧结料层的情况下（500mm）实施低温烧结技术，降低了燃料配比，提高了烧结矿质量，烧结固体燃耗降低了 9kg/t 左右，900℃时还原度由 76.77%提高到 78.86%，提高了 2.09%，这对高炉增铁节焦十分有利（高炉生产中烧结矿还原度每提高10%，焦比降低 8% ~ 9%）。550℃低温还原粉化降低了 1.6%，低温还原强度高，入炉后可以改善高炉上部透气性。

2001 年，安钢实施低温烧结技术后，发现烧结机的垂直烧结速度和成品率得到了提高，利用系数提高了 0.2t/（$m^2 \cdot h$）；固体燃耗降低 7kg/t，FeO 降低 2%；另外，采用低温烧结后，烧结矿的还原性提高，低温还原粉化率降低，软化区间变窄。

4.3.2.3　推广应用情况

该技术非常成熟，自 20 世纪 80 年代起，在我国逐步推广开来，目前我国约 60%企业在应用该技术。

太钢自 2000 年 5 月起，在 1 号烧结机应用该技术，在不能有效提高烧结料层的情况下，放慢了机速，关小风机闸门，降低燃料配比，结果表明：烧结矿质量大大提高，烧结固体燃耗降低 9kg/t 左右。

安钢自 2001 年开始在 90/105m^2烧结机应用该技术。其效果如下：

（1）实行低温烧结后，烧结机的垂直烧结速度和成品率得到了提高，利用系数提高了 0.2t/（$m^2 \cdot h$）。主要原因为：1）配加部分进口粉矿有利于混合料原始透气性的提高；2）烧结矿的矿物组成得到改善，铁酸钙含量大幅度增加；3）因低温烧结法的黏结相生成温度比普通烧结法低，故配碳量降低，烧结温度降低，料层透气性得到改善。

（2）固体燃耗降低 7kg/t，FeO 降低 2%。FeO 降低的原因是：1）燃料添加量降低，使烧结温度降低，同时，燃料粒度合格率提高，在混合料中的分布得到改善，使烧结温度分布比较均匀；2）料层透气性变好，烧结过程中的氧化气氛加强，烧结矿中铁酸钙和赤铁矿含量增加；3）进口粉矿的加入使混合料中 FeO 含量有所降低；4）严格控制点火温度在 1200℃以下。

4.3.3　热风烧结技术

4.3.3.1　技术介绍

热风烧结（hot gas sintering）是指烧结机点火后，用 300~1000℃的热风或热废气进行烧结的工艺。图 4-2 所示为热风烧结流程图，与普通烧结技术相比较，热风烧结是将取自烧结机主抽烟道或环冷机的部分热废气再次引入烧结工艺过程。热废气通过烧结料层时，因热交换和烧结料层的自动蓄热作用可以将废气的低温显热全部供给烧结混合料，废气中的 CO 及其他可燃有机物重新燃烧；热废气中的二噁英、PAHs、VOC 等有机污染物及 HCl、HF、颗粒物等物质在通过烧结料层中高达 1300℃ 以上的烧结带时被激烈分解，NO_x 在通过高温烧结带时也可被部分破坏。

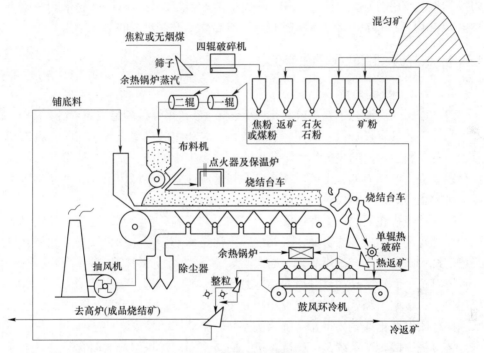

图 4-2 热风烧结流程图

废气循环烧结后，不仅兼具工艺节能、低温显热回收和污染物减排效果，而且有利于改善烧结生产率和烧结矿质量，最终废气排放量还将显著减少，SO_2 得以富集，由此带来后续除尘、脱硫装置投资和运行成本的大幅降低。

4.3.3.2 节能减排效果

在宁钢示范工程中发现，不同级别上料工况（650~850t/h）下，废气循环可使每吨钢煤耗降低 2.0~4.0kg，节能量达 3%~5%，外排烟气减少 15%~30%，节约标煤 5000~7000t/a，减排烟尘 20~50t/a，并实现了烧结废气中的 VOCs、PAHs 等的同步脱除。

目前，我国大中型烧结机共约 500 台，总烧结面积 38590m^2，烧结矿产量约 7 亿吨，烧结平均工序能耗（以标煤计）为 54.95kg/t。假定该技术成果在全国

50%的烧结机上实施，即可降低能耗折合标煤96.2万吨/年，产生直接经济效益约12.1亿元/年，同时减少CO_2排放767万吨/年。

4.3.3.3   推广应用情况

烟气循环热风烧结技术在德国蒂森公司、日本新日铁公司及荷兰霍戈文公司的烧结厂均已投入使用。西门子与奥钢联斯塔尔联合开发了一个选择性废气循环系统，该系统将温度较高的废气作为循环气体，通过增加风机将排出的废气送回烧结机中。通过这些工厂的实践表明：该工艺可以降低烧结烟气排放量约40%~50%、降低CO排放量约50%、SO_2排放量约15%~20%、NO_x排放量约30%~45%，每吨烧结矿降低固体燃耗约12kg，提高烧结产能约30%。

4.3.4   链算机—回转窑球团生产技术

4.3.4.1   技术介绍

我国球团生产工艺主要有链算机-回转窑、带式焙烧机和竖炉3种。

竖炉工艺具有投资低、周期短、见效快、可利用低热值煤气和固体燃料等特点，一直是我国球团的主要生产工艺，非常适合中小钢铁企业的快速发展；但竖炉存在单机生产能力低、生产规模小、原料适应性差、环境污染大、产品品质难以满足大型高炉生产需要等固有缺点。

带式焙烧机在我国一直发展缓慢，目前总共只有3台。原因主要是带式焙烧机焙烧需要高热值煤气或重油，天然气和重油是稀缺资源，价格昂贵；此外，带式焙烧机耐高温特殊合金用量大、档次高。

链算机—回转窑球团具有原料适应性很强、燃料可使用高热值煤气或100%使用煤粉、在矿山和厂区均能建设、产品质量高、设备可以大型化等优点。近年来我国球团发展迅猛主要得益于链算机—回转窑球团的发展。

链算机—回转窑系统是一套链算机、回转窑和冷却机组成的联合装置。生球在链算机上干燥、脱水和预热，继而在回转窑内高温固结，最后进入冷却机冷却而获得成品球团矿。大型链算机—回转窑球团代表着我国球团装备的发展方向。

链算机—回转窑工艺流程如图4-3所示。来自原料场的铁精矿直接运至配料室或经干燥再运至配料室，膨润土通过气力输送至配料室。铁精矿和膨润土在配料室按质量比例自动配料，配成的混合料经高压辊磨和强力混合后，送入造球室，采用圆盘造球机进行造球。生球由胶带机运至链算机头部，先经过大球辊筛筛除大于16mm的大球，再由梭式布料机布到宽皮带机上，通过宽皮带机将小于16mm的生球均匀布到辊式筛分布料机上，在辊式筛分布料机筛分段筛除小于8mm粉料以及大球筛筛除的大于16mm部分由胶带机运输，经高压辊磨和强力混合后返回重新造球。8~16mm的合格生球则经布料辊均匀地布到链算机算床上，进入链算机炉罩后，依次经过鼓风干燥段、抽风干燥段和预热段，预热球具有一定强度后，进入回转窑焙烧。球团焙烧用高热值的天然气，焙烧后的球团矿经布料斗均匀布到环冷机台车上，冷却后的成品球团矿进入成品处理系统。

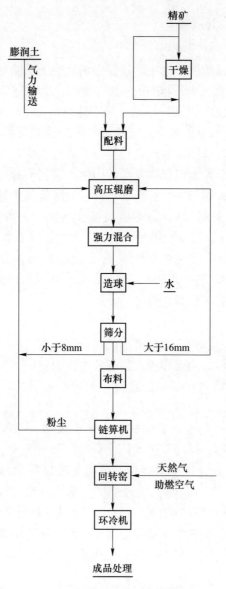

图 4-3 链算机—回转窑氧化球团生产线

链算机—回转窑氧化球团生产线适用范围非常广泛。建设规模可以从 30 万~500 万吨，既可以适应小型矿山或钢铁企业建设，也可以适用于大型矿山和大型联合钢铁企业建设。另外，链算机-回转窑氧化球团生产线对铁矿的种类适应性也非常强，既可以处理磁铁矿，也可以处理赤铁矿，还可以处理两种矿的混合矿。链箅机-回转窑球团生产线对燃料适应性也非常强。既可以用高热值燃气，也可以用煤粉。

4.3.4.2 节能减排效果

A 节能效果

链箅机—回转窑球团生产线生产过程中消耗的主要能源介质为煤粉或高热值煤气（焦炉煤气、天然气等）、电力、水、蒸汽、压缩空气等，其中，电力和煤粉能源约占全部所耗能源的90%以上。采用链箅机-回转窑球团工艺一般生产1t球团矿能源消耗为20~25kg标煤，比我国传统的竖炉球团生产工艺要节省10kg标煤，按照全国2亿吨球团矿生产量计算，可节约200万吨标煤。

球团矿生产工艺节能不仅仅体现在球团生产工艺本身，球团矿的使用还可以提高高炉入炉矿品位，增加高炉炉料透气性，对降低焦比效果非常明显。根据经验，入炉矿铁品位每提高1%，高炉渣量减少30kg/t，焦比下降0.8%~1.2%，产量增加1.2%~1.6%，增加喷煤量15kg/t。另外，多使用球团矿替代烧结矿会大幅降低吨钢综合能耗。按照吨烧结矿能耗55kg标煤计算，如果入炉炉料结构中，球团矿比例由15%提高到25%，则吨钢综合能耗可以降低3kg标煤。这对钢铁生产企业的节能具有明显的效果。

B 环保效果

烧结和球团生产过程中，主要产生的污染物是废气和烟粉尘。球团矿的生产过程比烧结矿更加环保，主要体现在以下几个方面：

（1）链箅机—回转窑球团矿制造过程粉尘产生量少。球团矿焙烧是先制成一定形状和粒级的生球，造球过程是在密闭状态下进行的，而且没有破碎和筛分整粒系统，产生的粉尘量相对烧结矿生产要少很多，外排废气中所含粉尘量较低；从全厂生产环境看，球团矿生产厂比烧结厂要干净。

（2）废气中有害成分较少。烧结、球团生产过程都是氧化脱硫的过程，铁矿石和煤焦粉中约有80%~95%的硫经烧结、球团过程排放到大气中。但是，球团矿生产的铁精矿一般都经过细磨和精选，含硫量相对较低，一般在使用高热值煤气的情况下，SO_2排放浓度能够满足排放要求，不需设置脱硫设施。即使浓度超过排放标准，球团脱硫处理烟气量要比烧结少，球团脱硫设施能比烧结脱硫设施节省投资。

烧结生产过程由于有二噁英的生产条件，因此，烧结生产过程产生大量的二噁英，是钢铁企业二噁英的主要产生源之一。而球团生产过程中不含氯离子，缺少二噁英的生产条件，不会产生二噁英。

4.3.4.3 推广应用情况

自2000年首钢建窑成功以来，由于其工艺特点符合我国球团矿产量大、原料杂等实际情况,链算机—回转窑球团工艺获得了迅猛的发展。据不完全统计,目前全国已建成 140 余条链算机—回转窑生产线,产能已占我国球团矿总产能的一半以上。主要单窑生产规模以 100 万~240 万吨年产量为主。据统计,我国链算机—回转窑球团生产线生产能力占全国球团生产能力的比例为 62%,设备数量占全国球团设备数量的 40%。

4.3.5 超大容积顶装焦炉技术

4.3.5.1 技术介绍

炼焦技术正在向大型化、智能化和清洁化发展。清洁高效的超大容积顶装焦炉技术对焦化过程提质增效和绿色发展具有重要的意义。

超大容积顶装焦炉的单孔炭化室高不小于 7m、炭化室容积不小于 $48m^3$。超大容积顶装焦炉示范工程的单孔焦炭产能达到 6m 焦炉的 125% 及以上,炉组生产能力达到 150 万吨/年及以上;炭化室高向与长向加热均匀,焦饼高度方向温差不大于 70℃,长度方向温差不大于 60℃;焦炉炭化室炉墙极限负荷不小于 9000Pa。

4.3.5.2 节能减排效果

超大容积顶装焦炉技术的节能减排效果明显。在同样产能条件下与 6m 焦炉相比,超大容积顶装焦炉示范工程炼焦全过程污染物排放总量减少 20%~40%,烟囱排放的废气中 NO_x 不大于 $500mg/m^3$。每生产 1t 焦炭可节约焦炉煤气约 $6m^3$,相应每年减少温室效应气体 CO 排放量 21 万~64.5 万吨。

4.3.5.3 推广应用情况

超大容积顶装焦炉技术从 2010 年开始研究,目前该技术的关键技术、工程建设和生产操作已具有自主知识产权。在首钢京唐曹妃甸二期工程中已有应用。未来该技术的推广应用不仅能给实施企业带来巨大的直接经济效益,而且对促进焦化行业技术进步,提高焦化行业节能减排水平,实现焦化产业结构优化、资源高效、合理利用具有重要意义,具有广阔的推广应用和产业化前景[1]。

4.3.6 捣固炼焦技术

4.3.6.1 技术介绍

捣固炼焦技术是根据焦炭的不同用途,将炼焦配合煤按炭化室的大小,在煤箱内用捣固机将炼焦配合煤捣打成略小于炭化室的煤饼,从焦炉机侧推入炭化室内进行高温干馏的炼焦技术。

煤料捣成煤饼后,一般堆密度可由顶装工艺散装煤的 $0.75t/m^3$ 提高到 $1.00~1.15t/m^3$。因煤料颗粒间距缩小、接触致密、堆密度大,有利于多配入 15%~20% 甚至更多的高挥发分煤和弱黏结煤,或者在配煤比不变的情况下,改善和提高焦炭质量。

　　与传统顶装炼焦相比，捣固炼焦具有如下特点：

　　（1）当配煤比相同时，捣固炼焦可以提高焦炭质量；入炉煤的质量越差，焦炭质量提高的幅度就越大。

　　（2）当焦炭质量相同时，捣固炼焦可以多用高挥发分或弱黏结性煤；所要求的焦炭质量越高，捣固炼焦多用高挥发分或弱黏结性煤的比例就越小。

　　（3）捣固炼焦的入炉煤成本低于顶装炼焦。

　　（4）捣固焦炉与顶装焦炉的炉体结构相同，只是炉体强度更大些，以抵抗更大的煤饼膨胀压力。

　　在焦炉机械方面，捣固焦炉比顶装焦炉多1台捣固机和炉顶导烟车，但没有装煤车。依据焦炉机械组合方式的不同，捣固焦炉可分3种，见表4-2。

表 4-2　捣固焦炉按组合方式的分类

组合方式	焦炉机械配置
一体式	捣固装煤推焦机（SCP机）、导烟车、拦焦车、熄焦车
分体式Ⅰ	固定捣固站、装煤推焦车、导烟车、拦焦车、熄焦车
分体式Ⅱ	固定捣固站、装煤车、推焦车、导烟车、拦焦车、熄焦车

　　目前，我国4.3m捣固焦炉多采用分体式Ⅰ，固定捣固站内设置国产捣固机和国产装煤推焦机。

　　我国5.5m捣固焦炉多采用分体式Ⅱ，固定捣固站内设置国产捣固机或引进的德国捣固机，装煤机和推焦机均为国产。

　　我国6.25m捣固焦炉均采用一体式，其捣固装煤推焦机引进德国技术图纸和关键设备，由国内制造厂制造组装。现在也有些焦化厂为了降低机械制造费用，提出采用6.25m捣固焦炉也采用分体式Ⅱ，即固定捣固站内设置引进的德国捣固机，而装煤机和推焦机由国内制造。

　　对于捣固炼焦技术在应用时应注意以下事项：

　　（1）用60%~70%的高挥发分气煤或1/3焦煤，配以适量的焦煤、瘦煤，要求挥发分在30%左右，黏结指标 Y 值为11~14mm，这样的煤料捣固效果最好。

　　（2）捣固煤料粉碎度应保持：粒度不大于3mm的占90%~93%；粒度不大于0.5mm的应在40%~50%之间。对难于粉碎的煤料要在配煤前预粉碎。

　　（3）捣固煤料最合适的水分为8%~11%，最好控制在9%~10%。水分不足时，要在运煤胶带机上增加喷水设备。为保证雨季时煤料水分不宜过大，应设置防雨煤棚。

　　（4）应尽量保持配煤煤种的稳定，频繁变换煤种容易影响焦炭质量和生产操作。

4.3.6.2 节能减排效果

采用捣固炼焦可以多用 15% ~ 20% 的弱黏结煤。2010 年我国焦炭产量 38757 万吨,其中冶金焦按 36140 万吨计算,若其中的 50% 即 18070 万吨是捣固焦炭,每吨焦炭耗煤按 1.34t 计,则 18070 万吨冶金焦耗炼焦精煤 24214 万吨。如果采用捣固炼焦多用 15% 弱黏结性煤,则节省强黏结性煤 3632 万吨。

4.3.6.3 推广应用情况

中国煤炭资源虽比较丰富,但以动力煤为主,约占保有储量的 72.21%,而炼焦煤的查明资源储量为 2758 亿吨,仅占中国煤炭资源总量的 27%,其中经济可采的炼焦煤储量仅 646 亿吨,仅为炼焦煤查明资源储量的 23.4%。这表明在中国炼焦煤资源中,目前真正可以生产和建井的资源量比例较低。此外,在我国炼焦煤资源中,以高挥发分气煤(包括 1/3 焦煤)为主,而肥煤、焦煤、瘦煤加在一起尚不到炼焦煤储量的 50%,而且其中约有 50% 的肥煤、瘦煤为高硫煤,有 1/3 左右的焦煤是高硫、高灰煤。这种资源状况决定了中国优质炼焦煤将长期处于短缺的局面。

但在当前我国炼焦煤实际消耗中,强黏结煤消耗比例又远远大于储量比例。储量、产量和实际消耗比例的反差使得炼焦煤,尤其是强黏结煤日趋紧张,国内外炼焦煤价格飞涨。我国炼焦煤,尤其是强黏结性煤供不应求,大大促进了可多用弱黏结性煤的捣固炼焦工艺的发展。20 世纪末,我国只有 20 几座小型捣固焦炉,而目前已投产 300 多座,产能超过 1 亿吨,位居世界第一位。然而,90% 以上的捣固炼焦产能建在独立焦化厂,钢铁企业采用捣固炼焦工艺的寥寥无几。其主要原因是:

(1)捣固焦炉的寿命比顶装焦炉短;

(2)捣固焦炉的稳定生产不如顶装焦炉;

(3)捣固焦炉的装煤烟尘治理难度大于顶装焦炉;

(4)国内外尚没有大型高炉长期全部使用捣固焦炭的生产实践经验;

(5)过去中国焦炭产量小,强黏结性煤即焦煤和肥煤的供应充足;

(6)钢铁企业焦化厂入炉煤成本是由钢铁公司承担,而不是仅由焦化厂承担。

但是,目前我国钢铁企业已开始接受和采用捣固炼焦工艺,其原因是:

(1)炼焦煤供应已成为我国焦化业可持续发展的重大问题,尤其国内优质焦煤供应已成为影响炼焦生产、焦炭质量和炼焦成本的重要因素。

(2)上百家采用捣固焦炉的独立焦化厂多年的生产操作实践与教训,为钢铁企业焦化厂选用捣固炼焦提供了经验,增强了使用信心。

(3)我国捣固焦炉的大型化——5.5m 捣固焦炉(每孔年产焦炭 1.01 万吨)、6.25m 捣固焦炉(每孔年产焦炭 1.2 万吨),使钢铁企业采用大型焦炉成为可能。

总之，尽管捣固炼焦技术还存在许多难题，但其可以多配用弱黏结性煤，具有可持续发展的潜力，因此，深深吸引着钢铁业焦化厂。21 世纪初，我国还只是小型钢铁企业采用捣固炼焦，后来发展至中型钢铁企业，现在一些大型钢铁企业也在策划建设大型捣固焦炉。

4.3.6.4 案例

攀钢于 2009 年投产 2 × 62 孔 JND55-07 型 5.5m 复热式捣固焦炉，炭化室宽度 500mm，年产焦炭 135 万吨，配有 170t/h 的干熄焦装置。其捣固焦炉比顶装焦炉多配 15%~20% 的弱黏结性煤，由此，捣固配煤成本较顶装配煤至少低每吨 35 元。表 4-3 为攀钢 1~4 号高炉应用捣固焦炭和顶装焦炭对比。

表 4-3 攀钢 1~4 号高炉应用捣固焦炭和顶装焦炭对比

序号	捣固焦比例 /%	铁平均产量 /t·d⁻¹	利用系数 /t·(m³·d)⁻¹	焦比 /kg·t⁻¹	煤比 /kg·t⁻¹	综合焦比（干）/kg·t⁻¹
1	0	3108	2.590	440	117.1	533.7
2	37.7	3114	2.595	431.6	117.4	525.5
3	100	3157	2.632	425.6	129.1	528.9
1、2 比较		+6	+0.005	-8.4	+0.3	-8.2
1、3 比较		+49	+0.042	-14.4	+12	-4.8

攀钢使用捣固焦炭后，高炉的综合冶炼强度有明显改善。

涟钢焦化厂采用 2×65 孔 5.5m 复热式捣固焦炉，平均宽度 554mm，年产焦炭 130 万吨，于 2009 年投产。2010 年上半年，涟钢捣固焦炉入炉煤比 6m 顶装焦炉多用 10% 瘦煤，相应少用 10% 主焦煤。采用湿熄焦时，捣固焦炭质量比采用干熄焦的 6m 顶装焦炭还好，$CRI<25$，$CSR>68$。捣固焦炭直供 3200m³ 高炉，高炉生产指标明显改善，焦比 320kg/t、煤比 160kg/t、小块焦比 30kg/t，炼铁燃料比 510kg/t。

对捣固炼焦技术应用的成本效益分析如下。

A 投资估算

项目案例：2×64 孔 5.5m 单热式捣固焦炉，年产焦炭约 130 万吨，配套处理能力为 160t/h 干法熄焦装置，新型湿法熄焦作为备用。

工程总投资为 109021.43 万元，其中，固定资产投资为 101102.41 万元（其中焦化部分 83391.59 万元，干熄焦部分 17710.82 万元），铺底流动资金 3472.88 万元，建设期贷款利息 4446.14 万元，详细费用见表 4-4 和表 4-5。

表 4-4 焦化工程投资组成

工程费用名称		投资/万元	占固定资产投资比例/%
固定资产投资		83391.59	100.00
其中	建筑工程	28306.35	33.94
	安装工程	12651.72	15.17
	设备购置费	37537.96	45.01
	其他费用	2895.56	3.47
	预备费	2000.00	2.41

表 4-5 干熄焦工程投资组成

工程费用名称		投资/万元	占固定资产投资比例/%
固定资产投资		17710.82	100.00
其中	建筑工程	2992.53	16.90
	安装工程	2594.35	14.65
	设备购置费	10726.04	60.56
	其他费用	1067.90	6.03
	预备费	330.00	1.86

B 经济效益分析

项目经济效益分析指标汇总见表 4-6。

表 4-6 经济效益分析指标汇总表

指标名称	单位	指标
一、投资		
固定资产投资	万元	101102.41
流动资金	万元	11576.25
建设期利息	万元	4446.14
二、财务预测指标		
销售收入	万元/年	215697.03
原材料费用	万元/年	148597.51
动力费用	万元/年	6307.57
销售税金及附加	万元/年	14045.34
总成本费用	万元/年	167260.59
利润总额	万元/年	32374.58
所得税	万元/年	10683.61

指 标 名 称	单 位	指 标
税后利润	万元/年	21690.97
全投资内部收益率（税前）	%	29.41
全投资内部收益率（税后）	%	22.64
全投资回收期（税前）	年	5.13
全投资回收期（税后）	年	6.02
净现值（$i_c = 7\%$，税前）	万元	255457
净现值（$i_c = 7\%$，税后）	万元	161441
投资利润率	%	27.64
投资利税率	%	39.51

从以上计算结果可以看出，全投资内部收益率（税后）为 22.64%，高于基准收益率。在其 20 年的生产经营期内，平均年实现利润总额 32374.58 万元，达产年上缴销售税金及附加 14045.34 万元，平均年上缴所得税 10683.61 万元，平均年实现税后利润 21690.97 万元，全部投资在第 6.02 年可收回，税后净现值为 161441 万元，投资利润率为 27.64%。综上所述，采用捣固炼焦工艺经济效益良好。

4.3.7   换热式两段焦炉技术

4.3.7.1   技术介绍

换热式两段焦炉的工艺主要包括煤的干燥预热、干馏形成焦炭的过程和空气、煤气燃烧及烟气换热，工艺流程如图 4-4 所示。其中，煤的干燥预热和干馏过程分两段完成。首先，煤从干燥预热室顶部装入，而后在干燥预热室煤道内被脱水、干燥，并被预热到 150~250℃，煤中的水分加热变为平均温度不超过 150℃ 的蒸汽，而煤的含水率可降至零。预热后的煤，经输煤通道流入炭化室。在炭化室内煤经过干馏成为焦炭，并产生荒煤气。而煤在干燥预热室中的干燥预热时间与在炭化室中的干馏时间是一致的[2]。

另一部分，煤气和空气在换热室被预热后进入燃烧室燃烧，燃烧后产生的烟气在立火道内循环的过程中将部分热量传递给炭化室的煤料，而后，高温烟气（1200~1300℃）进入换热室，将常温煤气和空气预热到 700~900℃，变为中温烟气（400~600℃），进入干燥预热室烟气道，将装炉煤干燥预热至 150~250℃，最后变为低温烟气（250~350℃）经集气道由烟囱排出。

4.3.7.2   节能减排效果

换热式两段焦炉技术中占煤料 10% 左右的水在煤料进入炭化室之前就离开煤

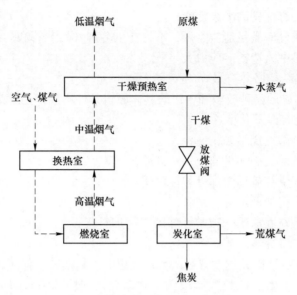

图 4-4　换热式两段焦炉工艺流程

料，相较于传统工艺，水蒸气离开煤料的温度更低，同时由于结焦时间缩短，炉体散热量减少，且该技术煤气消耗量减少相应的燃烧烟气热损失也减少，总的耗热量可以降低 18% 以上。

换热式两段焦炉技术中经过预热后煤料不含外在水分，这使得工艺过程产生的氨水量可减少 90%，酚氰污水可减少 2/3；由于燃烧室燃烧温度降低，NO_x 排放量也将减少。

4.3.7.3　推广应用情况

换热式两段焦炉用换热室取代了传统焦炉中的蓄热室，有望在实现预热炼焦煤的同时，解决传统焦炉存在的煤输送困难和装煤污染等问题。换热式两段焦炉的研发已完成概念设计和可行性论证，而相关实验和工程实践也在陆续开展中。

4.4　炼铁工序工艺高效化技术

4.4.1　高炉炼铁工艺高效化技术

4.4.1.1　高效炼铁的原料结构（配料和精料）

A　高炉炉料结构的合理化

高炉炉料结构的合理化，就是炉料组成的合理搭配。它一直是高炉生产发展中的重要问题。历史上每当出现一种新型炉料时，就会引起对炉料结构合理化的讨论，推动炼铁及其原料处理的发展。

合理的炉料结构应当符合以下要求：

（1）应当具有优良的冶金性能；

（2）炉料成分应满足造渣需要，不另加生溶剂（石灰石和白云石等）；

（3）在矿料中人造富矿应占大多数。

合理的炉料结构必然有最好的技术经济指标。

由于人造富矿的品种较多和各厂的具体原料条件不同，因此炉料结构的形式很多。但大体上有以下几种：

（1）全部自熔性烧结矿；

（2）高碱度烧结矿加少部分天然富矿；

（3）高碱度烧结矿加少部分酸性球团；

（4）高碱度配加低碱度烧结矿；

（5）全部低碱度球团（或酸性球团矿）加石灰石；

（6）全部自熔性球团矿。

全部自熔性烧结矿，过去曾被认为是理想的炉料结构。但是，在人们发现自熔性烧结矿强度正处于低强度槽型区以后，对自熔性烧结矿的优点就产生了怀疑。同时，还发现高碱度烧结矿具有一系列良好的冶金性能。因此，许多国家和地区（包括日本、西欧和我国）生产高碱度烧结矿代替自熔性烧结矿。由于使用高碱度烧结矿必须搭配酸性炉料，这样就出现了上述（2）~（4）这3种炉料结构，其中以（2）和（3）种炉料结构更普遍。至于是搭配块矿还是球团矿或两者兼用，则视该厂具体条件而定，评价合理矿料结构必须具体分析各厂原料条件、产品质量以及影响焦比的各种因素。

当高炉配加部分酸性球团矿时，由于普通酸性球团矿的高温软熔性和高温还原性较差，影响生产指标。因此，在用球团矿的条件下应尽量使用 MgO 质酸性球团同高碱度烧结矿搭配。

高碱度烧结矿配加部分低碱度烧结矿的结构，在我国也有使用，但未获推广，因为效果不很明显。应当指出，在高品位低 SiO_2 条件下，低碱度烧结矿的强度不好。应当用低品位高 SiO_2 矿粉生产低碱度烧结矿。

综上所述可得出以下几点结论：

（1）由于高碱度烧结矿具有良好的冶金性能，因此它是合理炉料结构中不可缺少的主体部分。在有条件的情况下，应当提高其配比。

（2）为提高高碱度烧结矿的配比，其碱度水平就要降低。否则，高碱度烧结矿配比不高，影响了高炉料柱冶金性能。

（3）为使烧结矿能在较低碱度水平上获得充分发展的酸钙液相，以获得良好的冶金性能，应当使用高品位 SiO_2 矿粉。研究表明，随着 SiO_2 降低，强度最佳的碱度值下降。

B　精料

为满足高炉内各区域原料和燃料性能的要求，必须在入炉前对天然物料精加工，以改善其质量并充分发挥其效用。质量优良的原料和燃料建成精料，采用精料是高炉操作稳定顺行的必要条件。精料内容可概括为：

（1）高——品位、强度、冶金性能指标等都高；

（2）稳——成分稳定，波动范围小；

（3）小——粒度小而匀（上、下限范围窄）；

（4）净——粉末筛除干净。

此外，还要重视合理的炉料结构和炉料高温冶金性能。

a 提高矿石品位

（1）高品位。即铁矿石中的含铁量要高。提高矿石品位是高炉节焦增铁的核心内容，矿石品位提高后，脉石成分减少，因此，溶剂用量和渣量减少，矿石消耗也降低，不仅可以改善料柱的透气性，而且减少了高炉冶炼的单位热耗，对顺行和提高冶炼强度，降低焦比都极为有利。生产统计资料表明，入炉矿品位提高1%，高炉炼铁焦比下降2%，生铁产量提高3%[3]。在生产中，可以通过优化高炉炉料结构获得高的入炉矿品位。因为高碱度烧结矿一般品位在58%左右，所以通过多配加高品位的块矿和球团矿（品位在65%以上）可以有效地提高炼铁入炉矿品位。

（2）焦炭的固定碳含量要高。焦炭的固定碳含量高，可降低焦炭中的灰分。灰分的主要成分是酸性的SiO_2、Al_2O_3，约占灰分的80%以上，灰分增加势必导致热量消耗增加，不利于焦比的降低，导致产量下降，同时也增加了溶剂的加入量和渣量，降低了焦炭的耐磨程度，增加了粉末的产生。据统计，灰分降低1%（相当于固定碳增高1%），焦比降低2%，生铁产量提高3%。降低焦炭灰分的途径主要是减少炼焦用煤的灰分，因此，必须抓好洗煤的质量。

（3）溶剂中有效氧化钙要高。由于我国钢铁行业使用的铁矿石中脉石大多数是酸性氧化物，因此选用的溶剂往往是碱性溶剂，如果使用高碱度的烧结矿，则可以少加或不加溶剂。一般烧结矿碱度要在1.8~2.0，高碱度烧结矿具有强度好、还原性好、冶金性能好等特点。

b 提高熟料率

熟料就是将各种粉状的含铁原料制成具有一定高温强度，又符合高炉炼铁冶金性能要求的块状料，其中包括烧结矿和球团矿。高炉使用烧结矿和球团矿以后，由于还原性和造渣过程改善，高炉热制度稳定，炉况顺行，减少或取消溶剂直接入炉，生产指标明显改善，尤其是高碱度烧结矿的使用，效果更为明显。

c 加强原料的整粒工作

"整粒"是指对原料的处理，需满足"净、匀、小"的程度。

"净"是指入炉原燃料中小于5mm粒度的颗粒组成要低于总量的5%，其目的主要是为保证高炉的炉料有较好的透气性，以利于实现生产稳定，使高炉顺行，且 5~10mm 粒度颗粒的比例要小于 30%。

"匀"是指入炉原燃料的粒度应当均匀。对于不同粒度的炉料应当进行筛分，按粒度组成不同进行分级入炉，不但可以减少炉料的填充作用，而且还会节省焦炭，提高产量。烧结矿和焦炭都要整粒，其目的就是要实现粒度均匀，例如焦炭要保证 60mm 左右粒度占 80% 以上，大于 80mm 的要小于 10%，小于 5mm 的要小于 5%，5~10mm 要小于 30%。

"小"是指原料粒度偏小。炉料粒度偏小、比表面积大、与还原剂接触面积大，可提高矿石还原度，促进间接还原比例。比如，有企业加入的白云石粒度偏大，造成焦比升高，没完全熔化的白云石进入炉缸，消耗炉缸的热量，且块矿、球团、白云石均有穿透现象，会比炉料提前进入炉缸。当然，粒度也不能过小，过小会影响料柱透气性。

d 稳定原料和燃料的化学成分

稳定原料和燃料的化学成分是指入炉原燃料的物理化学性能和化学成分要稳定，波动范围要窄。原料成分稳定，炉况才能稳定，也是稳定操作和实现自动控制的先决条件。

目前，我国高炉生产中存在的最大问题是生产不稳定，主要原因就是原燃料成分波动大。不少企业的炉料储存量不足 1 周用量，使烧结和高炉处于经常变料状态，造成高炉生产不稳定。实现炉料成分稳定最有效的办法是设立原料混匀料场，能对高炉生产起到积极作用。要想保持炉料化学成分和物理性质的稳定，关键在于搞好炉料的混匀和中和工作，其主要手段是"平铺直取"。

e 重视合理的炉料结构和炉料高温冶金性能

目前，生产中主要有 4 种高炉炉料结构：以酸性球团为主，配加超高碱度烧结矿；100% 自熔性烧结矿；100% 酸性球团矿，但每吨生铁需加 250kg 以上的石灰石；以高碱度烧结矿为主，配加天然矿或酸性球团矿。

合理的炉料结构应从国家资源和企业本身实际情况出发，要充分满足高炉强化冶炼的要求，从而获得较高的生产率、较低的燃料消耗和好的经济效益。我国自产矿石绝大部分都要进行选矿，为了提高精矿品位和更有效地去除有害杂质，入选矿粉磨得很细（多数是 0.074mm（200 目）的占 80% 以上），选出的精矿品位较高（65%~68.5%），SiO_2 较低（2.5%~5%）。这种细粒度、品位、低 SiO_2 的精矿粉更适合生产球团矿。因此，今后应适当发展球团矿生产。

炉料的高温冶金性能对改善高炉冶炼过程十分重要。冶金性能好的铁矿石标准是：有良好的高温软化和熔滴性能；间接还原性好，球团矿还原膨胀低；块矿热爆裂小，烧结矿低温还原粉化率低；铁矿石的还原性大于 60%。人造富矿的高温还原强度对块状带料柱透气性有决定性影响，而高温软熔特性影响软熔带结构和气流分布。

4.4.1.2 高炉富氧喷吹煤粉技术

高炉富氧喷吹煤粉不仅可以大幅度降低焦比，增加产量，而且可以缓解我国焦煤资源不足的矛盾，是多快好省地发展炼铁生产的一项新技术。

我国煤炭资源丰富，但是焦煤资源不足，无烟煤和非炼焦煤占 2/3，焦煤资源中，气煤占一半以上，肥煤、焦煤和瘦煤各占 13.87%、17.7% 和 12.01%[4]，而且地理上分布不均，焦炭数量不足，质量下降是限制我国钢铁生产发展的薄弱环节。焦炭要改善质量，则数量短期内不可能有较大增加。富氧喷吹煤粉、以煤代焦是目前我国高炉强化的主要途径。

根据我国能源结构特点，国内高炉普遍采用了喷吹煤粉的新技术。当前进一步发展该技术的主要关键是：在增加喷煤量的同时，提高其利用率。

高炉喷煤受到限制的主要原因之一就是当未被气化的煤粉达到一定数量后将会恶化炉渣和炉料的透气性，从而导致高炉炉况不顺，煤粉置换比下降，因此改善煤粉在风口回旋区的气化（燃烧率）是十分重要的。

A 影响煤粉燃烧率的主要因素

a 温度

在 1000℃ 以下时，煤粉燃烧率都不高，特别是无烟煤。当风温低于 700℃ 时，无烟煤根本不能着火；当风温高于 600℃ 以上时，烟煤和褐煤才能见到点燃的火星。

在 900~1300℃ 时，煤粉燃烧率随炉温的提高增加很快，尤其是无烟煤更明显，这说明在这个温度区间内，煤粉的燃烧反应速度是处于界面化学反应控制范围，从 1300~1400℃ 区间，煤粉燃烧率的增加速度开始减慢，说明煤粉的燃烧反应速度向扩散范围过渡。到 1400℃ 以上，煤粉燃烧率几乎不再增长，燃烧基本属于扩散控制范围。另外在 1500℃ 时，无烟煤、烟煤和褐煤之间的燃烧率差值缩小。这是因为炉内温度很高，煤粉挥发分首先析出，燃烧产生的热量对残焦异质反应速度的影响已不明显，整个过程主要受气相扩散的控制。

b 煤粉粒度

煤粉粒度对燃烧率影响很大，煤粉粒度一直是炼铁行业探讨与研究的课题，煤粉粒度细化增加了比表面积，提高了煤粉与氧的接触概率，有利于氧化、加快表面向内部的温度传递、缩短残碳烧尽的终了时间。

煤粉处在很高的加热速率下，煤粉燃烧的预热、干燥、脱气、挥发、着火、挥发分燃烧以及残碳燃烧等过程几乎是同时交叉进行，而挥发物的着火燃烧和残碳燃烧也几乎是同时进行的。在碳燃烧反应中限制速率的因素可以是化学的（氧化剂的吸附、界面化学反应、反应产物的解析），也可以是物理的（扩散），一般地说在温度较低时，化学反应因素起的作用大，而高温时，例如超过 1000℃ 扩散的阻力作用大。人们认为在这两者之间有一个过渡阶段，化学和物理同时起着控制作用。除了上述因素外，影响反应速率的还有气-固相接触的界面大小，由于煤的热分解造成很多内气孔，因此反应界面增加很多，这样造成反应加快。反应速率与碳的活性和由气孔率所反映的内表面积、外表面积有关，煤的比表面积越大，活性也越大，而且纯碳比碳活性小，品位低的碳比品位高的碳活性大。在一定条件下氧化反应不仅在煤颗粒表面上进行，反应气体也扩散到颗粒内部，内表面积取决于煤变质程度及气孔率，因此内表面积越大，燃烧速率越高，随着煤粒燃烧程度增加，反应速率也增大。粒度细化增加了比表面积，加快了与氧接触的机会；也提高了小颗粒与气体混合速度，提前了内部燃烧时间；粒度细化缩小了残碳体积，提前了燃烧终了时间。

c   空气过剩系数

空气过剩系数（α_0）直接影响煤粉燃烧或气化反应的速度。假定各风口均匀稳定喷煤，可以推导出 α_0 和喷煤率之间的关系：

$$\alpha_0 = \frac{实际供氧量}{理论需氧量} = \frac{16/12C_风}{32/12C_{tpc} + 16/2H_{tpc}} \tag{4-1}$$

式中，$C_风$ 为单位生铁风口耗碳量，kg/t；C_{tpc} 为单位生铁煤粉含碳量，kg/t；H_{tpc} 为单位生铁煤粉含 H_2 量，kg/t。

单位生铁风口耗碳量等于焦炭和煤粉中的总碳量减去生铁中 Fe、Si、Mn、P 等元素直接还原和生铁渗透的耗碳量以及脱硫和熔剂中部分 CO_2 被还原的耗碳量，整理式（4-1）可得：

$$\alpha_0 = \frac{(K - Q)C_焦 + Q \cdot C_煤 - C_{直+渗}}{(2C_煤 + 6H_煤)Q} \tag{4-2}$$

式中，K 为燃料比，kg/t；Q 为煤比，kg/t；$C_焦$ 为焦炭中含碳量，%；$C_煤$ 为煤粉中含碳量，%；$C_{直+渗}$ 为每吨生铁中直接还原和渗碳、脱硫耗碳量，kg；$H_煤$ 为煤粉含 H_2 量，%。

将式（4-2）分母上下各乘以 $1/K$，则得：

$$\alpha_0 = \frac{(1 - q)C_焦 + C_{煤q} - C_{直+渗}/K}{(2C_煤 + 6H_煤) \cdot q} \tag{4-3}$$

式中，$q = Q/K$，即喷煤率。

为简化起见，在式（4-3）分子中第三项变化不大时，可看作常数量 h，且不考虑其中含 H_2 量，并设焦炭和煤粉中固定碳含量相同，整理得：

$$\alpha_0 = \frac{1}{2q} + h \tag{4-4}$$

式（4-4）表明，空气过剩系数与喷煤率成反比关系。根据试验结果，煤粉燃烧率随着空气过剩系数减小而降低，喷煤量不变时，若不是全部风口喷吹，随喷吹风口数目减少空气过剩系数都要下降，也会影响燃烧效果，增大富氧量，可直接提高空气过剩系数，强化煤粉的燃烧。

B　提高高炉喷煤量和煤粉燃烧率的主要途径

a　选择合适的煤种

选择合适的煤种是加快燃烧反应的重要前提。它的反应活性、挥发分含量、含灰量、含硫量、含水量、可磨性、SiO_2/CaO 的比值以及金属含量等，都会对燃烧过程、系统安全、寿命和高炉行为产生影响。一般认为，高炉喷吹用煤应满足如下要求：

（1）挥发分含量大于 7%~10%，灰分含量一般小于 15%[4]；

（2）水分含量和含硫量较低；

（3）煤粉研磨以提高燃烧率，拉煤喷吹煤种选择应更加严格；

（4）可磨性好，以提高磨煤机出力并减少输送管路、喷枪及风口的磨损；

（5）K、Na 等碱金属化合物含量低。

b　富氧煤粉喷吹

高炉富氧喷煤具有以下优点：

（1）提高煤粉的燃烧速度。

（2）提高风口区的理论燃烧温度。由于燃烧产物体积减小，风口区的理论燃烧温度提高。由计算可知：一定条件下，富氧率提高 1%，约能提高理论燃烧温度 50℃。

（3）提高冶炼强度。由于鼓风含氧量提高，每吨生铁需要风量减少。若保持原有风量不变，则冶炼强度可以提高。

（4）增加煤气中 CO 的含量，改善间接还原；同时提高煤气热值，有利于提高热风风温，反过来改善煤的燃烧，形成良性循环。

目前高炉喷煤富氧方式有 3 种：

（1）热风富氧；

（2）应用氧煤枪在粉煤颗粒周围局部富氧；

（3）热风富氧加局部富氧。

c　高热风温度

温度是燃烧反应动力学的重要因素之一，高风温是增加喷煤量、提高煤粉燃烧率的有力措施之一。我国高炉的风温一般在 900~1100℃ 之间，一般认为，提高 100℃ 风温，每吨可降焦 8~20kg，增产 2%~3%。

风温的提高可以快速加热煤料和载气，提高热解的吸热速率，促使煤粉提前着火。风温的提高还有利于煤粉化学能的充分利用。

d　煤粉燃烧催化剂及燃烧促进剂

使用煤粉燃烧催化剂及燃烧促进剂已在化工领域广泛应用，但是在煤粉燃烧领域应用不多。出现这种现象的原因是：

（1）许多催化剂本身是固体物质，因接触机会少而作用不太明显；气相和液相催化剂，虽效果较好，但在高炉条件下经济而实用的催化剂尚在探索之中。

（2）高炉高风温给煤粉燃烧提供了良好的初始反应环境，若风温高于900℃，这时催化剂的作用已失去了优势。一般认为催化剂在低温区作用明显（即燃烧反应的动力区），在高温扩散区催化剂作用不甚明显，因为高温条件下，扩散是影响燃烧速度的限制性环节，故催化化学反应速度效果不甚明显。

目前，人们在高炉喷煤技术中寻求燃烧催化剂。广义来说，除催化剂以外的一切能加快煤粉燃烧速度的物质和方法都可归入这一范畴。目前比较现实和有效的方法是配煤喷吹（不同煤种混合喷吹）。试验证实，在一定条件下，理想配煤喷吹效果（以燃烧率高低来表征）可能比配煤中任何单一煤种的燃烧率都高。

例如，在同一条件，一种煤的燃烧率为20%，另一种煤的燃烧率为35%，而一定比例混合的两种煤的燃烧率可达52%，说明不同煤种因着火燃烧的差异可以促进燃烧。煤粉本身就是一种促进剂，合理地选择配煤的煤种和比例，也能取得满意的效果。

e 选择煤粉合适的粒度

从燃烧学角度最基本的考虑，煤粉的燃尽时间与煤粉粒径的平方成正比，即煤粒大，燃尽时间就要延长很多。一般说来，煤粉越细则燃尽时间越短。考虑到磨煤的动力消耗，以及煤粉越细安全问题越大，选择合适的煤粉粒度既涉及燃烧过程，又涉及经济效益和安全等问题了。目前通常选择0.074mm（200目）煤粉供给高炉喷煤，这与当前的设备水平是相适应的。

f 合理的氧煤枪结构及插枪位置

国外试验证明，不同结构的氧煤枪，其燃烧效果差别很大。除了保证一定的使用寿命外，创造提前燃烧的条件是氧煤枪的任务之一。

氧煤枪插枪的位置、角度和插入深度也十分重要。原则上，除了考虑增加煤粉燃烧时间和燃烧空间外，还要考虑氧煤枪喷出的煤粉不至于冲刷直吹管内壁和风口内壁。要按高炉大小、直吹管的大小、煤种、喷煤量大小、氧煤枪出口流速等具体条件来确定。

g 选择合理的喷煤系统

向高炉每一个风口提供连续、稳定、均匀的煤粉，是保证喷煤粉燃烧的前提。合理的喷吹系统包括有足够能力和安全的喷吹罐、煤粉分配器、输送管路等，有条件的高炉还应装有煤粉计量装置、控制系统和安全监测系统，当喷吹系统出现异常情况时，系统会自动停煤、停氧，并吹氮。

4.4.1.3 氧气高炉技术

A 氧气高炉工艺特征

炉顶煤气循环氧气高炉的主要特征为：用常温纯氧或富氧鼓风代替传统热风

炉鼓风，并大量喷吹煤粉，炉顶煤气经脱水除尘、CO_2 捕集、预热后通入风口或炉身循环使用。氧气高炉具有如下优点：

（1）降低焦比。富氧环境给煤粉的大量燃烧提供了条件，让煤粉有能力取代焦炭部分还原剂和燃料的功能。降低焦比不仅可以节约成本，还可以降低碳排放。

（2）提高生产率。煤粉的流动性更强，流动和反应的效果更好，生产率自然提高。研究表明，在保持高炉顺行的条件下，高炉生产率可以提高 2 倍左右。

（3）减轻环境污染。焦炉工序会产生大量的环境污染，因此，减少焦炭的使用就是在保护环境。

（4）减少碳排放。焦炭减少了，直接还原就减少了，这有利于 CO_2 排放的降低。此外，生产焦炭本身，尤其是传统的熄焦技术，也是 CO_2 排放的重要来源。氧气高炉工艺可以使这两个工艺的碳排放都降低。

B 氧气高炉工艺流程

自 1970 年 Wenzel 等人[5] 提出氧气高炉概念之后，国内外涌现了多种典型工艺流程。氧气高炉存在两个关键问题，研究人员为了解决这些问题提出了各种各样的工艺流程。关键问题即上冷和下热问题，即因为煤气量的减少，炉缸区域温度过高而炉身区域温度过低。研究人员通过预热循环煤气、降低炉身热量需要、利用化学反应热效应、物理吸热等方法来解决这个问题并且取得了重要进展。目前国内外已发展出了多种氧气高炉工艺流程，几种典型的氧气高炉工艺流程见表4-7。

表 4-7 氧气高炉典型工艺流程[6]

关键问题	解决方式	典型工艺流程
上冷	通过预热循环煤气提高炉身上部温度	FOBF 流程、Fink 流程、NKK 流程、Tula 流程、ULCOS 流程
	降低炉身热量需要	OCF 流程
下热	增加热量从炉缸向炉身的转移	Lu 流程等
	利用化学反应热效应	OCF 流程、FOBF 流程、NKK 流程
	物理吸热	Fink 流程

a Fink 氧气高炉流程

Fink 氧气高炉流程是由 Fink 于 1978 年提出[7]，如图 4-5 所示。该流程分别在炉腰和炉缸处设置循环煤气入口，炉顶煤气经过脱水除尘，CO_2 捕集并与氧气混合后注入，气体注入前没有预热。

b Lu 氧气高炉

Lu 氧气高炉是由 W-K Lu 提出的[8]，如图 4-6 所示。该氧气高炉将 N_2 替代

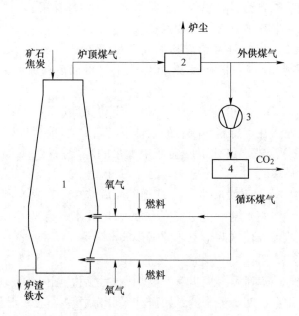

图 4-5 Fink 氧气高炉工艺流程

1—高炉；2—除尘；3—压缩机；4—CO$_2$ 脱除

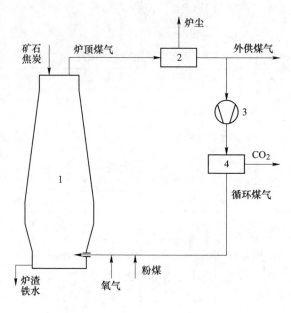

图 4-6 Lu 氧气高炉工艺流程

1—高炉；2—除尘；3—压缩机；4—CO$_2$ 脱除

为 CO，从而提高炉内气体中的还原性气氛。实践表明，Lu 氧气高炉可以有效增加产量并降低焦比。

c NKK 氧气高炉流程

NKK 公司提出纯氧鼓风的设想[9]，如图 4-7 所示。通过降低炉气中 N_2 的含量，来减少很多不必要的能量消耗。为了解决去除 N_2 带来的煤气量不足的问题，采取从风口喷入循环煤气的方法。同样因为煤气不足，炉身上部能量较低，于是将炉顶煤气预热后喷入炉身上部。

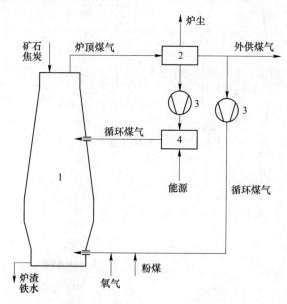

图 4-7 NKK 氧气高炉工艺流程
1—高炉；2—除尘；3—压缩机；4—热风炉

d Tula 氧气高炉流程

Tula 流程是由俄罗斯开发的氧气高炉流程[10]，如图 4-8 所示。热风炉不再用来加热鼓风，而是用来预热循环煤气，循环煤气和氧气混合后喷入风口回旋区。因为俄罗斯盛产天然气，所以一般来说该高炉还会有富氢燃料的使用，来代替煤粉的功能。

e FOBF 氧气高炉工艺流程

我国秦民生教授提出全氧气高炉流程[11]，是目前比较成熟的氧气高炉流程之一，如图 4-9 所示。与之前不同的是，随着变压吸附等 CO_2 捕集技术的提高，循环煤气处理工艺渐渐具备了经济性和实用性。循环煤气经过多种工序处理后，与氧气以及相应溶剂混合，再从风口注入。模拟和实验表明，该工艺流程已经具备足够的实用价值。

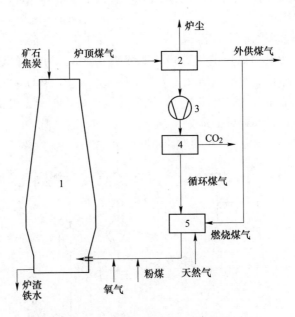

图 4-8 Tula 氧气高炉工艺流程

1—高炉；2—除尘；3—压缩机；4—CO₂ 脱除；5—热风炉

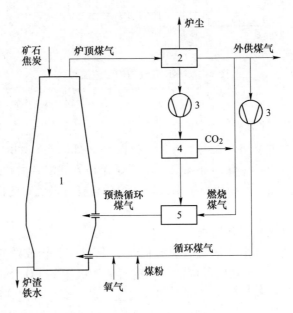

图 4-9 FOBF 氧气高炉工艺流程

1—高炉；2—除尘；3—压缩机；4—CO₂ 脱除；5—热风炉

f OCF 氧气高炉流程

我国高征铠教授在上述全氧气高炉工艺的基础上，进一步实现技术上的突破，解决了氧气高炉的上冷问题[12]，如图 4-10 所示。从炉身下部喷吹预热好的循环煤气，并搭配合适的熔剂，将风口循环煤气与煤粉一同喷吹。提高了炉身上部的温度情况，从而大大提高高炉生产率。

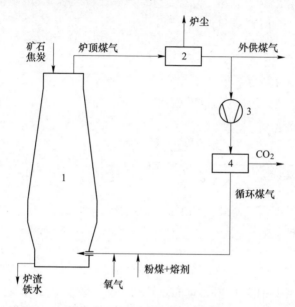

图 4-10 OCF 氧气高炉工艺流程
1—高炉；2—除尘；3—压缩机；4—CO_2 脱除

g ULCOS 氧气高炉流程

欧盟一直致力于钢铁流程碳排放的减少研究，氧气高炉出色的减碳能力让他们进行了大量的小型氧气高炉工艺实验[13]，如图 4-11 所示。超低二氧化碳炼钢（ULCOS）氧气高炉实验已经非常接近 OCF 氧气高炉，都是从风口处和炉身下部进行预热循环煤气的喷吹，实验表明炉顶煤气循环氧气高炉流程在减少 CO_2 排放的方面有着很大的潜力，成为炙手可热的研究目标。

C 氧气高炉工艺的发展前景

尽管高炉炼铁技术在生产效率、能量利用等方面的发展已近乎完美，但是高炉炼铁仍然面临着资源、环境等方面的巨大压力。在资源方面，主焦煤日趋匮乏，焦炭价格迅速攀升；在环境方面，铁前系统的能耗占钢铁生产总能耗的 70% 之多，在全世界面临节能减排的巨大压力下，炼铁系统也面临着节能减排的巨大压力。依靠传统高炉的技术进步已经很难解决以上问题，为此，需要开发煤为主要能源的新的炼铁工艺。

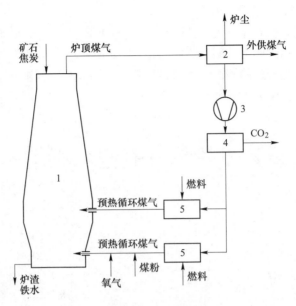

图 4-11   ULCOS 氧气高炉工艺流程
1—高炉；2—除尘；3—压缩机；4—CO_2 脱除；5—热风炉

高炉氧煤炼铁是当今钢铁冶金工业的重大技术之一，其目的是在高炉冶炼过程中大量喷吹煤粉以代替价格昂贵而紧缺的焦炭，改变高炉炼铁的燃料结构。高炉采用富氧以至全氧鼓风，可以促进煤粉燃烧，既能尽量多喷煤、节约焦炭和降低生产成本，又可强化高炉冶炼，使高炉生铁产量大幅度甚至成倍增长，还能外供更高热值的煤气。此外由于炉内有效还原性气体浓度大幅度提高，矿石在间接还原区的还原速度和程度得到明显的改善。氧气高炉是最有可能实现规模化应用的煤氧炼铁新工艺之一。

从 20 世纪 70 年代氧气高炉工艺诞生以来，针对它的工艺研究和工业试验研究一直都是学术界和生产企业关注的焦点。近几年，国内外几乎同时掀起了研究氧气高炉工艺的热潮。2004 年，欧洲钢铁业者在国际钢铁协会的协调下，由安赛乐米塔尔公司牵头对超低二氧化碳炼钢（ULCOS）项目进行研发。现阶段 UL-COS 项目研究的重点课题就是新型无氮气高炉技术——炉顶煤气循环氧气高炉（TGR-OBF）技术。

COURSE50 是日本新能源产业技术综合开发机构（NEDO）委托神户制钢、JFE、新日铁、新日铁工程公司、住友金属和日新制钢 6 家公司共同开展的环境友好型炼铁技术开发项目，于 2008 年 7 月 22 日获得通过。COURSE50 项目的其中一部分研究内容是通过开发氧气高炉结合焦炉煤气喷吹工艺来抑制 CO_2 排放。在采用炉顶煤气循环技术的过程中，为防止高温下由于直接还原发展导致碳消耗量增加的现象，铁矿的还原全部由上部交换装置的煤气来完成（温度低于900℃）。为了使铁矿石充分还原，要把大量的还原气体喷进炉体下部。炉顶煤气脱除二氧化碳后，在加热到900℃后，喷进高炉炉体下部。循环的煤气量必须是一定的，风口用冷态的氧气和循环煤气代替空气，促进燃烧。

综上所述，炉顶煤气循环的氧气高炉工艺不仅在理论上是可行的，而且已有国内外工业试验研究的基础。有理由相信，随着制氧和 CO_2 脱除封存等配套技术的逐渐成熟，其学术价值和工业应用价值将获得越来越多的瞩目。

4.4.2 气基直接还原技术

4.4.2.1 ULCORED 直接还原工艺

A 技术介绍

ULCORED 直接还原技术是一种先进的直接还原工艺，是由 SP12（ULCOS 子项）提出的满足 CO_2 排放需求的新概念。ULCORED 工艺用天然气取代了传统的还原剂焦炭，并且通过炉顶煤气循环和预热工序，减少了天然气消耗[14]。此外，天然气部分氧化技术的应用使该工艺不再需要焦炉和重整设备，从而大幅降低了设备投资。

该工艺中，烧结矿和球团矿从直接还原铁（direct reduced iron，DRI）反应器顶部装入，DRI 反应器尾气净化后，天然气发生化学反应生成还原剂（ H_2 和 CO 的混合物），还原剂喷入 DRI 反应器中与铁矿发生反应，反应器的温度低于铁熔化的温度但足以开始铁矿的还原反应，直接还原铁呈固体形态从反应器底部出来送入电弧炉炼成钢。新工艺的尾气只有 CO_2 ，可通过 CCS 存储在地下。在地质封存前，需将 CO_2 充分净化。该工艺根据还原气的不同，又可分为天然气基 ULCORED 与合成气基 ULCORED。ULCORED 工艺与 CCS 技术结合使用使欧洲一般高炉的 CO_2 排放量降低70%，该技术还需进行下一步的工业示范阶段，其工艺流程如图4-12所示。

与高炉相比，此项技术的潜力在于通过回收竖炉顶部和 DRI 的多余热量，减少了对天然气等还原气的消耗。此外，用天然气部分氧化技术替代重整技术，以及竖炉转换技术等的应用，去除了对焦炉和重整设备的需要，大幅减少了设备投资。系统中全氧的使用，也为 CO_2 归并到单一气路中，高效清洁地实现地下储存创造了条件。此项技术应用前景良好，因为我国煤炭资源丰富，煤制气技术也已成熟，发展起来会很快。

B 节能减排效果

有研究对该技术的能耗、碳排放量、投资和运营成本与欧洲高炉的平均水平进行了比较[15]。在能耗和碳排放量方面，该技术不仅低于欧洲的平均水平，而且低于 EU-ETS 第3阶段每吨铁水的碳分配额 1450kg CO_2 ，结合了 CCS 技术后

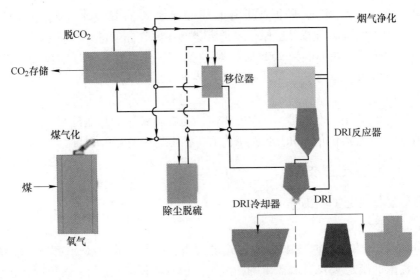

图 4-12   ULCORED 工艺流程图

CO_2 排放量最高可减少 70%[16]。从长远来看，当可再生能源发电完全覆盖时，ULCORED 作为一项突破性技术是可行的，可以减少 80%~95% 的 CO_2 排放[17]。

C   技术研发情况

ULCOS 项目开始于 2004 年。项目计划的第一阶段主要是评估从原材料到钢材的现有和新兴的工艺路线。项目组已研究出评估的统一方法，该方法是建立在一种稳定的、全球都可接受的方法基础上，计算 CO_2 排放量并进行技术性、经济效益和社会效益的评价。应用上述方法对现有的高炉炼铁工艺进行了评估，这给其他不同工艺的评估提供了基准。经过多轮选择，从 80 种钢铁工艺中选择了 4 种突破性的工艺进行进一步研究，这些技术有望将 CO_2 排放量降低一半以上，其中就有 ULCORED。ULCORED 与 CCS 技术结合使用减排效果更佳。然而目前综合性的钢铁生产企业使用 CCS 技术的成本很高，而且新技术的工业化应用条件尚不成熟，估计 ULCOS 技术发展到工业化应用的水平还需要 15~20 年[14]。ULCOS 今后还将面临一系列的挑战，如工业化应用后的运行效率和成本，更重要的是如何将这些革命性技术应用到传统高炉工艺中去。

4.4.2.2   副产煤气重整直接还原技术

A   技术介绍

Midrex 技术以及 HYL-Ⅲ技术是当前两大主流的副产煤气重整直接还原技术，这两项技术的应用，使得我国钢铁的产量上升到了 85%[18]。

a   Midrex 工艺

Midrex 工艺的基本流程如图 4-13 所示。Midrex 竖炉属于对流移动床反应器，分为预热段、还原段和冷却段 3 部分。矿石装入竖炉后在下降运动中首先进入预热段和还原段。在预热段内矿石与上升的还原气作用，迅速升温完成预热过程。随着温度的升高，矿石的还原反应逐渐加速，最终形成海绵铁后进入冷却段。竖炉内热量来源于还原气物理热，炉内还原气入口处的温度约为 850℃，还原段内基本保持这一温度不变。炉料在这个温度区内停留约 6h。在此期间内，铁氧化物完成自 FeO 至金属铁的还原过程。还原气向上离开还原段进入预热段，矿石完成预热和高价铁氧化物至浮氏体的还原过程。这一过程消耗大量的物理热，还原气在预热段迅速降温，离开竖炉时温度为 400℃ 左右。炉料在预热段停留约 0.5h，高价铁至 FeO 的还原反应主要发生在 700~850℃ 的温度区间。矿石经过预热和还原段进入冷却段时，还原过程已经全部完成。在冷却段内，由一个煤气洗涤器（完成冷却煤气的清洗与冷却）和一个煤气加压机（提供煤气循环的动力）形成自下而上的冷却气流。海绵铁进入冷却段后在气流中冷却至接近环境温度排出炉外。循环冷却气的进口温度为 30~50℃，出口温度一般为 450℃ 左右，炉料在冷却段的停留时间是 3~5h。

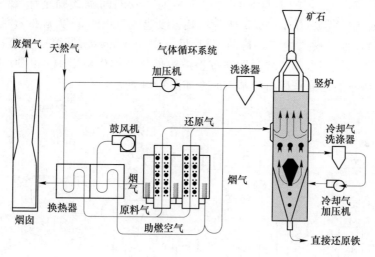

图 4-13　Midrex 工艺流程图

还原气由天然气在重整炉中经催化裂化制取，裂化剂采用炉顶煤气。重整炉中催化裂化反应主要包括：炉顶煤气含 CO 及 H_2 约 70%，洗涤后约 60%~70% 经加压送入混合室与当量天然气混合均匀。混合气经催化裂化反应转化成还原气，还原气含 CO 和 H_2 共 95% 左右，温度为 850~900℃。剩余的炉顶煤气作为燃料与适量的天然气混合后送入转化炉反应管外燃烧，以提供热量。转化炉燃烧尾气首先进入一个换热器，依次对助燃空气和混合原料气进行预热。烟气排出换热器后，一部分经洗涤加压作为密封气送至炉顶和炉底的气封装置，其余部分通过排烟机送入烟囱。

催化裂化反应为：

$$CH_4 + CO_2 \Longrightarrow 2CO + 2H_2 \tag{4-5}$$

入炉矿石中的非铁元素除了 S 和 Ti 外，其他对 Midrex 工艺基本没有特殊影响。炉料中的 S 和 Ti 通过炉顶煤气进入转化炉后会造成反应管镍基催化剂的中毒失效。因此，该流程对入炉矿石的 S 和 Ti 含量要求较严格。对于传统流程，矿石中 S 含量不可超过 0.01%。

针对 S 含量较高的矿石，Midrex 流程还有一个特殊的技术方案，该方案与基本流程的差别主要在于冷却气系统。为了避免含硫高的炉顶煤气进入催化裂化反应管而毒化催化剂，该方案使用炉顶煤气作为冷却气。炉顶煤气经洗涤净化后，大部分作为冷却气被通入冷却段。在冷却段中与高温海绵铁接触，在冷却海绵铁的同时受到海绵铁的脱硫作用，可使含 S 量降低至 0.01%以下。排出冷却段之后，再作为裂化剂送入转化炉。通过这一措施矿石含 S 量可放宽至 0.02%[19]。

b　HYL-Ⅲ竖炉法

HYL-Ⅲ工艺流程由 Hojalatay Lamia S. A. (Hylsa) 公司在墨西哥的蒙特利尔开发成功。这一工艺的前身是该公司于早期开发的间歇式固定床/罐式。1980年，Hylsa 将一套 1960 年建成的固定床装置改造成为年产 25 万吨的连续性竖炉，定名为 HYL-Ⅲ并投入生产。目前 HYL-Ⅲ仅次于 Midrex，是第二大直接还原流程。它将天然气与水蒸气混合后在重整炉中催化裂解生成以 H_2 和 CO 为主的还原气体经脱水后还原铁矿石。基本流程如图 4-14 所示。

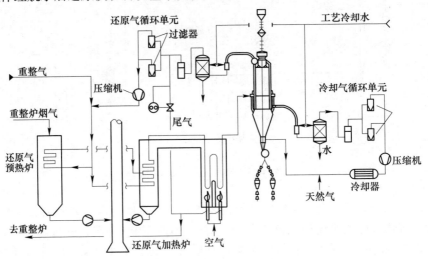

图 4-14　HYL-Ⅲ工艺流程图

HYL-Ⅲ海绵铁生产工艺流程可以分成两个部分：制气界区和还原界区。制气界区包括还原气的产生和净化，还原界区包括还原气的加热和铁矿石的还原。在制气界区中，水蒸气和天然气混合后在重整炉中催化裂解，产生以 H_2 和 CO

为主的合成气，经脱水后送进还原界区。裂解反应为：

$$CH_4 + H_2O \Longrightarrow CO + 3H_2 \qquad (4-6)$$

$$CO + H_2O \Longrightarrow CO_2 + H_2 \qquad (4-7)$$

在还原界区中，竖炉炉顶气经脱 H_2O 和脱 CO_2 后，与来自制气界区的气体混合形成还原气，共同进入还原气加热炉。加热后的还原气从竖炉还原段底部进入炉内，自下而上流动，铁矿石从竖炉炉顶加入，自上而下运动。还原气和铁矿石在逆向运动中发生化学反应，产生海绵铁。即：

$$3CO + Fe_2O_3 \Longrightarrow 2Fe + 3CO_2 \qquad (4-8)$$

$$3H_2 + Fe_2O_3 \Longrightarrow 2Fe + 3H_2O \qquad (4-9)$$

HYL-Ⅲ工艺生产的海绵铁有三种：不经冷却排出炉外后，直接进入热压块机制成热压块铁，称 HBI，主要作为商业产品外销；热态海绵铁经全密封气力输送管道直接热送进电炉炼钢，称 HYTEMP Iron；海绵铁进入竖炉下部冷却段后，天然气作为冷却气通入冷却段，海绵铁渗碳并被冷却至50℃以下，然后排出竖炉，得到直接还原铁，此产品主要是工厂内部使用或卖给其他工厂。

HYL-Ⅲ工艺特点如下：

（1）制气部分和还原部分相互独立。Midrex 竖炉炉顶气与天然气混合，共同进入重整炉制取还原气，还原竖炉和制气设备是相互联系，互相影响的。而 HYL-Ⅲ竖炉炉顶气经脱 H_2O 和脱 CO_2 后，直接与重整炉内出来的气体混合制成还原气，还原设备和制气设备相互独立。因此 HYL-Ⅲ工艺具有以下特点：1) HYL-Ⅲ竖炉选择配套的还原气发生设备有很大的灵活性，除天然气外，焦炉煤气、煤发生气、Corex 尾气等都可成为还原气的原料气；2) 重整炉处理气量变小，每吨海绵铁仅为 $475m^3$，这使 HYL-Ⅲ工艺重整炉体积小、造价低，而 Midrex 工艺重整炉处理气体体积为每吨海绵铁 $1810m^3$；3) 可以处理硫含量较高的铁矿，而 Midrex 竖炉对铁矿的硫含量有一定限制，否则含硫炉顶气进入重整炉将造成裂解催化剂失效。

（2）还原气中氢气含量高。通过天然气和水蒸气在重整炉中催化裂解生产还原气，还原气中氢含量高，H_2/CO 为 5.6~5.9，使 HYL-Ⅲ竖炉中还原气和铁矿石的反应为吸热反应，入炉还原气温度较高，为930℃。而 Midrex 工艺主要是天然气和竖炉炉顶气裂解制取还原气，还原气中氢含量相对较低，H_2/CO 为 1.55，使 Midrex 竖炉中还原气和铁矿石的反应是放热反应，还原气温度不能太高，为840℃。

（3）操作压力高。HYL-Ⅲ竖炉操作压力为 0.55MPa，由于采用高压操作，竖炉炉顶和炉底均采用球阀密封。为了实现全密封操作，炉顶和炉底均设有间歇式工作的压力仓。铁矿石首先通过炉顶料仓加入炉顶压力仓中，然后将铁矿石再加入碟形仓中，压力仓上下球阀切换开闭，保持煤气不外漏，通过碟形仓下的 4

个布料管将铁矿石加入炉内。由于采用了碟形仓，可使铁矿石连续加入炉中。生成的海绵铁通过炉底旋转阀排入炉底两个料仓中，两个压力仓切换使用，可实现竖炉连续排料。而 Midrex 竖炉操作压力为 0.23MPa，炉顶和炉底依靠加料管和排料管的料封作用及补充氮气来封锁煤气。由于高温、高压、高氢的特点，使得 HYL-Ⅲ竖炉中铁矿石的还原速度加快，竖炉生产效率提高。同 Midrex 竖炉相比，同样炉容的条件下，HYL-Ⅲ竖炉海绵铁产量更大。

（4）炉身结构简单。HYL-Ⅲ竖炉内部是空的，只在炉底排料口处设有两根液压松料杆，以保证排料顺畅。而 Midrex 竖炉结构复杂，炉内设有冷却气体分配器和海绵铁破碎器。Midrex 竖炉和 HYL-Ⅲ竖炉比较如图 4-15 所示[20]。

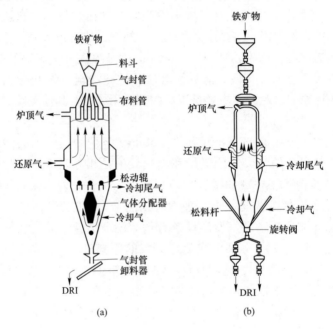

图 4-15　Midrex 竖炉(a)和 HYL-Ⅲ竖炉(b)比较

（5）部分氧化法。拥有 HYL-Ⅲ技术的工厂总是希望提高还原气温度来增加产量，通过部分氧化法可实现提高还原气温度的目的。在还原气加热炉和竖炉间的管道中喷入氧气，还原气部分氧化并放出热，从而使还原气温度提高。

　B　节能减排效果

直接还原铁的生产是钢铁生产短流程的基础，短流程是钢铁工业发展的方向，受到钢铁界的推崇。由于 DRI 的用途广泛，DRI 市场需求量不断增大，而生产 DRI 的直接还原厂却不断减少，进入国际市场 DRI 的增加速度远低于其需求的增加速度，造成了国际市场 DRI 价格不断攀升。这都使得 DRI 成为国际钢铁市场中紧俏的产品之一。

　　我国作为世界第一产钢大国，目前大量进口直接还原铁，我国直接还原铁的产量却微乎其微，甚至不被国际数据统计在内。另外，当前的资源现状是：中国的钢铁蓄积量不足，废钢产生量不能满足钢铁生产的需要。同时中国钢铁生产的主要能源是焦炭，世界性焦煤资源的短缺、价格的飞涨严重干扰和威胁着中国钢铁工业的可持续发展。因此，发展直接还原有利于改善中国钢铁生产的能源结构，摆脱焦煤资源对发展的羁绊，是减少钢铁生产对环境不良影响的重要途径。同时，还可以稳定电炉炼钢的原料结构和提高电炉冶炼过程的稳定性。因此，直接还原铁对我国钢铁工业来说是不可或缺的。

　　一般来说，直接还原铁主要用作电炉炼钢的原料，也可作为转炉炼钢的冷却剂，所含 FeO 可与残炭反应形成"炭沸腾"现象，能准确控制钢的成分，可实现自动加料，缩短冶炼时间，熔化期噪声小。直接还原铁产品纯净、质量稳定、价格平稳、冶金特性优良，是生产优质钢和特种钢的必用材料，对冶炼优质钢和特种钢，如石油套管、汽车用钢、核电用钢、军工用钢等配用直接还原铁（海绵铁）是非常重要的。如果经二次还原还可供粉末冶金用，甚至作为 3D 打印的原料。因此，DRI 需求量逐年增加，且属于国家鼓励项目，市场前景较好。中国 DRI 的市场容量估计可达到 1500 万～2000 万吨/年，如果找到较低成本的生产技术流程，那么其商业利润将非常客观。本质上，直接还原技术及生产的发展与一个国家的社会经济发展水平和资源条件密切相关，是一个十分复杂的问题。

　　首先，从一般化的视角来分析不同直接还原技术的生产成本。Midrex 工艺在使用天然气为还原剂的情况下，能耗为 9.61GJ/t，一些炉子利用系数达 15.2$t/(m^3 \cdot d)$，冶炼速度达 230t/h。单炉产能规模、生产率和吨铁能耗指标明显优于其他非高炉炼铁工艺，生产率和吨铁能耗指标甚至优于高炉。根据各工艺吨铁消耗的铁矿石、焦炭、煤、电、天然气、焦炉煤气、高炉煤气、氧气、蒸汽、氮气、石灰石、水、压缩空气等的数量，对 Midrex、HYL/HYL Energiron、Corex、Finex 和 ITmk3 这几种非高炉炼铁工艺及某厂高炉的生产成本进行了估算和比较，结果如图 4-16 所示，生产成本最高的是 Corex 工艺，最低的是使用煤制气的 Midrex 工艺，此外使用煤制气的 HYL 法的成本几乎与使用煤制气的 Midrex 工艺持平。

　　另外，尽管我国对直接还原铁需求巨大，但是限于高品位铁矿资源和天然气的短缺，难以发展传统意义上的竖炉气基还原工艺，需要因地制宜，综合采用煤制气和先进铁矿石选矿技术来解决气源和矿源的问题，从而发展具有中国特色的气基竖炉直接还原炼铁技术。

　　（1）矿源的应对策略。虽然，我国具有发展直接还原铁的铁矿资源，但分布不均衡，仍有许多地方发展直接还原铁受到资源条件的限制。我国已开发成功以 TFe 63%～65% 的普通磁铁精矿为原料，通过高效精选，在铁的回收率大于

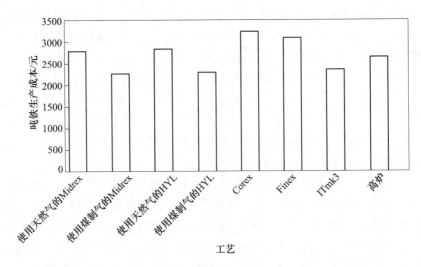

图 4-16　各种炼铁工艺的成本评估

96%的条件下，获得 TFe 69.5%~70.5%，SiO_2 小于 2.0%的直接还原专用精矿的高效精选技术，初步统计，我国 50%以上的单一磁铁矿通过高效精选可以经济地获得满足直接还原铁生产需要的原料。

（2）煤气化技术的选择。煤气化是煤基多联产、整体煤气化联合循环发电（IGCC）及煤液化等工艺过程的共性技术和关键技术。过去 20 年间煤气化技术在中国取得极大发展，几乎世界上所有类型的煤气化技术的生产装置都能在中国找到。很难说现在有哪一种煤气化技术可以占有绝对优势，每种煤气化技术都有各自的优点和局限性，适合于不同的工厂条件、下游工艺及原料要求。鲁奇、德士古和壳牌 3 种煤气化工艺比较具有代表性，已经过大规模商业运行验证，可以从中选一种为直接还原供气。

鲁奇炉的特点在于合成气中 CH_4 含量较高，这一点对于生产 DRI 尤其有利。不利之处在于鲁奇炉要求使用 2~50mm 块煤，原料适应性较差。另外，由于废水中含有焦油、苯、酚等有机物，净化和环保系统较复杂。

德士古炉技术上的优点是将煤粉制成水煤浆后可以实现高压泵送，因此气化炉的压力可以比干煤粉气化更高。当下游工艺需要高压合成气时，如合成气制甲醇，德士古炉出来的煤气可以节省煤气再压缩的能量消耗，甚至可能不需要压缩就直接供下游工艺使用。但是对于生产 DRI 来说，因为竖炉的压力都在 1.0MPa 以下，太高的煤气压力反而是浪费。另外，德士古炉的不足之处是每年要更换一次耐火砖内衬，每次更换需停炉约 1 个月，因此通常都需要有备用炉。但德士古炉在中国已有近 20 年的应用，系统的国产化率高，因此在投资和生产维护上比其他引进技术有优势。

壳牌煤气化工艺是最新一代的气化技术，在碳转化率、冷煤气效率、有效气（CO+H$_2$）含量、环保排放等方面指标都很先进。从 2000 年开始，国内先后引进的壳牌煤气化炉共有 23 台。近几年壳牌煤气化工艺在工艺完善和操作改进方面取得了比较大的突破，单台日气化煤量可达到 3000t，单台年累计运行时间已经达到 330 天。由于技术和气化炉要从国外引进，加之采用昂贵的废热锅炉回收煤气显热，壳牌煤气化工艺在投资上要远远高于德士古，这一点对 DRI 的生产成本非常不利。

基于大型化生产技术的先进性和可靠性，可采用壳牌干煤粉纯氧加压气流床煤气化工艺+HYL/HYL Energyiron 构建煤制气生产 DRI 联合流程，该流程目前具有相对竞争优势，投资回收期约为 6~8 年。

C　研发应用情况

a　Midrex 竖炉法

Midrex 气基竖炉工艺由 Midland Ross 公司开发。从 1969 年第一座 Midrex 气基竖炉在美国俄勒冈州的波特兰建成到现在，Midrex 直接还原工艺生产的直接还原铁产量超过了 5 亿吨。经过了 50 多年的发展，Midrex 工艺不断发展新技术，增加了球团和还原气的接触面积以及提高了还原气的温度，使得生产率不断提高。

20 世纪 70 年代初期，Midrex 竖炉采用 100% 的球团矿，为了防止球团的黏结，还原气温度受到限制，还原气温度为 780℃，料层温度为 789℃，生产率不高。70 年代中期，Midrex 工艺首次使用天然块矿。80 年代，使用块矿工艺得到广泛应用。采用球团矿和天然块矿的混合矿，缓解了物料黏结现象，还原气温度由 780℃提高到 850℃，相比第一阶段生产率提高了 13%。

90 年代，物料开始采用 CaO 或 CaO/MgO 等氧化物包覆层，还原气温度提高到 918℃，生产率进一步提高了约 11%。与第一阶段相比，还原气温度提高了约 140℃，但是料层温度仅提高了 45℃，因为只对物料做出了改进，并没有对 Midrex 竖炉的主要设备做改进。

90 年代后期，采用了吹氧技术（用 O$_2$ 燃烧部分的还原气），大大提高了生产率。还原气温度超过了 100℃，料层温度相比不采用吹氧技术提高了约 70℃。

2000 年开始采用 OXY+技术，氧气和天然气以一定的速度反应燃烧，产生热还原气。OXY+技术与吹氧技术不同，OXY+技术控制着氧气和天然气的燃烧，以使还原气的温度和流量维持平衡。与上一阶段相比，生产率提高了 21%。

2014 年，Midrex 继续发展，5 座新建成的 Midrex 工厂开始运行。印度的 JSPL 在奥里萨邦建成了年产 180 万吨的 Midrex 工厂，该厂以煤气化所得的合成气做还原剂，同时生产 CDRI 和 HDRI，直接还原铁用于附近的 JSPL 的电炉车间。此外，印度的 JSW 厂还建设了一套年产 120 万吨的装置，该装置采用 Corex

的炉顶煤气为还原剂，同时生产 CDRI 和 HDRI。Corex 工艺所输出的煤气是价值很高的低 SO_2 洁净煤气，可用于 Midrex 生产直接还原铁，Corex 煤气成分见表 4-8。Corex-Midrex 联合熔融还原/直接还原炼铁流程如图 4-17 所示。煤在熔融气化炉中气化产生热量和煤气，煤气上升到还原竖炉把竖炉中的铁矿还原成直接还原铁，直接还原铁靠自身重量下降到熔融气化炉内，由煤气化热把它熔融成铁水。煤气排出竖炉经过净化和冷却成为 Corex 输出煤气，其煤气的 CO_2 含量较高，需使用 VPSA 进行脱 CO_2 处理。之后送入 Midrex 竖炉作还原气，一般经过处理后的热煤气中 CO 含量为 65%，H_2 为 20%。

表 4-8　Corex 煤气成分

煤气成分	CO	H_2	CO_2	CH_4
含量/%	43~45	12~22	30~32	1~2

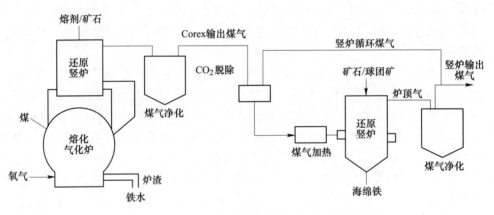

图 4-17　Corex-Midrex 联合熔融还原/直接还原炼铁流程

伊朗的 Mobarakeh Steel 建设了两座 Midrex 工厂，年产能均为 150 万吨，产品为 CDRI。此外，伊朗的 SirjanIranian Steel 建设了一座年产能为 80 万吨的 Midrex 工厂，产品也为 CDRI。在 Gubkin 正在建设一套 LGOK Ⅲ Midrex 装置，这也是第一座在天然气匮乏的地区建设的 DRI 工厂。

近年来，为了进一步推广 Midrex 商业化应用，神户钢铁进行了还原剂多样化技术研究，并与美国 Midrex 技术公司合作，开发了以改质焦炉煤气为还原剂的 Midrex 技术，在实验室和中试研究基础上，已完成了示范厂试验。基于前者的研究结果，印度 JSW 钢铁公司将一座 Midrex 炉改建成能够利用部分焦炉煤气的工艺。该 Midrex 工业化炉于 1994 年投产，原设计年产能 100 万吨，经过改造升级，现年产能达 180 万吨，其生产产品为冷态 DRI；过去利用 100% 天然气作还原剂，但随着天然气价格不断升高与其供应的不稳定，JSW 钢铁公司希望补充部分焦炉煤气来保证生产的稳定，于 2015 年完成使用部分焦炉煤气的改造，在实际生产中，焦炉煤气使用量为 $20000m^3/h$，生产运行稳定，且生产的 DRI 质量与过去全用天然气时一样[21]。

为了更好地利用焦炉煤气为还原气源进行 Midrex 工艺生产，神户钢铁通过对国内外各种新开发技术研究鉴别后，把目标锁定在 Praxair 公司开发的氧气烧嘴技术上，并着手与 Praxair 公司合作开发该技术在 Midrex 的应用。此项合作现在已进行了中试并建立了示范厂，规模约为商业厂的 1/20[22]。

b　HYL 竖炉法

HYL 竖炉法 1957 年开发于墨西哥，该法作业稳定，设备可靠，推广很快。它是将铁矿石装入反应罐内，通入用天然气经水蒸气催化转化制备的还原气，依次完成预热、预还原、还原、渗碳冷却，成品从罐中卸出等工序。为克服作业不连续和还原气利用差的缺点，将 4 个反应罐组成一组串联作业，作业温度 1050~1100℃。罐式法产品质量不均匀；还原气多次冷却、加热，因此热耗较大，煤气利用不好，1975 年后再没建新厂。

1979 年 HyLsa 公司对 HYL 法进行重大改进，将四个反应罐组合成一座竖炉，将天然气重整、转化与还原气的反复冷却、加热合并，实现工艺的连续化，提高作业压力（0.4~0.6MPa），生产热效率和生产率显著改善，产品稳定、能耗下降，改进后称 HYL-Ⅲ型。此后已陆续将 HYL 法改造成 HYL-Ⅲ法。

为了在缺少天然气资源的地区推广应用直接还原技术，HYL-Ⅲ 主要是开发了 HYL-ZR（零重整装置）工艺。在目前市场上可利用的主要直接还原技术中，HYL-ZR 技术可在其工艺和设备无任何改动情况下使用焦炉煤气、Corex 熔融还原炉产生的煤气或者合成气，而其他技术大都需要对其基本配置进行重大改动。因此，对于直接还原厂中使用煤制气、焦炉煤气、Corex 熔融还原炉产生的煤气或者合成气来生产直接还原铁的研究基本上是在 HYL-ZR 的基础上进行的。

HYL-ZR 是在原 HYL 工艺系列上发展起来的一种新型气基自重整直接还原工艺，如图 4-18 所示。HYL-ZR 工艺可以利用煤制气、焦炉煤气（COG）、Corex 工艺产生的煤气、高炉煤气、氧气顶吹转炉煤气等来还原铁矿石（球团矿或球团矿/块矿的混合物），生产海绵铁，通过在自身还原段中生成还原气体（现场重整）实现最佳还原效率。在竖炉内通过对还原气进行控制而产生合乎要求的还原气体，其还原气体经过不完全燃烧，以及在还原反应器内经过金属铁的催化作用在现场重整而生成，从而对铁矿石进行还原；而传统 HYL-Ⅲ 工艺是在添加蒸汽条件下使天然气在催化重整装置中裂解。为了获得含 H_2 约 80% 的还原气体，通过洗涤除去 CO_2。目前该工艺已在墨西哥蒙特雷的两座工厂实现了大规模生产。

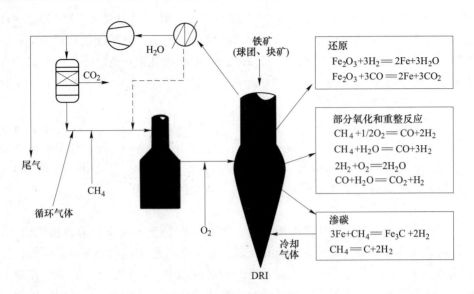

图 4-18　直接还原流程图

2006 年 HyLsa 公司被 Techint Group 并购，之后又与 Tenova 和达涅利公司联合组成 Energiron 公司，在 HYL-ZR 工艺基础上，形成新的技术牌名 HYL Energiron。该工艺采用炉顶煤气循环利用技术，把炉顶煤气脱 CO_2 后作为还原气体重新返回系统。

近年来，HYL/HYL Energiron 产量在所有直接还原工艺中居第二位。正在运行的 HYL/HYL Energiron 单炉最大年产能为 160 万吨，大部分炉子都高出设计产能在运行。以天然气为还原剂，能耗仅为 9.61GJ/t。HYL/HYL Energiron 工艺可以直接使用天然气，也可以使用煤气化气、焦炉煤气等作还原气源。达涅利将为印度 JSPL 设计 4 座年产能 250 万吨的炉子，采用 HYL-ZR 技术，以煤制气作还原剂。HYL/HYL Energiron 单炉年产能正向大型化发展。除上述为 JSPL 设计建设的年产 250 万吨的炉子外，达涅利为埃及 Suez 钢公司设计了一座年产能 195 万吨的炉子，采用 HYL-ZR 技术，可用天然气，也可用其他气体作还原剂，于 2012年建成投产，下个目标是设计年产能 300 万吨的炉子；还为纽柯公司设计了一座年产能 250 万吨的炉子，该炉子采用 HYL-ZR 技术，在 2014 年试车投产。

4.4.3　煤基直接还原技术

4.4.3.1　技术介绍

转底炉（rotary hearth furnace）的发展起始于 2NMETCO 工艺，是 1978 年加拿大国际镍集团为了处理利用冶金废弃物，在美国 Ellwood 城的国际金属回收公司研发建成的世界上第一座具有生产规模的转底炉，距今 43 年。它是通过在

1200~1400℃高温下短时间内对含碳球团的快速加热还原，获得直接还原铁或用来分离钢铁厂固体废弃物中的 Fe 与 Zn、Pb 等有价值金属元素的工艺。

转底炉本体设备源于轧钢用的环形加热炉，虽然最初的目的只是用于处理含铁废料，但很快就有美国、德国、日本等国将其转而开发应用于铁矿石的直接还原。由于这一工艺无需燃料的制备和原料的深加工，对合理利用自然资源、保护人类环境有积极的作用，因而受到了冶金界的普遍关注。

转底炉工艺基本流程如图 4-19 所示。矿粉或其他含铁粉尘、煤粉和黏结剂经混料机混合均匀后，由压球机压制成 7~13mm 的生球，再由烘干机烘干后，通过摆动皮带机由加料溜槽加入转底炉内。

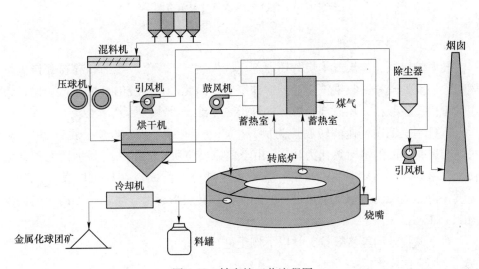

图 4-19　转底炉工艺流程图

转底炉由环行炉床、内外侧壁、炉顶、燃烧系统等组成，炉床、侧壁、炉顶均砌筑有耐火材料内衬。侧壁和炉顶固定不动，炉床由炉底传动机构带动循环旋转，将加入炉内的炉料经过炉内 4 个区后还原成海绵铁排出炉外。炉床与内外侧壁之间均有水封密封，通过烟气除尘系统控制炉内保持微负压状态。

炉内分为加料区、加热区、还原区和排料区，每个区内外侧和顶部均配有不同数量的烧嘴和喷嘴，通过管道送入的燃气和助燃空气从烧嘴送入炉内进行燃烧，用来助燃炉内还原过程中产生 CO 气体的二次风从喷嘴送入炉内助燃，两部分燃烧后产生的 1200~1400℃烟气逆转底炉旋转方向流动，并从球团进料口附近的烟道排至余热锅炉、换热器等余热回收系统，最终经烟气除尘系统净化后排至大气中。球团的还原过程如图 4-20 所示。还原后的金属化球团通过带水冷的螺旋卸料机排出炉外，并经球团冷却机回收球团显热后，进入下一步工序。

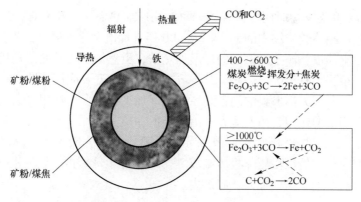

图 4-20　含碳球团还原过程示意图

4.4.3.2　节能减排效果

转底炉以煤、焦炭或木炭为还原剂，以天然气、煤气、燃油和煤粉等作供热燃料，还能处理和回收钢铁企业的含铁废料。因此，与传统的高炉炼铁相比，转底炉可使用铁原料、还原剂和燃料的种类更广泛，灵活性更大。

以日本某钢铁企业的转底炉为例，生产金属化率 70%~85%，脱锌率 90%，每吨金属化球团的绝对热耗为 9GJ，由于还原反应所需碳源来自高炉污泥和其他粉尘，是一种可循环利用的资源，热量不足部分才由燃料（如焦炉煤气）燃烧提供，再加上转底炉烟气余热被回收的热量，转底炉每吨金属化球团的净热耗仅为 2.1GJ。

对于该技术的经济效益，举以下例子进行分析。

A　投资估算

项目案例：采用转底炉处理含铁尘泥技术，年处理含铁尘泥 37 万吨。项目总投资 15156 万元，其中建设投资 13000 万元，建设期利息 582 万元，铺底流动资金 1574 万元。项目投资估算详见表 4-9。

表 4-9　转底炉处理含铁尘泥技术投资估算表

费用名称	投资估算/万元	占百分比/%
一、建设投资	13000.00	85.8
建筑费用	1763.35	11.6
设备费用	7878.79	52.0
安装费用	1613.28	10.6
其他费用	1744.59	11.5
二、建设期利息	582.09	3.8
三、铺底流动资金	1573.91	10.4
总投资	15156.00	100.0

B 经济效益分析

项目达年产指标：可生产高炉炉料 20 万吨（金属化率大于 80%），年增加收入 30000 万元。采用转底炉处理含铁尘泥技术，将增加原辅材料费、燃料及动力费、人工费、制造费、管理费、财务费等，各项费用合计 28290 万元，项目利润总额 1577 万元。经测算，项目投资回收期（不含建设期）为 6.0 年，财务内部收益率为 15.5%。项目经济效益分析指标汇总详见表 4-10。

表 4-10 经济效益分析指标汇总表

项 目 名 称	指 标
一、项目总投资	15156 万元
建设投资	13000 万元
建设期利息	582 万元
铺底流动资金	1574 万元
二、生产流动资金	3672 万元
三、项目总资金	18828 万元
四、资金筹措	18828 万元
自有资金	6062 万元
建设贷款	9094 万元
流动资金贷款	3672 万元
五、经济效益指标	
达产年收益（不含税）	30000 万元
达产年总成本费用（不含税）	28290 万元
达产年销售税金及附加	1337 万元
达产年利润总额	1577 万元
达产年所得税	394 万元
达产年净利润	1183 万元
六、财务评价指标	
投资回收期（不含建设期）	6.0 年
财务内部收益率	15.5%
贷款偿还期（不含建设期）	3.9 年

C 推广应用情况

转底炉工艺经过四十多年的发展，已经由最初用于处理钢铁厂生产过程中产生的含铁和其他金属的粉尘和废弃物，逐渐形成一种进入煤基直接还原法先进行列的非高炉炼铁新工艺，并凭借其在环保方面的巨大优势，获得了世界上越来越多国家的重视。转底炉已经由最初的美国、加拿大、日本、德国发展到中国、瑞典、比利时、印度等众多国家，相应的试验研究装置遍布世界各地。目前该工艺已获得工业应用，工业化应用较多的国家为日本和美国。

国外开发的转底炉直接还原工艺包括 Fastmet 法、Itmk3 工艺、Inmetco 工艺、DryIron 工艺和 Comet 工艺等，其区别主要体现在原料制备、燃料使用、操作条件、产品形态和产品用途等环节上。

美国 Midrex 公司与日本神户制钢于 20 世纪 60 年代开发 Fastmet 工艺。首家商业化的 Fastmet 厂于 2000 年在新日铁广畑厂投产，可处理含铁粉尘和铁屑 20 万吨/年。日本神户制钢公司和三井金属工业公司合资用 Fastmet 工艺在美国建造一座年产 90 万吨海绵铁的工厂，在美国埃尔伍德建立了年产 2.5 万吨的金属回收厂，回收镍粉尘，效果良好。

Itmk3 工艺已通过美国的梅萨比粒铁中间试验厂的装置连续运转试验。日本神户制钢利用此工艺年产能达到了 50 万吨。

1999 年 4 月由美国印第安纳州 Iron Dynamics 公司利用 Inmetco 工艺建成年产 60 万吨还原铁的生产线。新日铁于 2000 年引进美国转底炉技术，在君津厂建成年产 18 万吨脱锌系统。（即将含铁粉尘掺入一定量的煤粉和石灰等黏结剂压制成球团后，加入转底炉，在 1200℃ 以上加热脱锌的同时球团被还原成为直接还原铁。将直接还原铁加入高炉替代烧结矿，节焦效果明显。由于替代了烧结工序和铁矿石的购入并节约填埋用地，故其综合节能和经济效果明显）。接着又于 2002 年建成年产 12 万吨转底炉系统，在烟气除尘器后设置快冷装置以回收氧化锌，作为有色冶炼厂的原料，使经济效益更好。2001 年在广畑厂建成年产 12 万吨转底炉系统，相比于君津厂的 1 号转底炉做了改进。2002 年建成的 2 号年产 12 万吨转底炉系统改用神钢加古川厂开发的直接还原炼铁用转底炉，这为以后大量推广创造了条件。2003 年新日铁住友金属不锈钢公司建成年产 5 万吨含铁粉尘综合利用系统，它完全采用广畑厂的新模式，为电炉钢厂的利用起了带头示范作用，同时对粉尘等废物中含有的镍、铬、钼等高价稀有金属也加以回收利用，效益更好。在上述基础上，由新日铁工程和神钢合资成立的专业公司，先在广畑厂建成 3 号转底炉系统，收集附近地区钢铁厂的含铁粉尘进行综合利用[23]。

Maumee R&B 公司的专利技术命名为 DryIron 法，此法克服了通常煤基还原带来的粉化、脉石含量高、硫高、金属化率低等缺点。

1997 年 4 月，比利时冶金研究中心（CRM）提出了煤和矿分层铺放进行直接还原的 Comet 工艺，但至今难以实现工业化。

国内在转底炉直接还原工艺及装备方面也开展了大量研究工作，进行了多次的工业化和半工业化试验，技术推广应用情况如下。

1992 年，北京科技大学和当时的舞阳钢铁公司合作，自行设计了我国第一座用于铁矿石直接还原的试验转底炉。1996 年，北京科技大学和鞍山市科委合作，在鞍山汤岗子铁矿建成了一座平均直径 5.5m，炉底有效宽度 2m，炉底面积 30m^2，设计油烧嘴 12 个的转底炉。1998 年，北京科技大学冶金喷枪研究中心开始致力于转底炉生产金属化球团—熔分炉熔分双联工艺的研究开发，并从 2000 年着手设计工业规模的转底炉，现已在山西和河南的两家钢铁公司建成了中径为 13.5m、炉底面积为 100m^2 的转底炉两台，设计金属化球团年生产能力为 7 万吨。

四川龙蟒集团在 2007 年建成一条处理钒钛磁铁矿的转底炉工业化生产线。马钢于 2009 年投运国内首套年产 20 万吨含锌尘泥转底炉脱锌装置，这是马钢引进的新日铁尘泥脱锌转底炉工艺技术，并自主集成、设计配套设施，无害化利用马钢慈湖新区所产生的全部瓦斯泥和 OG 泥，产品金属化率大于 80% 的金属化球团 14 万吨/年，系统脱锌率达 85% 以上。莱钢股份转底炉工程于 2010 年 3 月 1 日开工至 2010 年 12 月 31 日竣工，实现了合同约定的各项目标。该工程被山东省住房和城乡建设厅评为"山东省建筑工程质量泰山杯"，实现了项目的管理目标[24]。

宝钢从 2005 年开始调研、研究转底炉工艺技术，2015 年在宝钢湛江开始建设转底炉生产线，2016 年宝钢转底炉生产线投产。经过污泥烘干工艺、配料工艺、压球工艺以及转底炉操作工艺等的改进，实现了转底炉工艺达产达标，宝钢转底炉工艺技术达到了国际一流水平。宝钢还探索用转底炉处理红土镍矿、赤泥和城市固体废弃物等工艺，为转底炉的拓展应用做了有益的探索。宝钢转底炉生产线经过污泥烘干工艺、配料工艺、压球工艺以及转底炉操作的改进，实现了转底炉生产线达产达标，吨产品能耗为 5.72GJ，DRI 产品金属化率大于 70%，脱锌率大于 85%，抗压强度大于 1500N。宝钢转底炉进行了红土镍矿处理工艺的探索，在 1280℃温度条件下还原 30min，还原后 DRI 的金属化率达到约 79.84%，DRI 粉化率为 26.1%，抗压强度为 1018.3N，基本能满足后续工艺的需要[25]。

4.4.4 熔融还原炼铁工艺高效化技术

4.4.4.1 Corex 工艺技术

A 技术介绍

Corex 工艺是针对缺少炼焦煤资源，但有丰富铁矿和非炼焦煤资源的国家和地区而开发的非高炉炼铁工艺。该工艺最初设计使用的主要原燃料是含铁块矿和非炼焦煤，认为这有利于在生产成本和环境保护两个方面超越高炉炼铁工艺。

如图 4-21 所示，Corex 工艺采用块矿、球团或烧结矿为含铁原料，用块煤和少量焦炭作为还原剂并提供热量。铁氧化物的预还原及终还原分别在两个反应装置（即预还原竖炉和熔融气化炉）中进行。预还原竖炉将含铁原料还原为海绵铁加入熔融气化炉中，熔融气化炉对海绵铁进一步还原，并对铁水成分进行控制，生产出类似于高炉的铁水，并产生大量的高热值煤气，一部分作为预还原竖炉的还原气，另一部分输出利用。

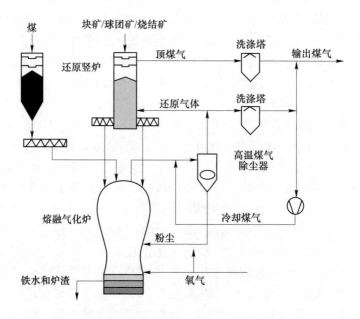

图 4-21 Corex 工艺流程图

Corex 演化了高炉炼铁技术，取得了商业成功，但同时也存在一些缺点：例如与高炉相比，Corex 更多地依靠间接还原，存在料柱透气性问题。为保证竖式预还原炉料柱的透气性，必须使用块矿、烧结矿、球团矿或这些原料的块状混合物，因此必须配有造块设备。对入炉块状原料的理化性能要求很高，从而提高了原料成本。生产实践证明，要依靠焦炭床来保护炉缸，稳定生产，就无法摆脱对焦炭的依赖（焦比大于 10%~20%），尤其是大型化后，每吨铁水的焦比会超过200kg/t。从熔融气化炉抽出的高温煤气经净化后，从大于 1100℃ 降至 800~850℃，温度损失了 250℃ 左右，热效率比不上高炉。虽然使用了全氧冶炼，但按炉缸面积计算的生产率仅为高炉的 0.7~0.9，竖炉预还原炉料的金属化率波动大，操作影响因素多，在炉体中部的高温区使用了排料布料活动部件，使设备维修成本及热损失增加，个别设备还不够成熟，利用率不高。Corex 工艺虽然采用全氧冶炼，但其生产率并不高，根本原因在于全氧熔炼速率虽然很快，但会受到上部竖炉铁矿还原速率的限制。对于一定产能的 Corex 熔融还原工艺，要求下部熔融气化炉的操作必须与上部的竖炉铁矿还原情况相匹配，才能达到较好的技术经济指标。

B 节能减排效果

中国钢铁能源主要消耗在铁前系统，下面以 2019 年的全国重点钢铁企业统计出的平均炼铁技术指标进行铁前系统能耗分析[26]。

平均炼铁技术指标（以标煤计）：焦化工序能耗为 105.81kg/t，烧结工序能耗为 48.53kg/t，球团工序能耗为 23.43kg/t，高炉工序能耗为 388.52kg/t，高炉炼铁焦比为 368.30kg/t。

用系统节能观点，计算冶炼 1t 生铁时铁前系统能耗：

（1）焦化。1t 生铁所用焦炭的焦化工序能耗为：$105.81 \times 0.3683 = 38.970(\text{kg})$。

（2）烧结。1t 生铁需要消耗铁矿石约为 1600kg（依铁矿石品位而定），烧结矿配比按 75% 计算。1t 生铁所用烧结矿的烧结工序能耗为：$48.53 \times 1.6 \times 75\% = 58.236(\text{kg})$。

（3）球团。球团矿配比按 15% 计算。1t 生铁所用球团矿的球团工序所需能耗为：$23.43 \times 1.6 \times 15\% = 5.623(\text{kg})$。

由上，冶炼 1t 生铁时铁前系统总能耗为：38.970（焦化）+58.236（烧结）+5.623（球团）+388.52（高炉炼铁）= 491.349（kg）。

宝钢 C3000 实际运行最佳状态时：综合煤耗为 500~600kg/t，氧气消耗为 500~600m³/t，输出煤气的总能量为 13GJ/t[27]。再考虑到搭配的焦炭（约 140kg/t）和使用球团矿必要的能耗，宝钢 C3000 能耗显然是高于长流程铁前总能耗（497.24kg/t）。

即便是运行在上述最佳状态时，宝钢 C3000 生产成本还是远高于预期（因设计能耗比高炉炼铁低 20%，但实际反而比高炉炼铁高了 15%）。分析宝钢 Corex 成本高的主因之一是：签订协议引进 C3000 的 2005 年，块煤价格远低于焦炭（约为一半）。此后，块煤资源紧张，2007 年投产后块煤价格几乎与焦炭持平。

Corex 采用纯氧炼铁，煤气不含氮气，气量小、热值高，主要为 CO 和 CO_2。目前已有技术分离 CO_2，可脱除 CO_2 后循环使用，也可用于发电。但 Corex 煤气发电，能源利用率仅有 32%~42%，从能源利用和成本核算上都是不合算的，且会增加投资及运行费用。宝钢的 C3000，其副产煤气就是采用发电来回收利用的，这也是造成其能耗高、成本高的一大主因。

生产成本高是限制 Corex 发展的瓶颈，提高其经济竞争力的方法是合理利用其输出副产煤气（目前最佳利用是作直接还原 Midrex 炼铁工艺的原料气）。

目前，从能耗角度看，长流程铁前系统能耗暂时是优于熔融还原炼铁工艺的；从全流程角度，考虑输出煤气合理利用及综合考虑环境保护，熔融还原工艺的投资低于长流程工艺，其收益要高于长流程工艺。长远看，一旦熔融还原工艺在能耗方面取得突破性进展，其发展前景会更宽广，是未来炼铁工艺的方向[28]。

C　研发应用情况

20 世纪 80 年代末，南非伊斯科钢铁公司引进了世界第一个年产 30 万吨铁水的 Corex C-1000 装置。但是，该生产装置运行不理想，生产出现亏损，已经停产。在总结这次失败的经验教训时，突出了两点原因：一是 Corex C-1000 的生产能力小，达不到经济规模要求；二是缺乏设计经验，设备事故多。

20 世纪 90 年代末，为推广应用 Corex 工艺，研发了年产 60 万~70 万吨铁水的 Corex C-2000 装置，韩国、南非和印度 3 个国家分别引进了该装置。

南非和印度引进 Corex C-2000 的主要动因是这两个国家都属于炼焦煤资源短缺，铁矿石和非炼焦煤资源丰富的国家，希望引进大型化的 Corex 装置，利用本国资源优势，发展非高炉炼铁技术，解决炼焦煤资源短缺的问题。

韩国与南非和印度不同，韩国缺少铁矿石和各种煤炭资源，无论发展何种炼铁工艺，都需要进口原燃料。韩国浦项引进 Corex C-2000 装置的背景是恰逢浦项有一座高炉要停产大修，为减轻高炉停产引起的生产波动，浦项对技术新、生产相对灵活又大型化的 Corex 装置产生了兴趣。浦项原决定引进两套 Corex C-2000 型装置，但在建设第一套 Corex C-2000 型装置的过程中，因经济分析的结果与原设想的目标存在较大差距，后来改造成 Finex 装置，也没有引进和建设第二套 Corex C-2000 型装置。

南非萨尔达纳运行的 Corex C-2000，下游配备一套直接还原设备以生产直接还原铁，铁水的年产能力为 65 万吨，直接还原铁为 80 万吨。该设备在 2008 年进行大修后，公司受到金融危机的影响，开始进行间断性生产，以尽可能压缩产量。直接还原铁生产则完全停产。在 2009 年 2 月安排了一些全面停产检修之后，工厂恢复了正常生产，因为经济形势有所好转，也恢复了直接还原铁生产。

京达尔的两座 Corex C-2000 设备消化了该公司 70% 的钢厂废料（比如 Corex 和高炉污泥、石灰石/白云石粉、转炉渣等），这些废料直接加入或通过球团/烧结设备加入。由于印度对钢材需求不断增加，设备产量维持在较高水平。

目前南非、印度、韩国拥有建成的 Corex 装置，中国宝钢引进了两套大型 Corex-C3000 熔融还原炼铁生产装置，每套设计年产能 150 万吨。2007 年 11 月在上海罗泾建成投产，实现了连续 4 年顺行生产，对中国非高炉炼铁技术的发展及人才培养，掌握熔融还原炼铁工艺的生产组织和操作、相关工艺设备制造和维护都作出了重大贡献。

2012 年宝钢公司将 Corex 工艺装置搬迁至新疆八一钢铁公司（以下简称八钢），经过改进设计后，将之命名为欧冶炉，2015 年短暂开炉生产后，经过一年半的优化改造，技术提升，于 2017 年 3 月 25 日点火复产，复产后生产情况稳定顺行，生产成本日益降低。欧冶炉是中国炼铁工作者在 Corex-C3000 基础上，对 Corex 工艺的一次有效提升和再创新，结合新疆地区的资源禀赋，发展了具有八钢特色的熔融还原炼铁技术[29]。

欧冶炉 2015 年连续生产 68 天，生产铁水 15.02 万吨，综合厂区周边的煤资源进行了充分的试验，气化炉拱顶喷煤造气的工艺，提升竖炉还原、强化了气化炉造气和熔炼功能，各功能区的效率和稳定性得到改进。2018 年 5 月 26 日开炉，5 天后达到生产以来的最优指标。2018 年 8 月，欧冶炉实现月铁水产量 10.5 万吨，燃料比 830kg/t，焦比 200kg/t，铁水平均含硅 0.8%[30]。

相比于目前世界上存在的 Corex 工艺（印度 4 套，南非 1 套），中国炼铁技术人员在工程设计、生产组织、设备制造、持续研发上具备不可比拟的优势，完全驾驭了 Corex 工艺的设计以及生产操作，并对该技术进行了很好的消化、吸收，发展成为具有中国特色的欧冶炉熔融还原炼铁工艺，展现了中国熔融还原炼铁技术的巨大进步[31]。

4.4.4.2 Finex 工艺技术

A 技术介绍

Finex 是在 Corex 基础上进行的创新，直接使用粉矿和煤粉炼出铁水的工艺。在 Finex 工艺中，铁矿粉在三级或者四级流化床反应装置中预热和还原。流化床上部反应器主要用作预热段，后几级反应器是铁矿粉的逐级还原装置，可以把铁矿粉逐级还原为 DRI 粉。之后，DRI 粉直接装入熔融气化炉，或者经热态压实后以热压铁（HCI）的形式装入熔融气化炉中。在熔融气化炉中，装入的 DRI 和 HCI 被还原成金属铁并熔融。Finex 过程产生的煤气是高热值煤气，可以进一步用作 DRI 或者 HBI 的生产或者发电等。Finex 工艺流程如图 4-22 所示。

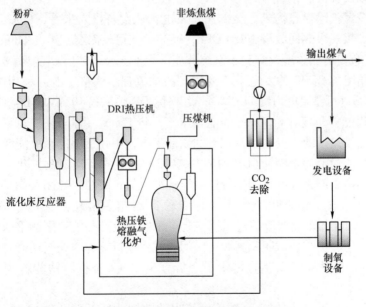

图 4-22 Finex 工艺流程图

B   节能减排效果

Finex 工艺由于不需要炼焦及烧结工序，故 Finex 对环境的污染小于高炉工艺，具体如图 4-23 所示。由图可以看出，Finex 工艺 SO_x、NO_x 及粉尘的排放量远远低于高炉工艺。

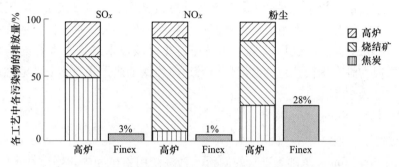

图 4-23   高炉与 Finex 污染物排放量的比较

从能源利用角度设计两个同样年产万吨铁水的炼铁项目方案对 Finex 及高炉流程进行对比，方案一采用 Finex 流程，配置为 2×150 万吨 Finex 炼铁设备；方案二采用高炉流程，配置为 2×60 孔 6m 焦炉、2×200m² 烧结机、1×200 万吨回转窑、2×1780m³ 高炉。同时将两种流程的输出煤气发电设施与余热蒸汽发电设施纳入一起进行比较。最终以同样的煤比投入，生产同样数量的产品，以最终富余电力来评判两种流程的能耗水平。在该比较方案中，煤的投入均为吨铁 770kg，富余煤气及蒸汽除供自需外，全部用于发电。从设备投入来看，Finex 流程仅需建设制氧、煤气余热回收设施及 CCPP，而高炉流程还需配套建设 TRT、干熄焦。Finex 工艺布置更加紧凑，有利于系统节能。另外 Finex 由于煤气热值要高于高炉煤气，同样配备 CCPP 的发电效率要高于高炉流程。从整个能源利用结果来看，Finex 流程最终可富余电力约 113MW·h，略优于高炉流程 102MW·h 的水平[32]。

从流程能耗角度评价 Finex 的能耗水平，将 Finex 流程与高炉流程的能耗进行对比，比较口径统一为铁水及配套的铁前工序，焦化工序的工序能耗选取《焦炭单位产品能源消耗限额》（GB 21342—2013）[33] 中的新建或改扩建焦炭生产设备中顶装焦炉生产方式的焦炭单位产品能耗准入值；烧结、球团及高炉工序的工序能耗数值选取《粗钢生产主要工序单位产品能源消耗限额》（GB 21256—2013）[34] 中规定的新建或改扩建粗钢主要工序的单位产品能耗限额准入值。将高炉流程的焦化、烧结、球团及高炉工序的能耗数据折算为吨铁能耗值为 472.91kg 标煤。Finex 流程考虑配套的焦化工序折算出 Finex 流程吨铁能耗为 448.55kg 标煤。

由上可见，Finex 流程比高炉炼铁流程的吨铁能耗低约 36.56kg 标煤，考虑到除部分指标先进企业外，现有大部分钢铁生产企业的烧结、球团、焦化、高炉工序的能耗值大于本节计算所选取的能耗限额值，可以得出 Finex 流程的吨铁生产能耗低于高炉炼铁流程，Finex 流程的能耗指标具有一定优势[35]。

关于 Finex 的建设投资，浦项公司以韩国浦项的价格为基础，以建设年产生铁 300 万吨炼铁系统为目标，将高炉流程与 Finex 流程（Finex 1.5MT 两套，包括各流程本身的全系统以及制氧机、发电站等）进行投资对比，认为 Finex 的建设投资比高炉流程节省 20%。同时，对两种流程的生产成本也根据浦项的实际情况进行了对比计算，认为 Finex 生产成本低 15%，因为各地域和企业的价格基础不同，需要根据具体情况进行分析比较。

C   研发应用情况

奥钢联公司（VAI）开发的非高炉炼铁工艺中的 Corex C-2000 在韩国浦项投产后，发现 Corex 工艺存在一些缺点和问题。因此，浦项公司组织力量，对熔融还原过程的应用基础进行研究。

1992 年，浦项与奥钢联公司开始联合开发 Finex 工艺。1996 年通过流态化床铁矿粉煤基气体还原试验小型试验装置（15t/d）确认了流态化还原工艺。1999年进行了 150t/d 的半工业试验。在流态化床还原试验取得成功的基础上，浦项将已投产的 Corex C-2000 改造为年产 60 万吨的 Finex 示范装置，并于 2003 年 6月投产。Corex 的熔融气化炉用作 Finex 的熔融和煤气产生装置；Corex 的还原竖炉用作 Finex 的存储和料仓装置。

在 Finex 示范装置取得成功的基础上，浦项设计了一套年产铁水 150 万吨的工业化的生产设施，并于 2007 年建成投产，2007 年 4 月 11 日炼出第一炉铁水。其开发过程见表 4-11。

表 4-11   Finex 的工艺开发过程

时间	1992~1997 年	1998~2003 年	2003 年 5 月 31 日	2007 年 4 月 10 日
开发目标	基础研究	商业化	示范工厂	年产 150 万吨的生产装置
工作内容	（1）煤基还原气为还原剂的铁矿粉流态化床反应过程的研发； （2）使用块煤的熔融气化炉反应过程的研发	（1）Finex 商业化理念的形成； （2）热压铁工艺（HCI）； （3）煤粉造球工艺； （4）流态化床与熔融气化炉的连接（150t/d 示范厂）	（1）建成年产 60 万吨的 Finex 示范厂； （2）流态化床反应器连续运转； （3）HCI 机械规模扩大； （4）喷吹煤粉； （5）煤气 CO 脱除； （6）布料技术； （7）联合发电设施	建成年产 150 万吨铁水的生产厂

如前所述，Finex 工艺是在 Corex 工艺装置上改进形成的。开始 Corex 与 Finex 的示范工厂的装置是结合在一起的，由于并未拆除 Corex 的还原竖炉，故仍可按 Corex 工艺照常运行，或按 Finex 工艺运行，以减少在改造和试运行过程中的产量损失。在 Finex 的流态化反应器系统、HCI 系统、煤造球系统、喷煤系统分步陆续投入以后，2003 年 5 月，示范装置全部转入按 Finex 工艺运行。

Finex 示范工厂取得成功后，2004 年 8 月浦项开工建设一套年产 150 万吨的 Finex 工艺炼铁装置，设计目标年产铁水 150 万吨，年均日产 4200 吨铁水。这套 150 万吨装置于 2007 年 4 月投产，到 2007 年 4 季度，产量达到设计目标。150 万吨装置投产后，到 2008 年 9 月的运行状况见表 4-12。

表 4-12 Finex 150 万吨装置运行指标

指　标	单　位	目　标	实际（2008 年 4~9 月）
产量	t/a	≥150 万	约 150 万
	t/d	≥4200	4240
作业率	%	≥97	97.8
煤比	kg/t	≤730	720
铁水，[S]	%	≤0.030	0.027
成分，[Si]	%	≤0.80	0.75

4.4.4.3 Isarna 工艺技术

A 技术介绍

Isarna 是一种新型熔融还原工艺，应用反应炉中煤预热和部分高温分解技术、矿粉旋涡熔融技术，以及矿粉还原生成铁水的熔融炉技术，即煤在一个密闭的双螺旋反应器中预热（不向大气中排放有害气体），转化成热炭后，热装入炼铁熔炼炉。铁矿粉加入炼铁熔炼炉中，同时用氧枪吹氧使炉内形成旋涡气流。铁矿粉在炼铁熔炼炉中发生还原反应生成铁水。由于直接用精矿粉和煤冶炼，免去了烧结和焦化工序，且整个工艺过程的热量流都是直接关联，从而避免了原料与工业废气的中间处理过程导致能量损失。该工艺具有很大的灵活性，可以使用生物能源、天然气或是氢替代部分煤。Isarna 工艺流程如图 4-24 所示。

与传统高炉工艺相比，Isarna 工艺可大大减少煤的消耗，相应地减少 CO_2 的产生量。Isarna 工艺实现了几乎所有煤气的利用，因为该工艺是全氧的，炉顶煤气中没有氮气，所以该工艺炉顶煤气在 CO_2 储存前只需经过简单处理。

B 节能减排效果

Isarna 工艺的铁水成分与高炉铁水的成分不同。由于 Isarna 法的炉渣氧化度高于高炉渣，减少了 SiO_2 和 P_2O_5 的还原，铁水中 Si、Mn、P 等元素含量很低，而 S 含量较高。该渣中 FeO 含量约为 5%~6%。Isarna 流程生产用于转炉或电弧

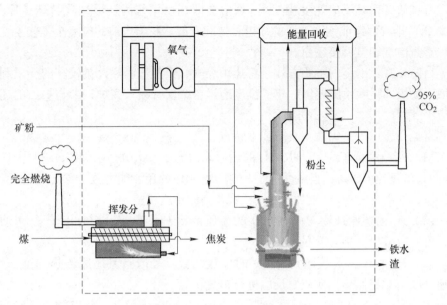

图 4-24　Isarna 工艺流程图

炉工厂的液态铁水。在目前的中试运行中，计算的煤耗为 750kg/t，如果扩大到年产 100t 铁水的商业规模示范厂，转换后的煤耗将低于 600kg/t[36]。

C　推广应用情况

近年来，Isarna 工艺的中试仍在进行中，该工艺发展成工业应用还需要一段时间。中国山东墨龙公司将回转窑预还原与熔炉分离相结合，对 Isarna 工艺进行了改进。指标为：煤比 950kg/t，高炉含氧量 36.7%。新工艺的生产能力为 1876t/d。

4.4.5　富氢冶金工艺技术

4.4.5.1　富氢冶金

近年来，在全球能源消耗和 CO_2 排放量当中，工业所占比例分别为 33% 和 40%，其中钢铁工业 CO_2 排放占工业排放的比例很高，约为 33.8%。为应对全球变暖，中国于 2016 年开展了 10 个低碳示范区，100 个减缓和适应气候变化项目及 1000 个应对气候变化培训名额的合作项目，以期到 2030 年左右使 GDP 中 CO_2 排放下降 60%~65%。2017 年全国碳排放交易体系正式启动，钢铁工业是碳交易市场的主要目标和核心参与者，强制性减排 CO_2 将倒逼钢铁企业发展低碳技术。

氢能被视为 21 世纪最具发展潜力的清洁能源，由于具有来源多样、清洁低碳、灵活高效、应用场景丰富等众多优点，被多国列入国家能源战略部署中。2018 年干勇院士指出 "21 世纪是氢时代，氢冶金就是氢代替碳还原生成水，不但没有排放，而且反应速度极快"。氢冶金即利用氢作为还原剂代替碳还原剂，减少 CO_2 排放，保证钢铁工业的绿色可持续发展。我国当前的氢冶金工艺主要有高炉富氢冶炼和氢直接还原。

目前，富氢冶金的主要方式是将焦炉煤气、天然气等氢含量较高的介质利用类似于喷煤的喷吹设施，以一定的温度通过各个支管喷入高炉，参与炉内的还原反应。

富氢介质用于高炉喷吹具有如下特点：

（1）当温度低于810℃时，H_2 的还原能力弱于CO，相同温度下还原出铁需要的 H_2 浓度比CO高；当温度高于810℃时，H_2 的还原能力强于CO，相同温度下还原出铁需要的 H_2 浓度比CO低，富氢还原更具优势。

（2）H_2 的还原产物 H_2O 比CO的还原产物 CO_2 稳定，而且 H_2O 是清洁资源，可有效减少高炉 CO_2 的排放。

（3）H_2 的导热系数远大于CO的导热系数，采取富氢还原传热速度更快，加速气固间对流换热，使还原反应进行得更快。

（4）H_2 和 H_2O 的分子尺寸远小于CO和 CO_2 分子尺寸，反应物和反应产物更容易在铁矿石孔隙内扩散至反应界面或离开反应界面，H_2 还原铁氧化物比CO还原更具有动力学优势。

A   焦炉煤气用于高炉喷吹

焦炉煤气是富氢优质资源，主要成分是 H_2，占比达60%，其次是 CH_4，高达27%，同时含有CO、CO_2、N_2 以及少量烷烃类气体。焦炉煤气也是高热值气体，高达 $19.9MJ/m^3$。在工业生产中，焦炉煤气广泛应用于发电、加热、制氢、制取甲醇、直接还原铁、高炉喷吹等领域。相关研究表明，焦炉煤气利用的最佳途径是用于高炉喷吹，然后是用于生产直接还原铁，其他依次为生产甲醇、PSA制氢、发电、加热燃烧。

20世纪80年代初期，苏联在多座高炉上进行了焦炉煤气取代天然气的试验研究，掌握了 $1.8 \sim 2.2m^3$ 焦炉煤气替代 $1m^3$ 天然气的冶炼技术，喷吹量达到了 $227m^3/t$。通过对比分析发现，焦炉煤气喷吹后高炉料柱的透气性得到了改善，节焦增产效果显著；当用 $2 \sim 3m^3$ 焦炉煤气替换 $1m^3$ 天然气时，焦比降低幅度为 $4\% \sim 7\%$，高炉产量增幅 $2\% \sim 6\%$；喷吹焦炉煤气也提高了经济效益，每年可节约104万卢布；焦炉煤气燃烧放散的问题也得到了解决，当地环境得到了改善。

在我国，早在20世纪60年代本钢就进行了高炉喷吹焦炉煤气试验。在当时的喷吹条件下，高炉产量提高了10.8%，焦比降低了 $3\% \sim 10\%$，炉温稳定，崩悬料大幅降低，炉况顺行程度好转。1964年12月，鞍钢炼铁厂结合本钢高炉喷吹焦炉煤气的经验，在9号高炉进行了焦炉煤气喷吹试验，每喷吹 $1m^3$ 焦炉煤气，可节约焦炭 $0.6 \sim 0.7kg$，高炉冶炼过程得到了改善，促进了炉况顺行。

梅钢为填补焦炭不足的缺口，降低炼铁生产成本，拟利用厂内富余焦炉煤气进行高炉风口喷吹，并与东北大学合作研发了基于梅钢原燃料条件的高炉风口喷吹焦炉煤气技术。为保证实际喷吹效果的准确性和合理性，优先进行了高炉喷吹焦炉煤气的数值模拟研究。结果表明，与未喷吹焦炉煤气相比，喷吹 $50m^3/t$ 焦炉煤气，炉内还原气体浓度增加，炉料还原速度加快，焦比降低 14.43%，碳排放减少 8.61%，高炉的热力学完善度上升 1.734%，效率提升 0.74%。当原燃料价格为焦炭 2100 元/t、焦炉煤气 0.7749 元/m^3、加工成本为 0.2 元/m^3，梅钢 2 号高炉喷吹焦炉煤气 $50m^3/t$ 时，吨铁成本可降低 32.67 元，每年因喷吹焦炉煤气节约的焦炭量为 7.79 万吨，产生直接经济效益 5575 万元。综合考虑经济效益、节焦潜力、富氧能力和焦炉煤气富余量，梅钢高炉适宜的焦炉煤气喷吹量为 $50m^3/t$ 左右[37]。

B　天然气用于高炉喷吹

天然气的主要成分是 CH_4 等烷烃类气体，占比高达 97% 左右，并含有少量的 CO_2、N_2 和水。天然气也是高热值气体，发热量高达 40.6MJ/m^3。

天然气作为高热值富氢气体，我国重钢早在 20 世纪 60 年代就进行了高炉喷吹试验，并取得了良好的技术经济指标。当天然气喷吹量为 $96m^3/t$ 时，置换比达 1.4kg/m^3，焦比降低了 20%，高炉利用系数提高了 14.2%，生铁成本降低了 2.08 元/t，之后重钢的两座 $620m^3$ 高炉也开始喷吹天然气，直到 1971 年第四季度因天然气供应紧张才停止喷吹。20 世纪 80 年代鞍钢炼铁厂的徐同晏以鞍钢当时的工作条件为基础，从理论计算、天然气喷吹装置改进、喷吹天然气成本分析等几个方面对鞍钢高炉喷吹天然气进行了可行性分析。结果表明，在鞍钢当时条件下，喷吹天然气是可行的，天然气用于高炉喷吹比在其他加热装置中使用更为合理；但是从高炉燃料成本角度分析，喷吹天然气后高炉成本有所增加，若从冶金企业能量利用的角度考虑高炉喷吹天然气还是有利的。

日本 JFE 京滨 2 号高炉（$5000m^3$）为了提高生产率和降低 CO_2 排放，首先通过理论计算研究了喷吹天然气高炉各项指标的变化；其次，在实验室范围内研究了还原气中氢含量对铁矿石的还原、熔融滴落行为的影响。理论计算表明，高炉喷吹天然气的同时，应该加大富氧率；在炉身效率一定的前提下，喷吹天然气的焦炭置换比约为 1.0；喷吹天然气不仅可以增产，而且有望大幅减少 CO_2 排放量。实验研究表明，喷吹天然气后，可减少微粉向死料柱和高炉下部聚积，进而改善高炉下部透气性；通过荷重软化实验，发现氢含量的增加促进了铁矿石的还原，铁矿石收缩率降低，料层透气性也得到了改善。为了证实这些效果，京滨 2 号高炉于 2004 年 12 月开始喷吹天然气，喷吹量达 50kg/t，2006~2008 年间高炉利用系数月平均达 2.56t/（$m^3 \cdot d$），刷新了 $5000m^3$ 以上大型高炉的世界纪录。

总之，高炉喷吹天然气有利于加速离炉炉料的还原、降低焦比、增加产量、

减少 CO_2 排放，是实现高炉的低碳超高效率化的手段之一。由于天然气资源有限，价格昂贵，且产地分布相对比较集中，目前只有北美、俄罗斯、乌克兰的部分高炉喷吹天然气，在其他地区很少有高炉喷吹。因此，邻近天然气产地或天然气供应可得到保证的钢铁企业，可以考虑高炉喷吹天然气技术。

4.4.5.2 氢气竖炉直接还原技术

A 氢气竖炉直接还原工艺

氢气竖炉直接还原工艺是指在低于矿石熔化温度下，通过富氢还原性气体将铁氧化物还原为金属铁的工艺过程。氢气竖炉直接还原工艺摆脱了高炉炼铁工艺对于焦炭资源短缺的限制，更加适应日益提高的环境保护要求，降低了钢铁生产能耗。氢气竖炉直接还原工艺较传统的气基竖炉直接还原工艺而言，原料的处理范围更广，不仅能够处理传统的铁矿石，还能够处理钒钛矿等难选、难冶炼的铁矿石。

氢气竖炉直接还原工艺处理传统铁矿石的工艺流程：原料处理→氧化球团→氢气竖炉直接还原→产品直接还原铁。

直接还原铁由于产品纯净、质量稳定、冶金特性优良，成为生产优质钢、纯净钢不可缺少的原料，是世界钢铁市场最紧俏的商品之一。从钢铁工业的发展及市场需求看，由于中国废钢短缺，电炉钢产量占总钢产量的比例低，钢铁产品结构调整和升级换代以及钢铁生产能源结构调整的需要等因素，决定了中国在一个相当长的时期内对直接还原铁的需求旺盛，而依靠进口 DRI/HBI 解决中国废钢短缺问题是不现实的。据统计，目前中国电炉钢产量为 7000 万吨，若电炉钢原料中按使用 20%直接还原铁计算，则年需直接还原铁 1200 万~1400 万吨，约为目前世界直接还原铁总产量的 1/4~1/3[38]。年产 1 万~5 万吨的隧道窑或者年产十几万吨的回转窑不能满足市场的需求。氢气竖炉直接还原技术以其成熟程度高、单机产能大、工序能耗低、单位产能投资低的特点，必将成为未来中国直接还原铁生产的首要选择。

从 20 世纪末起，我国陆续开展了气基竖炉直接还原技术的开发和研究，如宝钢煤制气—竖炉直接还原的 BL 法工业性试验、陕西恒迪公司煤制气—竖炉直接还原生产直接还原铁的半工业化试验、山西中晋公司含碳球团焦炉煤气竖炉生产直接还原铁的试验、中晋矿业焦炉煤气—气基竖炉等。

B 煤制气—气基竖炉直接还原技术

随着化工行业煤制气技术的发展和成熟，以及竖炉直接还原技术的发展和进步，煤制气—气基竖炉直接还原技术应运而生，并成为发展热点。从国内能源结构考虑，我国因石油、天然气资源匮乏、价格昂贵，不适合大规模发展气基直接还原技术。但中国拥有丰富的煤炭资源，特别是非焦煤储量很大，将煤制合成气作为还原气来发展气基竖炉直接还原，是我国钢铁企业未来直接还原铁生产的重点发展方向，我国具有发展煤制气—气基竖炉直接还原工艺所涉及的化工、冶金、装备制造等学科和行业技术基础。煤制气—气基竖炉直接还原工艺流程如图4-25所示[37]。

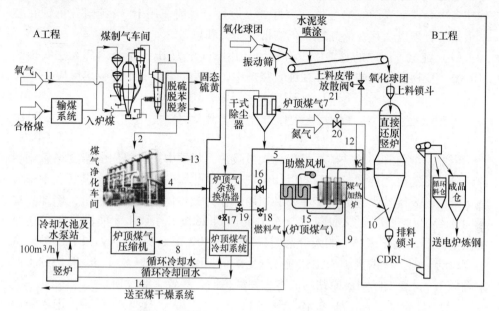

图 4-25　煤制气—气基竖炉直接还原工艺流程

1—煤气化粗煤气；2—脱硫后粗煤气；3—加压炉顶煤气；4—净化工艺煤气；5—换热工艺煤气；
6—入炉工艺煤气；7—炉顶热煤气；8—除尘脱水炉顶煤气；9—加热炉燃料气；10—冷却用天然气；
11—氧气；12—氮气；13—PSA 脱碳排气；14—燃烧废气；15—助燃空气；16~21—气阀

东北大学储满生团队基于国内铁精矿条件，进行了气基竖炉专用氧化球团制备及其冶金性能优化研究，发现通过优化控制添加剂使用、改善干燥预热及氧化焙烧工艺参数，可获得冶金性能优良的气基竖炉直接还原专用氧化球团，球团的生产可采用技术成熟且普遍采用的链箅机—回转窑工艺。综合考虑各类煤制气工艺的设备特性、技术经济指标及投资成本等，宜采用流化床煤制气工艺，投资成本低、氧耗低、生产效率高。另外，对气基还原过程的研究发现，H_2/CO 高、温度较高时，还原速度快、球团膨胀率低，通过控制还原条件，可获得 TFe 小于 92%、金属化率小于 92%，SiO_2 小于 3% 的合格 DRI 产品。通过建立气基竖炉直接还原有效能评价模型，进行气基竖炉过程能量利用及优化技术研究，发现实施 DRI 热送和加强炉顶煤气循环利用可优化气基竖炉的能量利用。

C　纯氢竖炉存在的问题

氢气竖炉是氢冶金的重点发展方向。全氢气竖炉或流化床直接还原早在 20 世纪 80 年代就在西欧国家有过工业生产实践。因此，使用 100% 纯氢气大型竖炉生产直接还原铁在技术上不存在太大问题。但是，自西欧几座全氢气竖炉及特立尼达和多巴哥共和国的 CIRCORED 流化床直接还原炼铁生产装置停产后，40 多年来未建成一座竖炉或流化床采用纯氢气生产直接还原铁。国内权威的冶金专家曾在多次会议上强调氢冶金的诸多好处，但是，目前使用 100% 纯氢气炼铁在技术上是否合理以及存在的问题，仍需认真研究和思考。

（1）纯氢气还原的竖炉中没有碳源，还原气全为 H_2，系统内部无法实现热量互补、变换和物质的循环。在纯氢竖炉中，将发生以下 3 个强吸热反应：

$$Fe_2O_3 + 3H_2 \Longrightarrow 2Fe + 3H_2O \qquad (4\text{-}10)$$

$$Fe_3O_4 + 4H_2 \Longrightarrow 3Fe + 4H_2O \qquad (4\text{-}11)$$

$$FeO + H_2 \Longrightarrow Fe + H_2O \qquad (4\text{-}12)$$

因此，纯氢气还原铁矿石过程会大量吸热，竖炉中散料层内的温度场急剧转凉，延缓了需要消耗大量热量的后续氢气还原氧化铁的化学反应，煤气利用率大幅下降。若要维持预定的生产率，必须增加作为载热体的入炉氢气量，例如炉顶压力 0.4MPa，900℃的入炉氢气量至少要达到 2600m^3/t DRI 才能满足竖炉还原的热量需求（流化床还原的入炉氢气量高达到 4000m^3/t DRI）。如果氢气供应量不变，与目前生产的竖炉相比，纯氢气竖炉的 DRI 产量将减少 1/3，竖炉的生产率降低 1/3，造成竖炉还原铁的成本大幅度提高，导致企业亏损。

（2）H_2 密度过低。H_2 的体积密度仅为 CO、CO_2、H_2O 的 1/20，进入竖炉后会急剧向炉顶逃逸，与混合气体相比，氢气在炉内的路径、方向迅速改变，不能很好地停留在竖炉下部的高温带完成还原铁矿球团的任务。理论上讲，采用 1MPa 以上的入炉氢气压力，氢气加热到 1000℃以上入炉，产品也可以达到设计指标。但氢气是一种极其易燃易爆的气体，而竖炉需要高效率长期地稳定生产，如果让竖炉反应器系统在高温、高压极限条件下长期工作，则不能保障反应器设备和员工的安全，不符合冶金工艺设计的目标。

（3）H_2 比较昂贵。目前氢是成本较高的二次能源，纯氢竖炉生产 DRI 很难盈利，也难以商业化。即使采用成本最低的制氢方式，包括设备投资维护等纯氢竖炉还原的运行成本也比目前的煤制气竖炉高出近一倍。

4.5　炼钢工序工艺高效化技术

4.5.1　转炉负能炼钢技术

4.5.1.1　技术介绍

负能炼钢是指把转炉冶炼中产生的炉气净化处理后回收利用，回收的能量（如煤气和蒸汽）大于消耗的能量（如水、电、氧等），从而使转炉工序能耗成为负值。

在转炉冶炼过程中，高温煤气常常是转炉炼钢过程中能量释放的载体，潜热可以达到83.6%，而显热为其潜热的1/5左右，全面地回收煤气携带的热量，才能达到最终负能炼钢的目的。除强化煤气回收外，实现转炉负能炼钢工序的其他基础条件为：提高生产效率、加强蒸汽回收、强化能源介质管理降低消耗（如水、电、氧气、氮气、氩气）。在增产节能的同时稳定铁水质量，最终实现负能炼钢。本节主要讲解用于煤气和蒸汽余热回收的新技术。

目前转炉生产1t钢水通常产生大于$80m^3$的转炉煤气（约0.75GJ），其中CO含有量可以达到60%以上，最高可以达到80%，主要成分为CO、CO_2和N_2，热值约为$8.8MJ/m^3$，可用于炼铁热风炉、炼钢混铁炉、钢包烘炉、热轧加热炉等。不同国家的能源利用水平不同，对转炉煤气的回收利用水平也不尽相同。回收转炉煤气常用的方法有两类：一种是湿法工艺；另一种是干法工艺[39]。

湿法工艺以法国，德国和日本为典型代表，分为I-C法，KRUPP法和OG法3种。OG法（氧气顶吹转炉煤气回收）以其可靠的安全性，被广泛采用处理转炉煤气。OG法可以保证转炉煤气保持不燃烧而被冷却回收，并采用双级文氏管湿法除尘净化系统进行除尘。其工艺流程（见图4-26）为：高温烟气（温度可达1600℃）经过冷却烟道冷却到900℃左右，采用降温除尘文氏管处理工艺，降温至100℃以下，脱水后将处理后的煤气进行回收利用。但是污水和污泥是OG法不可避免的难题，需要进一步经过沉淀洗涤处理。

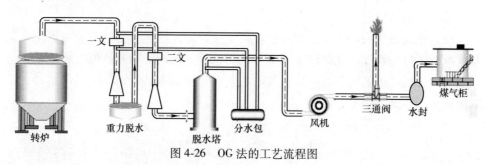

图4-26　OG法的工艺流程图

干法工艺始于20世纪80年代，以德国LURGI和THYSSEN联合开发的LT法为代表。LT法工艺流程（见图4-27）如下：1700℃的高温烟气经过冷却烟道冷却后降温到800℃左右，如果采用热交换器或者蒸发冷却器，最终可以将烟气降温到180℃左右。同时还可以配加电除尘器进一步干法除尘，除尘率最高可以到达99%。除尘后的煤气进入到除尘风机中，煤气可以进行选择性排放，以30%为界限，高于30%进行回收，低于30%直接排入大气中去。最后煤气经过二次冷却塔可以降温到50℃，在使用前可以起到进一步提高煤气质量的作用。

LT工艺与OG工艺相比来说，其优点是：

（1）高除尘效率，净化后的煤气含尘量相对较低，在$10mg/m^3$以下仅为湿法净化后的1/10，可以直接送到用户进行使用。

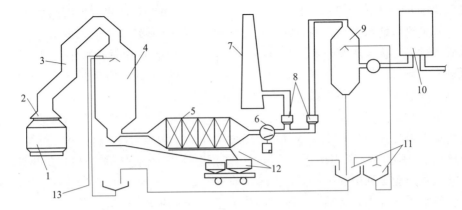

图 4-27 转炉煤气干法除尘流程

1—转炉；2—活动烟罩；3—汽化冷却烟道；4—蒸发冷却器；5—静电除尘器；

6—轴流风机；7—烟囱；8—钟形阀；9—煤气冷却器；10—煤气柜；

11—冷却水；12—粉尘收集；13—高压蒸汽

（2）风机使用寿命随着净化后气体含尘量的降低，维护工作量大幅度减少；干式系统阻力相对湿法要小很多，耗电量低，约为湿法系统耗电量的 1/3。

（3）干式系统不会大量产生污水，不需要考虑污水和污泥的后续处理问题，回收后的粉尘可以充分再利用，如烧结返矿和转炉上添加使用。

转炉烟气余热回收技术是指高温转炉烟气在进入除尘系统前，采用气化冷却装置对烟气进行降温，同时产生大量蒸汽。这部分蒸汽的物理热可以通过余热锅炉来回收，所产生的蒸汽，可用作发电，基本上能够满足炼钢工序能源消耗，工艺流程如图 4-28 所示。

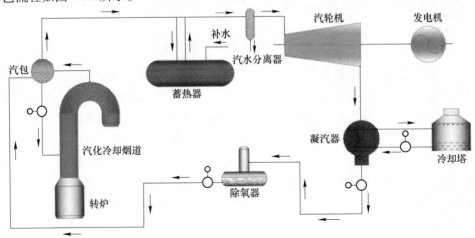

图 4-28 转炉烟气余热发电工艺流程图

4.5.1.2 节能效果及推广应用

转炉煤气回收方面，与国外先进水平相比，我国在转炉煤气回收利用方面仍然有很大的提升空间。虽然各大钢铁企业都做出了相当大的努力，国内转炉煤气回收量均值可以达到 81m³/t，但是仍然不及日本 110m³/t 的平均回收量，只有少数钢铁企业可以达到 100m³/t。因此，积极采取有效措施回收转炉煤气，对钢铁行业节能降耗的工作开展起到关键作用。

转炉烟气余热回收方面，目前国内对高温转炉饱和蒸汽回收方面也特别关注，视其为重要的负能炼钢的有效途径。国内重点钢铁企业均有尝试，如济钢和酒钢蒸汽回收量在 120t 转炉上可以达到 85kg/t 以上，吨钢发电 15kW·h，吨钢可实现节能 30kg 标煤，节能效果显著。

表 4-13 给出了一些国内已经实现转炉负能炼钢的钢铁厂及其能耗指标。如莱钢、邯钢等钢铁厂在全工序上接近实现负能生产。在炼钢—连铸全工序实现负能炼钢的典型代表有武钢、太钢和济钢等少数钢铁厂，这些都是最近几年负能炼钢的重要技术发展的标志。

表 4-13 部分钢铁企业转炉负能炼钢工序能耗情况

企业名称	转炉公称容量/t	吨钢能耗（以标煤计）/kg
武钢	250	−22.67
鞍钢	260	−7.61
太钢	180	−24.62
济钢	120	−11.36
酒钢	120	−9.07
莱钢	120	−6.25
邯钢	100	−5.1

4.5.2 精炼节能技术

4.5.2.1 技术介绍

钢水炉外精炼是开发新品种、提高钢种质量和生产过程合理化不可缺少的工序，是现代炼钢、连铸生产中的重要环节，降低精炼炉电耗直接影响着炼钢系统节能降耗的成败。

目前炉外精炼工艺多为 LF-RH 模式。为了实现 LF 精炼节能降耗，可通过实现钢包车的准确定位，保证钢水包与水冷炉盖的良好对中效果，在 LF 精炼炉耐材炉盖的上方每个电极孔的周围增加耐材装置、缩小电极与耐材炉盖之间的缝隙，改善 LF 精炼炉喂丝导管的结构等措施，减少精炼过程的辐射热损失，降低电耗。

文献［40］介绍了精炼的具体实施措施，例如优化钢包车定位方式，避免生产过程大氩气搅拌钢水时熔融物飞溅烧损接近开关而影响精准定位，从而保证了钢水包与水冷炉盖的对中效果良好，减少了热量损失。

由于 LF 炉三相电压不平衡，操作过程中电极在水平方向上易产生"横摆"。若耐材炉盖上与三相电极相对应的三个电极孔偏小则造成电极折断，偏大则热量损失较大。在耐材炉盖上方，每相电极的周围增加耐材小炉盖，缩小了电极与耐材炉盖之间的缝隙，可有效地防止了热烟尘的外扬，减少了热烟尘带走的热量，如图 4-29 所示。

图 4-29　减少 LF 电机孔热量损失
(a) 原耐材炉盖；(b) 添加耐材小炉盖

在精炼过程中，需要对 LF 炉进行喂丝操作。丝线通过 LF 炉加热喂丝管，喂丝管伸进 LF 炉水冷炉盖的喂线导管，经过喂线导管喂入钢水中。考虑喂丝机双孔或多孔喂丝，LF 炉水冷炉盖的喂线导管的直径较大，喂丝时大量的烟尘从此处冒出，不仅造成精炼过程的辐射热损失增加，而且污染现场操作环境。通过更换的 LF 炉喂丝导管，LF 炉水冷炉盖上的开孔明显缩小减少了辐射热损失和污染。

通过开发 LF 精炼模型，精确计算升温时间和出站时间，选择最佳的电流供电数据等，并根据设备参数计算出最优的升温档位和最佳弧流设定值，计算出最经济的升温参数并执行。结合钢包信息的维护和各环节温降的参数设定实现模型的自学习功能，从而达到 100% 命中终点温度的目的，减少了加热调温的次数，从而减少了热损失与电耗。

文献［41］中为了实现 RH 精炼炉节能降耗，可通过优化软水管路、优化蒸汽管路、精准控制精炼炉温度，在保证了设备正常运转的前提下，实现节能降耗；在充分利用转炉自产饱和蒸汽的同时，大大降低外供蒸汽成本。

4.5.2.2　推广应用

河钢集团承钢公司通过实施优化钢包车定位方式，在 LF 精炼炉耐材炉盖的上方每个电极孔的周围增加耐材装置，改进 LF 精炼炉喂丝导管的结构等技术措施，明显减少了 LF 精炼过程的热辐射损失。改进前，每炉耗电 5785kW·h，吨钢电耗 35.49kW·h，升温幅度 11.7℃，渣料及合金的加入总量为 1814kg。改进后，每炉耗电 5379kW·h，吨钢电耗 33kW·h，升温幅度 8.6℃，渣料及合金的加入总量为 1816kg，每炉耗电降低 406kW·h，节电 3.55%。

宣钢公司软水管道改造前，在 RH 精炼炉非冶炼时无法停用软环水，供水流量为 310m³/h，每天产生水、电成本费用约为 1 万元；改造后，按目前 RH 产能统计，每月有 15 天非冶炼时间，非冶炼时具备停送软环水条件，每年按 6 个月计，则共节约能耗成本 90 万元。供汽回路优化前，RH 精炼炉真空抽气系统暖管需 75t 锅炉外供蒸汽，冬季供汽流量为 5t/h，蒸汽成本 140 元/t。改用转炉自产饱和蒸汽暖管后，饱和蒸汽比高温高压蒸汽沿途损失低约 10%，即可节约外供蒸汽沿途损失的成本，按目前 RH 精炼炉产能统计每月有 15 天非冶炼时间，非冶炼时冬季防冻保温需暖管每年按 5 个月计，则共节约能耗成本 12.6 万元。

4.5.3 电弧炉炼钢复合吹炼技术

4.5.3.1 技术介绍

电弧炉炼钢是主要炼钢方法之一，具有流程短、能耗低、碳排放量少等特点。相比于"高炉→转炉"长流程炼钢，"电弧炉冶炼→炉外精炼→连铸→连轧"的现代化短流程生产体系，具有工序短、投资省、建设快、节能环保等突出优势。

2019 年，我国电炉钢产量约占总产量的 10%，而海外欧、美等发达国家占比达到 40% 以上，与欧、美等发达国家相差甚远。我国"十三五"《钢铁工业调整升级规划（2016~2020 年）》指出："加快发展循环经济，随着我国废钢资源的积累增加，按照绿色可循环理念，注重以废钢为原料的短流程电炉炼钢的发展。"因此，随着我国废钢循环产业链的完善、废钢积蓄量的增加及钢铁行业淘汰落后产能，将给电弧炉炼钢带来了新的发展机遇。

目前电弧炉炼钢存在以下缺陷：一方面，由于炉型特殊，炼钢熔池搅拌强度不足，氧气利用率低、终渣（FeO）含量高、钢水过氧化严重；另一方面，炼钢过程包括残余元素和 P、S、N、H 及夹杂物等的去除，涉及整个工艺流程的匹配与优化，对电弧炉炼高品质钢带来挑战，完善电弧炉炼钢流程工艺及装备水平成为目前提升电炉钢产品质量的关键。

国内外研究者对此展开了大量研究工作，主要通过废钢破碎分选技术、电弧炉炼钢复合吹炼技术、电弧炉炼钢气-固喷吹新技术、电弧炉炼钢质量分析监控及成本控制系统等应对上述缺陷，实现洁净化冶炼和产品质量的提升。

废钢破碎分选技术是保证电弧炉炼钢原料质量的前提与关键。废钢破碎分选研究始于 20 世纪 60 年代，最具代表性的是美国的纽维尔公司和德国的林德曼公司、亨息尔公司和贝克公司,他们率先推行破碎钢片入炉,在改善回收钢品质、提高经济效益方面都具有显著效果。德国在80年代末推出的废钢破碎机在某些方面已超过了美国。

废钢破碎机主要有两种:碎屑机和破碎机。碎屑机用于破碎钢屑,破碎机用于破碎大型废钢;破碎机有锤击式、轧辊式和刀刃式3种。经破碎处理后的废钢铁可很容易地利用干式、湿式或半湿式分选系统(见图4-30)将金属、非金属、有色金属、黑色金属分选回收处理,废钢表面的油漆和镀层均可清除或部分清除。经破碎分选后的废钢可大大提高原料的洁净度,为电弧炉炼钢提供了清洁可靠的原料保障。

(a)   (b)

图 4-30 废钢破碎分选系统
(a) 总体图;(b) 局部图

传统电弧炉炼钢熔池通常采用超高功率供电、高强度化学能输入等技术,但没有从根本上解决搅拌强度不足和物质能量传递速度慢等问题。其中北京科技大学研究团队以高效、低耗、节能、优质生产为目标,首次提出并研发电弧炉炼钢复合吹炼技术,以集束供氧、同步长寿底吹搅拌等新技术为核心,实现了电弧炉炼钢供电、供氧及底吹等单元的操作集成,满足多元炉料条件下的电弧炉炼钢复合吹炼的技术要求[42,43],电弧炉炼钢复合吹炼技术示意图如图4-31所示。

电弧炉炼钢复合吹炼包含了炉壁集束供氧、炉顶集束供氧喷吹、埋入式供氧喷吹、底吹搅拌等技术。

(1)炉壁集束供氧方式将吹氧和喷粉单元共轴安装在炉壁的一体化水冷模块上,具备助熔、脱碳等模式,实现气-固混合喷射、气体粉剂(炭粉、脱磷剂等)喷吹的动态切换,满足泡沫渣、脱磷及控制钢水过氧化等要求,增强了颗粒的动能,使氧气、粉剂高效输送到渣-钢反应界面,稳定泡沫渣,降低冶炼电耗,提高金属收得率。

(2)炉顶集束供氧喷吹技术,可对高铁水比的多元炉料结构冶炼加大炉内

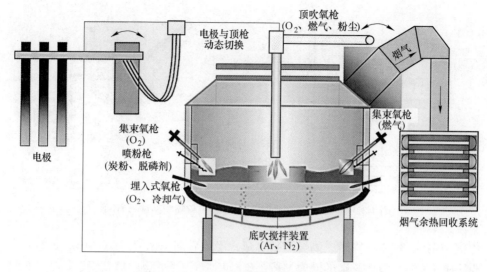

图 4-31　电弧炉炼钢复合吹炼技术示意图

供氧强度，强化熔池搅拌，完成脱碳及脱磷等冶炼任务，提高供氧效率，达到缩短冶炼时间、降低冶炼电耗等效果。

（3）电弧炉炼钢埋入式供氧喷吹技术将供氧方式从熔池上方移至钢液面以下，利用双流道喷枪将氧气直接输入熔池，加快了冶金反应速度，使氧气利用率提高到 98%。针对埋入式喷枪易烧损，氧气流股冲刷侵蚀炉壁耐材的问题，采用环状气旋保护技术，并通过中心主射流"保护—冶炼—出钢"控制模式，控制侵蚀速度，实现喷枪寿命与炉龄同步。该技术显著提高了钢液流动及化学反应速度，有效控制了钢液过氧化，改善了熔池脱磷效率。

（4）电弧炉炼钢安全长寿底吹技术强化了电弧炉熔池搅拌，吨钢氧耗、钢铁料消耗、冶炼终点碳氧积及终渣氧化铁含量明显降低，脱磷效率进一步提高，冶炼终点钢液质量明显改善。

基于电弧炉冶炼"熔化—脱磷—脱碳—升温—终点控制"的分段动态底吹工艺模型，既提高了气体搅拌效率，又减少了气液混合脉动流体对底吹元件的机械冲刷和化学侵蚀。通过监控底吹流量、压力及温度，实现了多点、阶梯、分段的全程报警，并采用弓形防渗透设计，保证了电弧炉炉底结构安全。工业实践显示，底吹元件寿命超 800 炉次，实现了电弧炉底吹寿命与炉龄同步。

此外，北京科技大学研究团队在传统炉壁喷粉和埋入式供氧喷吹技术基础上，提出并开发了电弧炉熔池内气-固喷吹洁净化冶炼新工艺，如图 4-32 所示。

将传统熔池上方喷粉方式移到熔池下方，通过在熔池内部喷射炭粉和石灰粉实现电弧炉高效洁净化冶炼，在生产效率、技术指标、钢水质量等方面展现出明显技术优势。冶炼前期，利用空气或 CO_2-O_2 向熔池内部喷射炭粉，加速废钢熔

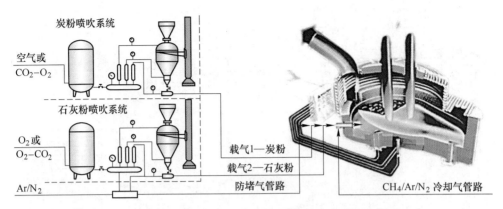

图 4-32 电弧炉炼钢埋入式炭粉/石灰粉喷吹系统示意图

化，实现快速熔清的同时提高熔清碳含量；冶炼后期利用 O_2 或 O_2-CO_2 向熔池内部喷射石灰粉，强化脱磷的同时，剧烈碳氧反应产生大量 CO 气泡可实现深度脱氮、脱氢，显著改善了终点钢液洁净度。

随着电弧炉冶炼技术的发展，仅仅依靠操作者的经验来控制电弧炉生产已经无法适应现代电弧炉炼钢的生产节奏。通过数据信息的交流和过程优化控制，可以使电弧炉炼钢过程的成本控制和合理供能等环节最优化，降低成本，提高效率。由此北京科技大学研究团队开发出电弧炉炼钢质量分析监控及成本控制系统，其具体效果如下：

（1）通过 EAF→LF 炼钢工序终点成分控制模型分析 EAF→LF 炼钢工序成分数据，动态地调整成分控制关系式参数，对实时氧含量与合金元素收得率进行预测，指导脱氧工艺与合金加料工艺，实现 EAF→LF 炼钢工序成分精确控制。

（2）通过对电弧炉冶炼工艺历史数据的记录并建立数据库；根据成本、能耗最低或冶炼时间最短原则，选择与当前冶炼炉次炉料结构和冶炼环境等相近的最优历史数据，然后根据最优炉次的冶炼工艺进行冶炼，以达到最优的冶炼效果。

（3）通过建立电弧炉及精炼工序的成本监控系统，对电弧炉单炉成本进行预测与实时计算，并提供不同炉料结构的供电、供氧优化指导曲线及供电供氧优化策略方案。对精炼炉单炉成本进行预测与实时计算，并提供优化的合金与渣料组合。

4.5.3.2 推广应用

目前，研发的电弧炉炼钢复合吹炼技术，以集束供氧、同步长寿底吹搅拌等新技术为核心，实现了电弧炉炼钢供电、供氧及底吹等单元的操作集成，质量分析监控及成本控制系统已在国内外多座电弧炉推广应用。在电弧炉炼钢流程中，提高钢液洁净度无疑是保证产品质量的关键。随着废钢破碎分选、电弧炉炼钢复合吹炼、气-固喷吹、质量分析监控及成本控制等洁净化冶炼技术的创新与发展，进一步构建电弧炉炼钢流程洁净化生产平台，实现生产效率、产品质量和节能环保水平的不断提升，将是未来电弧炉炼钢的重点发展方向之一，将对我国钢铁工业结构调整和转型升级起到重要推动作用。

4.5.4 废钢预热技术

4.5.4.1 技术介绍

废钢是电弧炉炼钢的主要原料，其入炉温度对电弧炉冶炼能耗等技术指标影响很大。提高废钢入炉温度，可有效降低电弧炉生产能耗和缩短冶炼周期。自电弧炉炼钢技术诞生以来，很多废钢预热技术得到了发展，且均在一定程度上提高了废钢入炉温度，对于推动钢铁行业节能减排和绿色化发展具有重要意义。

现代电弧炉炼钢多采用废钢预热-连续加料操作，利用高温烟气预热废钢，能有效解决传统电弧炉冶炼过程中的烟尘问题。国内外先后开发并应用了料篮式废钢预热电弧炉、双炉壳电弧炉、竖式电弧炉以及 Consteel 电弧炉等[44~46]。

（1）料篮式废钢预热电弧炉由于电耗高、冶炼周期长以及环境污染严重等问题，正逐步被新型电弧炉所取代。

（2）双炉壳电弧炉由于预热效率低、设备维护量大以及二噁英等污染物排放严重等问题，使用效果远达不到预期，已经逐渐被淘汰。

（3）Consteel 电弧炉存在废钢预热温度较低、二噁英排放不达标等问题，但其生产顺行状况良好、电网冲击小、加料可靠可控等优点，目前使用较广泛。

当前国内外许多冶金设备制造公司依据 Consteel 电弧炉和竖式电弧炉理念研发了多种新型废钢预热—连续加料电弧炉，如基于水平连续加料理念研发的达涅利 FASTARC0 电弧炉。

不同的加料操作方式工艺特点差异也较大，例如 Consteel 电弧炉（见图 4-33）是在连续加料的同时利用冶炼产生的高温废气对加料通道内废钢进行连续预

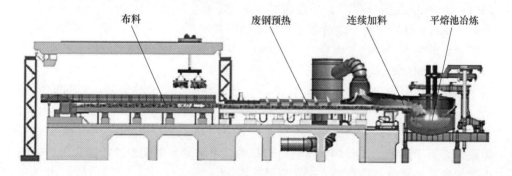

图 4-33 Consteel 电弧炉

热，入炉前废钢预热温度为 200~400℃；预热后的废气经燃烧室进入预热回收系统。Consteel 电弧炉实现了废钢连续预热、连续加料、连续熔化、平熔池冶炼，提升了生产率，改善了车间内外的环保条件，降低了电耗及电极消耗等。

早期竖式电弧炉在冶炼的同时，用天车料篮在竖井中加入下一炉所需废钢，用指形托架托住废钢，高温废气直接与废钢接触预热，废钢温度高达 600~700℃，但由于存在设备可靠性低、维护量大等问题正逐步退出市场。之后，基于竖式加料理念研发出了西马克 SHARC 电弧炉、日本 ECOARCTM 生态电弧炉以及普瑞特 Quantum 电弧炉等。

SHARC 电弧炉属于改进型竖炉式电弧炉，其最大的特点是电弧炉上有两个半圆形竖井，能保持竖井内高温废气对废钢进行自然对流预热，熔池平稳，其加料方式仍采用天车料篮，如图 4-34 所示。

图 4-34　SHARC 电弧炉

ECOARCTM 生态电弧炉利用竖炉竖井预热废钢，可实现轻薄型废钢的连续加料，预热温度超过 600℃，熔池稳定，生产率高。

Quantum 电弧炉属于改进型指形托架竖炉式电弧炉，通过炉顶废钢提升机提升倾动料槽将废钢分批加入竖井内，固定安装竖井和炉盖解决了原指形托架故障多的缺点，倾翻炉体实现无渣出钢，如图 4-35 所示。

环保型炉料预热和连续加料系统 EPC 是竖井型炉料预热装置，如图 4-36 所示。与其匹配的电弧炉采用较大的留钢操作工艺（出钢量的 40% 以上），因此，此类电弧炉能平稳地连续运行。炉料通过侧墙加料口连续地加到炉中，无需打开炉盖，避免了热量损失和烟气排放。EPC 系统可移动到电弧炉的上炉壳附近，与电弧炉侧墙加料口及排烟道之间实现紧密衔接。

同时还衍生出阶梯进料型电弧炉，如中冶赛迪 CISDI-AutoArctm 绿色智能电

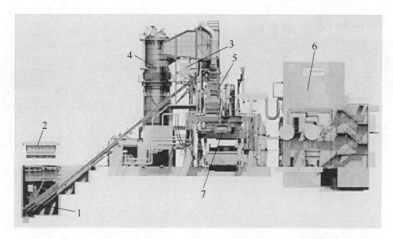

图 4-35　Quantum 电弧炉

1—废钢提升机；2—废钢上料；3—废钢加入；4—废气处理；
5—废钢预热；6—供电；7—电炉

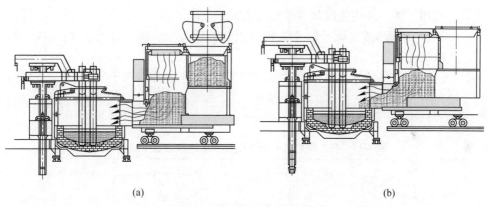

图 4-36　EPC 废钢系统运作示意图

（a）废钢加料和余热；（b）废钢连续进料

弧炉，以及独立于电弧炉的废钢预热-连续加料系统，如 KR 公司和 CVS 公司联合研发的环保型炉料预热和连续加料系统 EPC（Environmental Pre-heating and Continuous Charging System），如图 4-37 所示。

　　通过总结电弧炉高效预热特征，可知废钢预热技术未来发展趋势：

　　（1）电弧炉冶炼过程中全程密封，避免开盖造成热损失。

　　（2）水平加料式电弧炉虽预热效果有待进一步提升，但其加料可控可靠，设备稳定性好；竖式电弧炉废钢预热效率高，近年来新型电弧炉多为竖式加料结构。

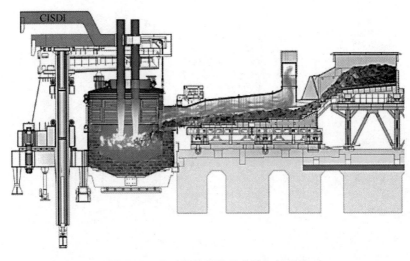

图 4-37　EPC 炉料预热和连续加料系统

（3）平衡各类能源输入量，注重物理余热与化学余热输入对提高废钢预热效率的作用，进而改进能源利用率提高电弧炉产能。

（4）废钢预热技术设计理念应符合最新环保标准，减少能源消耗，减少温室气体排放。

（5）新型电弧炉炼钢需综合考虑废钢预热、连续加料、平熔池冶炼、余热回收、废气处理等方面，保证电弧炉炼钢高效、绿色化生产。

各典型电弧炉技术指标及废钢预热效果的对比见表 4-14。

表 4-14　各典型电弧炉技术指标及废钢预热效果的对比

炉　型	电耗/kW·h·t^{-1}	冶炼周期/min	废钢预热温度/℃
传统电弧炉	约 458	约 110	200~250
竖式电弧炉	260~420	37~58	600~700
双炉壳电弧炉	约 340	约 40	约 550
Consteel 电弧炉	300~390	39~65	200~400
EPC 电弧炉	277~334	39~49	315~450
Quantum 电弧炉	约 280	约 33	600~800
ECOARC™电弧炉	约 250	42~52	约 600

4.5.4.2　应用情况

典型废钢预热电弧炉在国内外首台套的应用情况见表 4-15。

表 4-15 典型废钢预热电弧炉国内外首台套应用情况

工 厂	炉子型式	容量/t	投产时间	备注
日本/KansaiBillet Center	双炉壳电弧炉	DC120	1992 年	国外首座
中国/宝山钢铁公司	双炉壳电弧炉	DC70	1995 年	国内首座
英国/CoSteel Sheerness	普通竖炉	AC90	1992 年	国外首座
中国/沙钢集团润忠公司	普通竖炉	AC90	1995 年	国内首座
墨西哥/Hylsa	手指式竖炉	DC135	1995 年	国外首座
中国/广州珠江钢铁厂	手指式竖炉	DC150	1998 年	国内首座
法国/Unimetal Gandrange	双炉壳竖炉	AC90	1993 年	国外首座
美国/Charlottesteel	Consteel 电弧炉	AC54	1989 年	国外首座
中国/西宁特钢	Consteel 电弧炉	AC60	2000 年	国内首座
日本/Kishiwada Steel	EcoARC 电弧炉	AC70	2001 年	国外首座
墨西哥/Tyasa	Quantum 电弧炉	AC100	2014 年	国外首座
中国/桂林平钢	Quantum 电弧炉	AC120	2019 年	国内首座

4.6 铸—轧工序工艺高效化技术

4.6.1 高效连铸技术

4.6.1.1 技术介绍

连铸具有投资少、能耗低、效率高、环境友好等优点，在钢铁企业得到了广泛应用。高效连铸技术是指连铸机实现高拉速、高作业率、高连浇炉数及低拉漏率生产高温无表面缺陷连铸坯的技术。随着高效连铸技术内涵的不断扩大，高经济效益这一项最直接的指标和高自动控制也逐渐被纳入进来。

中国在 1990~1995 年间提出了高速连铸，"以连铸为中心，炼钢为基础，设备为保证；以全连铸为方向，炼钢、炉外精炼、连铸三位一体组合推进"等生产方针，并开展了高效连铸技术攻关。即在高拉速基础上，考虑炉机匹配、高作业率、高连浇率和高无缺陷坯，推动了我国连铸生产效率与水平稳步发展。中国运输、能源、重型机械、核电等国家重点行业与产业的快速发展，也促进了高强、高韧的微合金品种钢需求量大幅增加。

然而，实际微合金钢连铸生产过程中，角部裂纹缺陷、表面裂纹发生率高达 2%~10%，中心偏析、疏松等缺陷尤显突出，特钢成品轧材探伤合格率不足 25%。与常规连铸技术相比，具有更高的拉速、作业率、连浇率、质量水平和出坯温度等"五高"特征的高效连铸在钢铁制造流程中的中心地位将更加突出[47]。

我国连铸技术与国外相比还有一定差距。国内大板坯连铸的实际工作拉速在 1.8m/min 以下，薄板坯连铸的拉速大都为 5m/min，只有日照钢铁达到了 6m/min。

而在国外，日本福山钢厂大板坯的拉速为 2.3~2.5m/min，韩国浦项光阳钢厂的拉速为 2.5~2.7m/min，浦项薄板坯连铸机拉速稳定达到了 7m/min。国内 150mm×150mm 方坯平均拉速尚未超过 3.0m/min，而意大利达涅利 150mm×150mm 方坯连铸机拉速达到了 6.0m/min。高效连铸技术的开发和在国内推广尚有很大空间。

为了实现高效连铸，需从提高连铸机生产率和提高连铸坯质量两方面同时着手[48]：

（1）连铸机生产率的提高，实际上是在保证铸坯质量的前提下，浇铸速度、铸机作业率、连浇炉数的全面提高，需要工艺、设备、生产组织和管理、物流管理、生产操作以及与之配套的炼钢车间各个环节的协调与统一。例如，对于小方坯连铸机，提高生产率的核心就是提高拉速。对于板坯连铸机而言提高生产率的核心是提高连铸机作业率。这是因为板坯连铸机的拉速受炉机匹配条件及铸机本身冶金长度的限制，过高拉速所造成的漏钢危害对板坯连铸机的影响远远高于小方坯连铸机。

（2）连铸坯质量的提升则主要通过结晶器内钢液流动控制、结晶器内凝固坯壳均匀生长控制、结晶器润滑机制及振动控制、二冷精准控制技术、连铸凝固末端压下技术等技术进行保证。

其中，结晶器内钢液流动控制主要是防止卷渣。发生卷渣的影响因素较多，如拉速、水口张角、水口浸入深度、保护渣黏度和结晶器尺寸等，最大的不可控因素是浇注过程中发生的水口堵塞现象。高拉速条件下，结晶器内钢液液面波动加剧，会造成钢水吸气及卷渣，从而引发铸坯中二次氧化夹杂和大颗粒夹杂物，并导致钢产品产生表面缺陷甚至裂纹。电磁技术已成为板坯连铸结晶器控流的重要手段，如双边行波磁场的 M-EMS、局部区域磁场的 EMBr、全幅一段磁场的 LMF、全幅二段磁场的 FC-MOLD、电磁水平加速器的 EM-LA、电磁水平稳定器的 EMLS 等。流动控制不仅是为了控制卷渣，减少铸坯表面和皮下的夹杂物和气泡，而且也是为了控制好弯月面附近的温度并使结晶器内温度分布均匀化，促使坯壳生长均匀，减少表面裂纹缺陷。

坯壳均匀生长也是高效连铸需要解决的最为关键的问题之一，是实现无缺陷连铸坯生产的前提保证。控制结晶器内坯壳均匀生长的关键在于保证结晶器内坯壳与铜板间的均匀传热。实际连铸过程中，结晶器内初凝坯壳与铜板间的传热行为主要是由保护渣凝固所产生的结晶器-保护渣界面热阻与保护渣的状态及厚度分布、坯壳凝固收缩所引起的坯壳-保护渣间气隙分布、结晶器冷却结构与冷却制度等共同决定的。

近年来，蔡兆镇等从理论上定量描述了板坯连铸过程结晶器内气隙、保护渣以及凝固坯壳角部表面温度的分布规律，揭示了微合金钢铸坯角横裂纹产生机理，研究开发了一种新型内凸曲面结晶器（ICS-MOLD），如图 4-38 所示。即结晶器窄面铜板的中部区域设计成高度迎合凝固坯壳生长特点的曲面，角部区域增加了"楔形"曲面以更好适应凝固坯壳的角度收缩，这样可有效降低坯壳角部气隙与保护渣厚度，实现结晶器内铸坯角部高效传热和凝固坯壳的均匀生长，从根本上解决了因结晶器内角部凝固坯壳薄而引发质量与生产事故的技术难题，同时也为高拉速结晶器制造提供了全新的设计理论。

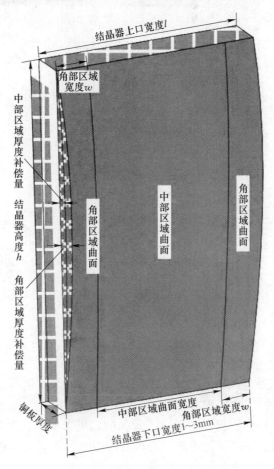

图 4-38　内凸曲面结晶器（ICS-MOLD）示意图

连铸过程中凝固坯壳与铜板之间的润滑是保障连铸生产顺行和连铸坯质量的关键，结晶器振动对改善结晶器润滑状态非常有效，是实施连铸的先决条件，已成为连续铸钢关键技术和标准操作。为克服高拉速时结晶器渣耗量下降进而影响润滑效果和解决顺利脱模等问题，研究人员对结晶器振动模式认识逐渐深入，经矩形波和正弦波等直至非正弦振动技术被国内外广泛应用，不仅承接速度和加速度变化平缓的优点，还引入非正弦因子使波形曲线选取更加灵活和多样，具体如图 4-39 和图 4-40 所示。

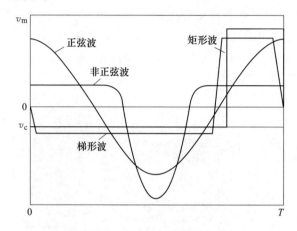

图 4-39   连铸结晶器振动方式

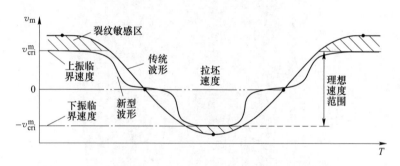

图 4-40   新型振动结晶器波形研发

连铸坯由结晶器进入二冷区时，坯壳仍很薄，需继续通过实施喷淋（气雾）冷却来实现持续凝固。铸坯中心热量是通过坯壳传递到铸坯表面的，其大部分被喷雾水滴带走，铸坯中心与表面形成了较大的温度梯度，成为铸坯冷却的动力。设备和工艺一定时，铸坯辐射传热和支撑辊的传热变化不大，喷淋水的传热占主导地位，二冷水冷却强度偏高或偏低都会产生如内部裂纹、表面裂纹、鼓肚、菱变、中心偏析等铸坯缺陷，冷却不均匀则会产生三角区裂纹。因此，如何提高二冷区的冷却效率，以及进行二冷区水量的合理分配和动态控制是实现连铸高效化的重要内容。

连铸的二冷区通常由多个冷却区组成，各冷却区的目标温度不同，所控制的水量也不同，而且生产过程常存在许多高度非线性、复杂性和不确定性的影响。目前实现二冷水动态控制大体有两类方法，即基于实测铸坯表面温度的动态控制和基于模型的动态控制。实测温度方法往往因二冷区温度高、气雾大、铸坯表面有冷却水形成的水膜和氧化铁皮等影响了其准确性；通过数值模拟连铸过程铸坯的传热行为，可获得各种变量的连续分布信息，但考虑生产因素较多，且受现场计算机硬件限制，基于传热模型的计算量大，实时性难以保证。

拉速关联配水法首先确定水量与拉速的函数关系，当拉速变化时，计算水量的对应量，并通过输入编程逻辑控制器（PLC）实现水量的调整。由于其实现简单方便，目前国内外许多企业均采用此种控制方式。但该方法根据瞬时拉速计算水量，当拉速急剧变化时，会导致冷却水量的突变，从而将引起铸坯表面温度的大幅波动，恶化铸坯凝固质量。

基于有效拉速的动态二冷控制模型的基本原理是将铸坯离散为多个切片，根据切片的位置与生存时间确定平均拉速，再根据拉速与冷却水量之间的函数关系确定配水，从而避免拉速波动造成水量的剧烈变化。

基于温差的动态二冷控制模型的原理是采用一定控制算法（如 PID）调整二冷各回路的冷却水量，使铸坯实际表面温度与目标表面温度接近或一致。该方法直接将铸坯温度作为控制参量，在非稳态情况下依然能维持铸坯表面温度的相对稳定。该方法的典型代表是芬兰 Rautaruukki 的 DYNCO-OL 模型、VAI 的 DYNACS 与 CISDI 的 CCPS-ON-LINE 系统。

考虑到连铸过程的复杂性，精确反映实际过程铸坯温度变化的数学模型往往是难以建立的，因此，可采用以神经网络与模糊控制为代表的智能化方法，直接建立水量与拉速、过热度等工艺参数间的关系。郑忠等人根据板坯连铸各区冷却条件，采用分段控制跟踪铸坯，智能控制模型结构。在该二冷智能控冷模型中（见图 4-41），铸机实时运行情况可通过动态数据库保存，然后通过 BP 神经网络，利用各段某一时刻的二冷水温度、水量、拉速等预测对应冷却区下一时刻的平均温度与出口温度，从而完成各区段平均温度与出口温度的预测；在此基础

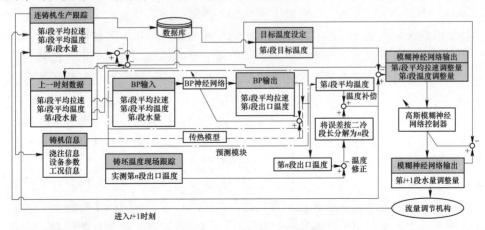

图 4-41 二冷智能控冷模型

上，通过采用模糊神经网络由各冷却区后一时刻拉速变化和计算温度与目标温度的差值，预测该对应时刻各冷却区的水量调整量。该二冷水量预测模块包括传热模型和 BP 神经网络两部分。BP 神经网络训练所需要的样本由传热模型同步计算产生。模糊神经网络训练所需要的样本由传热模型结合实际水量的调整产生。在统筹考虑整体目标、冶金冷却准则和工艺条件约束的前提下，可以着手进行配水优化方案的制定与选择。

连铸过程铸坯形成的偏析与疏松等凝固缺陷，目前普遍采用凝固末端轻压下（soft reduction，SR）技术来改善。但随着质量和产品的要求不断增加，常规的 SR 变形量（板坯不小于 3%，方坯不小于 5%）所能达到的冶金效果已不能满足要求，增加连铸坯凝固末端变形量将成为解决问题行之有效的手段。值得注意的是，连铸坯凝固结束前后在其表面至心部形成了天然的温度梯度（不小于 500℃），若在此时对其进行大变形量压下（重压下），压量向心部的渗透效率要远高于粗轧过程（粗轧过程铸坯为均温坯），从而达到焊合凝固缩孔，细化心部奥氏体晶粒的工艺效果。凝固末端重压下技术（heavy reduction，HR）是基于凝固末端轻压下技术，适用于大断面连铸坯的下一代连铸新技术，可以根除连铸坯的中心偏析与疏松缺陷，全面提高致密度，突破轧制压缩比的严格限定，替代超厚板坯连铸、真空复合焊接轧制、模铸等工艺流程，实现低轧制压缩比条件下厚板与大规格型材的生产。

日本川崎制铁和新日铁分别通过在凝固末端安装一对砧板或一对类似粗轧机的凸型辊来实施大方坯的重压下。日本住友金属通过在凝固末端安装一对轧辊，即板坯缩孔控制（porosity control of casting slab，PCSS）技术，实现板坯的大压下量。韩国浦项通过两个扇形段来实施凝固末端的压下，其中后一个扇形段可实现 5~20mm/m 的压下，即浦项铸坯重压下工艺（posco heavy strand reduction process，PosHARP）技术。上述技术虽然压下方式、压下位置、具体压下量不尽相同，但其根本均是通过增加压下量促使两相区变形挤压排出溶质偏析钢液，焊合凝固缩孔，提升铸坯致密度。然而，随着压下量的倍增，铸坯变形、传热、溶质偏析等行为均与传统连铸工艺迥异，现有的工艺理论、研究经验与装备技术已难以满足实际需要。

近年来，东北大学与国内设计院所及企业合作，结合宽厚板、大方坯连铸生产的具体特点，以精准压下、高效压下、有效压下、安全压下的理念，从理论研究、装备设计、工艺开发、控制技术集成等方面开发形成了具有自主知识产权的连铸坯凝固末端重压下技术，并分别在攀钢与唐钢实现了大方坯连铸机与宽厚板连铸机的重压下装备、工艺和控制系统的全面应用。攀钢在国内率先通过了大方坯连铸流程生产车轴钢的产品认证，保障了新一代重载钢轨钢的成功研发，通过 75kg/m 重载钢轨产品认证，并在朔黄货运专线成功铺设（通货总质量超过 5 亿吨）；唐钢用 280mm 厚连铸坯批量稳定轧制 150mm 厚满足三级探伤要求的高层建筑用厚板，形成了低压缩比生产高性能厚板产品的新流程。

4.6.1.2 推广应用

我国目前建成投产的连铸机绝大多数已采用不同水平的高效连铸技术，新建连铸机则 100% 采用高效连铸技术，技术普及率达到 75%。

国内拥有高效连铸技术的典型企业有中国冶金科工集团有限公司、中国中钢集团公司、武汉大西洋连铸设备工程有限公司、上海重矿连铸技术工程有限公司。国外拥有知识产权的公司有 SMS 集团公司、达涅利公司、西门子-奥钢联公司。

连铸机实现高效化后，通过提高铸机作业率来提高连铸机生产效率，配套连铸坯的高温热装和热送，单位铸坯相应的直接能耗和各种物料消耗将会降低，从而实现直接节能和间接节能。比相同生产能力的常规连铸机提高 60%～100% 的效率，节能 20%。

高效连铸的环保效果体现在两方面。首先，通过提高连铸机的生产效率和实现热装热送降低单位铸坯的能耗，间接降低了相关废弃物的排放；其次，提高连浇率和铸机作业率，减少了相应耐火材料的消耗，也间接减少了固体废弃物的排放，提高了资源的利用效率。

4.6.2 高效轧制技术

4.6.2.1 技术介绍

现代社会更加注重钢铁生产效率和质量，强调要通过对各种技术的合理运用实现节能控制和质量控制，以求获得预期钢铁加工产品。由此各种新型技术开始出现，对轧制工序而言，生产自动化、精细化发展属于必然之举。

钢材的控轧控冷技术是当前生产板材的主要技术之一，它能将相应的钢材通过加工进行改善，并与物理炼金进行深度结合。在运用该项技术的过程中，能够大幅度提高材料的使用率，而且还能加强相应材料的韧性，而且在工作的过程中其开展难度较低，而且省时省力，达到节约这一目的的。

控轧控冷技术的基本原理是通过温度对钢材做出处理，实现物质上的转变。控制轧制工艺可以分为以下 3 个阶段，如图 4-42 所示。

（1）再结晶区域变形，又称为 I 型控制轧制或者常规轧制。轧制温度大于 950℃，实际上轧制温度通常较高，在 1000℃ 以上。在该区间轧制时，晶粒细化有一定的极限值（10～20μm）。

（2）未再结晶区变形，又称为 II 型控制轧制或常化轧制。轧制温度为 A_{r3}～950℃。在此区间轧制时，可获得均匀细小块状铁素体晶粒（5～10μm）。

（3）γ+α 两相区变形，又称为 III 型控制轧制或热机轧制。轧制温度小于 A_{r3}。

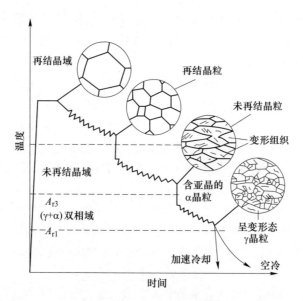

图 4-42 分段控制轧制工艺

在此区间轧制可以使强度提高，脆性转变温度变低，晶粒细化（3~5μm）。

控制冷却是指轧件经过终轧时，利用改变冷却方式和冷却速度，来控制钢材的组织结构和性能。使其能够在不降低钢件韧性的前提下，进一步提高钢材的强度。实质是细化晶粒和相变强化。一般情况下，冷却也分为 3 个阶段：

（1）一次冷却是从终轧温度开始到奥氏体向铁素体开始转变温度 A_{r3}（或二次碳化物开始析出温度 A_c）范围内的冷却。通过控制其开始快冷温度、冷却速度、快冷终止温度，来控制热变形后的奥氏体态，为相变做组织上的准备。

（2）二次冷却是指热轧钢材经一次冷却后，立即进入由奥氏体向铁素体或碳化物析出的相变阶段。在相变过程中控制相变开始温度、冷却速度、停止冷却温度，从而达到控制相变产物形态、结构的目的。

（3）三次冷却是指相变之后直到室温这一区间内的冷却。一般钢材相变后多采用空冷，冷却均匀，形成铁素体和珠光体。

随着国内机械生产以及轧钢控制技术得到显著发展，将重型力关、定宽压力机融入轧钢生产之中，借助计算机自动化控制技术，可实现对钢板宽度和厚度的有效控制，并可达到有效控制钢板卷型与板型的目标。

4.6.2.2 推广应用

东北大学轧制技术及连轧自动化国家重点实验室 RAL 针对热轧钢材冷却技术这一关键和共性技术，开发了适用于不同热轧钢材品种的轧后冷却系统，实施新型的控制轧制和控制冷却过程，提高产品的质量，降低产品的成本，实现减量化生产，为钢材的升级换代作贡献[49]。

RAL 针对常规热轧带钢轧机层流冷却存在的问题，开发了用于热轧带钢的超快速冷却系统。经过包钢 CSP 生产线、攀枝花钢铁公司 1450 热连轧机和涟钢 2250 热连轧生产线的应用实践，前置超快冷和后置超快冷均取得良好效果。开发的低成本碳锰钢、管线钢、高强钢、双相钢等钢材品种取得良好经济效益。目前，这项技术已在首钢迁安 2160 和首钢京唐公司曹妃甸 2250 热连轧等机组推广。其中京唐公司 2250 热连轧机首次同时采用前置式和后置式冷却方式，将在冷却路径控制方面提供更加充分的控制手段。

热连轧生产线的超快速冷却系统凭借独特的混合配置方式，在 3mm 厚的材料上最大冷却速度可达到 300℃/s，超出常规冷却设备的冷却能力。在热连轧生产线上采用相应的冷却系统设备进行配置，并在其 10m 左右区域安装相应的冷却装置，采取缝隙式的方式进行喷洒，冷却水具有一定的压力，能够通过调整角度运动喷向带钢上。并清除钢板表面存在的气膜，达到全板面均匀受热，从而解决冷却均匀性瓶颈这一问题，保证其快速冷却，让平直度达到最佳。可对热轧带钢进行控制；有利于再度运用晶体分析其变化趋势，加强其机制变化；有利于降低其合金成分，提高产品的利用率；减少成本的轻量化，有利于产品的再度开发。

棒材生产线实现热轧带肋钢筋轧后，会形成超快的冷却，其关键工艺设备是通过超速冷却水箱。穿水冷却箱一般有多个冷却管组成，在通常情况下其管总长度不会超过 20m，其轧制速度一般小于 20m/s，冷却水与设备元件进行运作，但由于工作速度比较快，冷却水在轧件设备的端口易流出，并采用环装形成缝隙，保证冷却件的受热均匀，彻底消除存在的预热，形成小规格堵钢问题，但通过控轧控冷技术的运用，能够彻底解决这一问题[50]。

4.6.3 无头轧制技术

4.6.3.1 技术介绍

热连轧机组实现自动控轧控冷的同时，热轧生产工艺也在不断地进行变革，目前热轧普遍采用的是常规热轧和 CSP 工艺。常规热轧生产线是按单坯进行组织生产，具有每块穿带和每块有头尾控制的生产方式；CSP 是半无头生产工艺，一块长坯包含几块订单板坯，轧制后用飞剪按照订单进行剪切成卷，长坯的长度受加热炉的长度制约。常规热轧和 CSP 轧制都需头尾穿带，在头尾控制和稳定性方面受到制约，超薄规格轧制几乎不可能实现，即使在 CSP 上能实现也使得成材率大大降低。

近年来，世界各国钢铁企业都在不断地改进热轧生产工艺，涌现出了各种新工艺和新技术，其中较为突出的是热轧板带无头轧制技术（ESP），其在提高板带成材率、尺寸形状精度、薄规格和超薄规格轧制比例、实现部分以热代冷方面取得了显著成绩。

无头轧制技术是钢铁生产技术的一次革新。目前，连铸拉速已经达到和轧机轧制能力配套的水平，使得无头轧制得以实现。无头轧制技术是从连铸到轧机轧制成卷不间断地生产，整个轧制辊期内无头生产。为了保证在 1 个辊期内兼顾穿带和轧制超薄规格带钢，采用无头轧制生产工艺时不可避免地要采用动态变规格轧制 FGC（flying gauge change）技术，以保证在一个轧制辊期内进行在线变规格控制，从而实现大批量薄规格产品的生产。典型的 ESP 轧制设备和工艺布置如图4-43 所示[51]。

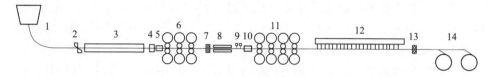

图 4-43　ESP 生产线工艺设备布置示意图

1—连铸机；2—摆剪；3—隧道加热炉；4—立辊轧机；5—粗除鳞机；6—粗轧机组；
7—切头飞剪；8—感应加热炉；9—强冷装置；10—精除鳞机；11—精轧机组；
12—层流冷却装置；13—高速飞剪；14—卷取机

无头轧制的理念是从连铸钢水到钢卷成品，刚性连接，板带在轧制过程中不切断，带钢在经过精轧机轧制完成后，由高速飞剪进行切断，用两台卷取机进行交替卷取，实现从连铸到卷取的连续生产模式。在无头轧制状态下，为了获得薄带钢的生产产量，在考虑稳定穿带和稳定轧制的同时，还需要考虑较少的中间过渡产品和过渡区。例如，轧制的目标规格为 1.0mm、0.8mm，为了稳定穿带，需要采用 2.0mm 规格穿带，通过 2.0mm→1.5mm→1.2mm→1.0mm→0.8mm 的过渡达到目标规格，要求过渡规格尽量少，变厚度过渡区尽可能短，在保证不堆钢、拉钢、起套等问题的基础上提高成材率。

轧线生产控制功能由过程计算机控制系统（L2）和基础自动化系统（L1）共同完成，L2 级系统计算和设定 FGC 控制参数，L1 级系统完成 FGC 的具体控制。FGC 控制功能是无头轧制工艺不可缺少的组成部分，通过 FGC 的投入，可使无头轧制生产线实现安全稳定的穿带、自由宽泛的可轧厚度、高比例的超薄带钢轧制。同时，产品的头尾控制效果比常规轧制更加均匀，产品的成材率也大大提高，是超薄规格轧制的必然发展趋势，是热轧工艺的一次变革。无头轧制板坯跟踪点示意图如图 4-44 所示。

4.6.3.2　推广应用

首钢京唐联合钢铁有限公司是首家实施达涅利 DUE 无头轧制生产线工艺的薄板坯连铸连轧新理念钢厂。该产线设计年产能为 210 万吨的高附加值热轧卷，可生产宽泛的钢种，带材厚度为 0.8~12.7mm、宽度为 900~1600mm。该产线于2019 年 10 月底成功投产。此外，俄罗斯 EVRAZ 钢厂[52]从达涅利订购创新性

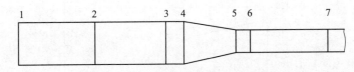

图 4-44　无头轧制板坯跟踪点示意图

1—板坯头部；2—第一个钢卷虚拟剪切点；3—第二个钢卷虚拟剪切点；4—FGC 开始点；
5—FGC 完成点；6—第三个钢卷虚拟剪切点；7—第四个钢卷虚拟剪切点

QSP-DUE 多功能无头轧制生产线，是继首钢京唐成功投产后达涅利获得的全球第二条产线。达涅利 QSP-DUE 获得专利的创新工艺布置，在一条薄板坯连铸连轧生产线上实现了单块、半无头及全无头开发的所有优势，进而可以通过不同钢种和产品采用最佳的工艺模式来生产板带市场上所有的高附加值产品。该产线总设计年产能是 250 万吨/年的热轧卷，厚度为 0.8~16mm。

4.6.4　低温轧制技术

4.6.4.1　技术介绍

低温轧制就是将钢坯加热到低于常规加热温度，在低于常规热轧温度下进行的轧制，其优点是：减少加热能耗和氧化烧损，提高成材率；提高轧钢加热炉的加热产量，延长加热炉的寿命，减少轧辊的热应力疲劳裂纹和断辊以及氧化皮引起的磨损；降低脱碳层深度，提高产品的表面质量，细化晶粒，改善产品性能。但低温轧制也存在如下的缺点，如加大了轧材的变形抗力，从而加大了轧制力和轧制功率；降低了轧制时轧材的塑性，从而影响轧材的咬入；有时需降低道次压下量，增加道次。

低温轧制规程一般有两种。一种是利用连轧机轧件温降很小或升温的特点，降低出炉温度和开轧温度，从 1000~1100℃降至 850~950℃，且终轧温度与开轧温度相差不大。这需要提高轧机的强度，并增加了电机功率和轧制能耗。但由于加热温度的降低，节约燃料，综合平衡后仍可节约能源 20%左右。另一种是不仅降低开轧温度在精轧前控冷，也在精轧机中进行低温轧制，利用机组间的冷却段将终轧温度降至再结晶温度（700~800℃）以下，并配合以 40%~50%的变形量，即完成变形热处理过程，达到细化晶粒、组织均匀，提高钢材的力学和焊接性能、改善轧材表面质量的目的，效果优于任何传统的热处理方法。因此，现代化的轧机往往把机组间的距离拉大，有的甚至采用大的侧围盘或增加中间冷却水箱。低温轧制工艺可以实现对晶粒尺寸的控制[53]。

低温轧制与传统轧制温度曲线比较如图 4-45 所示。

4.6.4.2　推广应用

低温轧制弹簧钢、轴承钢、工具钢和不锈钢等合金钢时表明，在 800~950℃

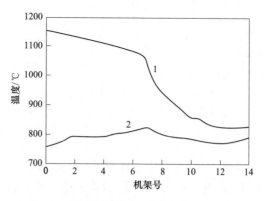

图 4-45   低温轧制与传统轧制温度曲线比较
1—传统轧制温度曲线；2—低温轧制温度曲线

范围也能正常轧制，且可节省能量 85~130kW·h/t。瑞典法格斯塔厂[54]用 70mm 规格中碳钢坯经 14 道次轧成 10.5mm 尖角方钢，在 750℃ 时轧制比在 1150℃ 时轧制节省能量约 182kW·h/t，且无咬入及产生表面缺陷等问题。在美国布劳诺克斯（Blawknox）厂的钢板热连轧机上，将板坯的出炉温度从 1250℃ 降低到 1093℃，可节省能耗 145kW·h/t，考虑了降低加热温度后引起轧制能耗的增加，该厂每年仍可从该项技术中获得 400 万美元的经济效益。因此，无论是线、棒材轧机或板带连轧机都可采用低温轧制技术，并从此得到良好的经济效益。至于最佳的低温轧制温度，则需要根据各厂的装备和产品情况优化确定。

4.6.5   在线热处理技术

4.6.5.1   技术介绍

近年来，在线热处理技术受到普遍重视，这是因为在线热处理利用轧制余热对钢材进行热处理，可以省去离线热处理的二次加热工序，因而达到节省能源、简化操作、缩短产品交货期的目的，是有效的减量化生产工艺和技术。同时，在线热处理可以利用材料热轧过程中积累的应变硬化，因此有些情况下可以得到比离线热处理更优的产品性能和质量，在线热处理具有代表性的就是超快冷和层流冷却相结合的技术[55]。超快冷技术结构布置示意图如图 4-46 所示。

在轧制阶段，依据钢种的设计要求在高温轧制和低温轧制之间进行轧制温度的优化选择。终轧之后，可以采用超快冷或者层流冷却（ACC），实现从低冷速到高冷速的各种不同冷却速度，并对终冷温度进行控制。在采用超快冷的条件下，如果终冷温度处于铁素体相变温度区间，可以称为 UFC-F；如果终冷温度处于贝氏体相变温度区间，可以称为 UFC-B；如果终冷温度处于马氏体相变温度以下，可以称为 UFC-M，或称为 DQ。对于 UFC-F、UFC-B 和 DQ，后续还可以采用不同的热处理方式，例如不同速率的冷却、不同速率的加热、不同的加热温度区

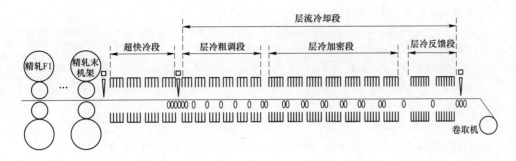

图 4-46　超快冷技术结构布置示意图

间、不同的保温时间等。通过这些冷却、加热过程，可以获得多种多样的组织，因而得到多种多样的材料性能。因此，采用超快速冷却系统与各种不同的后续冷却、加热过程配合，会使轧后的热处理过程变得丰富多彩，具有极大的创新空间。

4.6.5.2　推广应用

东北大学轧制技术及连轧自动化国家重点实验室开发了用于热轧带钢的超快速冷却系统。经过包钢 CSP 生产线、攀枝花钢铁公司 1450 热连轧和涟钢 2250 热连轧、迁钢 2160 和首钢京唐曹妃甸 2250 热连轧的应用实践，前置超快冷和后置超快冷均取得良好效果。开发的低成本碳锰钢、管线钢、高强钢、双相钢等钢材品种取得良好经济效益[50]。

参 考 文 献

[1] 于振东, 张长青. 超大容积顶装焦炉技术与装备开发 [C] // 中国金属学会. 特大型焦炉生产技术研讨会. 中国金属学会, 2010.

[2] 徐列, 张欣欣, 张安强, 等. 换热式两段焦炉及其炼焦工艺 [J]. 中国冶金, 2013, 23 (7): 51~55.

[3] 王学萍. 高炉精料技术研究 [J]. 河南科技, 2015 (17): 98~100.

[4] 邓守强. 高炉炼铁技术 [M]. 北京: 冶金工业出版社, 1991.

[5] Ariyama T, Sato M, Nouchi T, et al. Evolution of blast furnace process toward reductant flexibility and carbon dioxide mitigation in steel works [J]. ISIJ International, 2016, 56 (10): 1681~1696.

[6] 薛庆国, 韩毅华, 王静松, 等. 氧气高炉技术的研究进展及其节能减排潜力分析 [C] //

2011 年全国冶金节能减排与低碳技术发展研讨会，2011.

[7] Fink F. Suspension smelting reduction-a new method of hot iron production [J]. Steel Times, 1996, 224 (11): 398~399.

[8] Mitra T H M, Pettersson F, Saxén H, et al. Multiobjective optimization of top gas recycling conditions in the blast furnace by genetic algorithms [J]. Materials and Manufacturing Processes, 2011, 26 (23): 475~480.

[9] Tikhomirov N. Calculation procedure for indices of blast furnace operation with injection of hot reducing gas and oxygen without atmospheric blast [J]. Steel in the USSR, 1987, 17 (1): 3~6.

[10] Ohno Y, Matsuura M, Mitsufuji H, et al. Process characteristics of a commercial-scale oxygen blast furnace process with shaft gas injection [J]. ISIJ International, 1992, 32 (7): 838~847.

[11] Nogami H, Yagi J I, Kitamura S Y, et al. Analysis on material and energy balances of ironmaking systems on blast furnace operations with metallic charging, top gas recycling and natural gas injection [J]. ISIJ International, 2006, 46 (12): 1759~1766.

[12] 高征铠. 氧气煤粉熔剂复合喷吹（OCF）高炉炼铁工艺的研究 [J]. 钢铁，1994 (6): 13~18.

[13] 宏济. 高炉炉顶煤气循环利用 ULCOS 项目 [N]. 世界金属导报，2013-10-29.

[14] 严珺洁. 超低二氧化碳排放炼钢项目的进展与未来 [J]. 中国冶金，2017，27 (2): 6~11.

[15] 宏济. 高炉炉顶煤气循环利用 ULCOS 项目 [N]. 世界金属导报，2013-10-29 (B02).

[16] Yan J J. Progress and future of breakthrough low-carbon steelmaking technology (ULCOS) of EU [J]. International Journal of Mineral Processing and Extractive Metallurgy, 2018 (3): 15~22.

[17] Birat J P. Carbon dioxide (CO_2) capture and storage technology in the iron and steel industry [J]. Developments and Innovation in Carbon Dioxide (CO_2) Capture and Storage Technology, 2010: 492~521.

[18] 张文来. 中国新形势下非高炉炼铁的技术发展 [J]. 中国金属通报，2019: 1~4.

[19] 李彬. 基于氢气直接还原铁冶炼高纯铁和高纯轴承钢的基础研究 [D]. 北京：北京科技大学，2020.

[20] 郭汉杰. 非焦煤炼铁工艺及装备的未来——气基直接还原炼铁工艺及装备的前景研究（下）[J]. 冶金设备，2015 (4): 1~9.

[21] Ravenscroft M C. JSW steel uses COG to supplement NG for DRI production [N]. 2016-11-15.

[22] 胡俊鸽，郭艳玲，周文涛. Midrex 技术发展近况 [J]. 烧结球团，2016 (41): 44~47.

[23] 佚名. 日本采用转底炉技术处理含铁含锌粉尘的进展 [J]. 烧结球团，2012 (37): 74~79.

[24] 赵春龙. 莱钢股份转底炉工程施工项目管理 [D]. 西安：长安大学，2015.

[25] 彭程，范建峰. 宝钢转底炉工艺技术发展 [J]. 钢铁，2019 (54): 97~100.

[26] 王维兴. 高炉炼铁与非高炉炼铁的能耗比较 [J]. 钢铁，2011 (30): 59~61.

[27] 高昊. 宝钢非高炉炼铁工艺发展战略的研究 [D]. 上海：上海交通大学，2012.

[28] 张志霞. 熔融还原炼铁与高炉炼铁能耗分析 [J]. 现代冶金，2019 (47): 31~43.

[29] 徐少兵，许海法．熔融还原炼铁技术发展情况和未来的思考［J］．中国冶金，2016（26）：33～39．

[30] 张向国，贾利军．我国熔融还原炼铁技术发展现状及生产实践［J］．冶金与材料，2019（39）：90～101．

[31] 王敏，任荣霞，董洪旺，等．熔融还原炼铁最新技术及工艺路线选择探讨［J］．钢铁，2020（55）：145～150．

[32] 张曦．Finex 与 Corex 及高炉流程能源消耗对比解析［J］．资源节约与环保，2019，209（4）：2．

[33] 钢铁研究总院．GB 21342—2013 焦炭单位产品能源消耗限额［S］．北京：中国国家标准化管理委员会，2013．

[34] 中国钢铁工业协会．GB 21256—2013 粗钢生产主要工序单位产品能源消耗限额［S］．北京：中国国家标准化管理委员会，2013．

[35] 樊波，郭豪，王艳民，等．FINEX 工艺的节能减排效果分析［J］．天津冶金，2020（3）：60～62．

[36] Zhang H, Wang G, Wang J S. Recent development of energy-saving technologies in ironmaking industry［J］. IOP Conference Series：Earth and Environmental Science, 2019（233）：1～7.

[37] 唐珏，储满生，李峰，等．我国氢冶金发展现状及未来趋势［J］．河北冶金，2020（8）：1～6．

[38] 雷华．氢气竖炉直接还原技术的应用［J］．现代冶金，2015，43（1）：29～31．

[39] 夏宏钢．西钢 120t 转炉负能炼钢的技术进步与实践［D］．辽宁：辽宁科技大学，2016．

[40] 李玮．LF 精炼炉节能实践［J］．河南冶金，2016，24（1）：26～29．

[41] 李雪辉．宣钢 LF 精炼炉钢包自动吹氩系统节能技术研究实践［J］．山西冶金，2020，43（3）：123～125．

[42] 唐龙敏，郑玉龙．电弧炉炼钢洁净化生产技术［J］．冶金与材料，2018，38（6）：120～132．

[43] 朱荣，魏光升，唐天平．电弧炉炼钢流程洁净化冶炼技术［J］．炼钢，2018，34（1）：10～19．

[44] 施维枝，杨宁川，黄其明，等．电弧炉废钢预热技术发展［J］．钢铁技术，2019（4）：29～37．

[45] 潘涛，姜周华，朱红春，等．电弧炉废钢预热技术的发展现状［J］．材料与冶金学报，2020，19（1）：6～12．

[46] 姜周华，姚聪林，朱红春，等．电弧炉炼钢技术的发展趋势［J］．钢铁，2020，55（7）：1～12．

[47] 朱苗勇．新一代高效连铸技术发展思考［J］．钢铁，2019，54（8）：21～36．

[48] 幸伟，袁德玉．高效连铸的发展状况及新技术［J］．连铸，2011，（1）：1～4．

[49] 王国栋．减量化轧制技术研究进展［C］//2012 年全国轧钢生产技术会，2012．

[50] 王成龙．控轧控冷的发展和应用［J］．冶金管理，2019（23）：5～10．

[51] 杨文峰，董占奎，张杰．热轧带钢无头轧制动态变规格控制技术［J］．轧钢，2020，37（1）：66～70．

[52] 俄罗斯 EVRAZ 钢厂授予达涅利 QSP-DUE 新订单新产线是继首钢京唐之后全球第二条多功能无头轧制生产线 [J]. 中国冶金, 2020, 30 (2): 62.

[53] 蔡海斌. 热轧低温轧制技术及应用 [EB]. 科技成果登记, 2019.

[54] 完卫国, 李祥才. 棒线材低温轧制技术发展 [J]. 中国冶金, 2005 (1): 13~18.

[55] 王国栋. TMCP 技术的新进展—柔性化在线热处理技术与装备 [J]. 轧钢, 2010, 27 (2): 1~6.

5 能量高效转换与余能回收技术

5.1 高效燃烧技术

5.1.1 蓄热式燃烧技术

5.1.1.1 技术介绍

早在 1958 年，就出现了蓄热式回收预热装置，但由于当时的蓄热体体积庞大、换向时间长、预热温度波动大、热回收率低，无法推广应用。直到 20 世纪 80 年代，英国燃气公司开发了蓄热式烧嘴，再加上同时期开发出一种以陶瓷球为载体介质的蓄热体，使得蓄热式燃烧技术在英国得到成功应用，随后在加拿大、德国和日本加以应用。

20 世纪 90 年代末，中国冶金热工领域的科技工作者通过消化吸收和再创新，率先将高温蓄热燃烧技术应用于钢铁工业的轧钢加热炉，并获得了成功，其良好的节能效果引起热工界的高度关注。从 2000 年起，蓄热式燃烧技术在我国推广范围之广、速度之快、成效之大是其他任何一个国家都无法比拟的。这得益于进入 21 世纪以来我国钢铁工业的高速发展，火焰炉热工理论的完善及我国高温蓄热燃烧技术自主创新能力的提升。目前，我国可检索到与蓄热式燃烧技术相关的专利有多项[1~3]。

蓄热式燃烧技术本质上是一种烟气余热回收技术，其核心是高温空气燃烧技术，即利用高温烟气对助燃空气或/和煤气进行预热，当空气预热温度达 1000℃时，含氧 2% 就可燃烧，也就是说空气预热温度越高，能维持稳定燃烧的最低氧浓度也越小。燃料在贫氧环境下燃烧时，其燃烧过程属于一种扩散控制式反应，与传统燃烧现象相比较，火焰根部离烧嘴喷口的距离缩小，常见的火焰白炽区消失，火焰区的体积成倍增大，甚至可以扩大到所给定的整个炉膛，这时整个炉膛构成一个温度相对均匀（温差最小可降到 10℃）的高温强辐射黑体，炉膛传热效率显著提高，NO_x 排放量能数十倍地减少，从而达到节能与环保的双重效果。

蓄热式燃烧技术的工作原理如图 5-1 所示。当一只烧嘴处于燃烧工作状态时，此燃料通路开通，常温空气（常温煤气）通过炽热的蓄热体，被加热为热空气（热煤气）去助燃（燃烧）；此时，另一只烧嘴处于蓄热状态作为烟道，此燃料通路关闭，燃烧产物在引风机作用下经燃烧通道到蓄热体，蓄下热量后，经烟道由烟囱低温排出。经过一段时间，换向阀换向，两只烧嘴工作状态互换，两种工作状态交替进行，周而复始。通过蓄热式烧嘴，出炉烟气的余热得到回收利用，烟气排出温度可降到150~200℃或更低，空气可预热到1000℃以上，热回收率达到85%以上，温度效率达到90%以上。

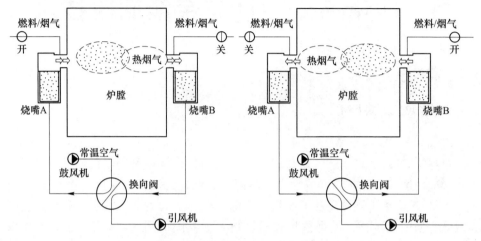

图 5-1   蓄热式燃烧一个周期示意图

蓄热式燃烧技术可以适用于钢铁行业加热炉、热处理炉、烘烤装置等工业炉窑的各种炉型，通常使用的燃料有高炉煤气、转炉煤气、发生炉煤气、高炉焦炉混合煤气、焦炉煤气、天然气以及重油等。采用重油作燃料时，只蓄热空气；采用高热值煤气（天然气或焦炉煤气）作燃料时，可以只蓄热空气；采用低热值煤气（如高炉煤气）作燃料时，必须同时蓄热空气和煤气；采用中热值煤气（如混合煤气或转炉煤气）作燃料时，可以单蓄热，也可双蓄热。双蓄热时空气和煤气都换向。单蓄热时分煤气换向和煤气不换向，其中煤气换向用得较多，煤气不换向主要用于小型工业炉窑。对于含尘大的燃料，如煤、发生炉煤气等，应在烟气入口设计集尘装置；对于燃料与燃烧产物水当量不平衡的工业炉窑在采用蓄热式燃烧技术时，可以考虑用换热器的副烟道。

蓄热式燃烧技术对关键部件的要求很高。蓄热式燃烧系统的关键是蓄热体和换向阀的设计、选型和性能，这是加热炉能否可靠、安全运行的关键，也是减少加热炉故障和维护的关键。

蓄热体作为其关键部件，要求单位体积蓄热体的蓄热量要大，这样可减小蓄热室的体积；而且，要求其导热系数要大，可以迅速地将热量由表面传至中心，充分发挥蓄热室的能力；高温时，要求材料辐射率要高；此外，蓄热体的热震稳定性要好，蓄热体需要在反复加热和冷却的工况下运行，在巨大温差和高频变换的作用下，很容易脆裂、破碎和变形等，导致气流通道堵塞，压力损失加大，甚至无法继续工作。另外，蓄热体需具备抗氧化和耐腐蚀性，否则易发生氧化和腐蚀，会堵塞气体通道，增加流通阻力。另外，经济性是蓄热体的一个重要指标，一种蓄热体如果上述各种性能都好，那成本就高，其推广和应用必然受到限制。

另外，由于换向阀须在一定时间间隔内实现空气、煤气与烟气的频繁切换，因此，换向阀也成为与余热回收率密切相关的关键部件之一。尽管经换热后的烟气温度很低，对换向阀材料无特殊要求，但必须考虑换向阀的工作寿命和可靠性。因为烟气中含有较多的微小粉尘且频繁动作，势必对部件造成磨损，这些因素应当在选用换向阀时加以考虑。如果出现阀门密封不严、压力损失过大、体积过大、密封材料不易更换、动作速度慢等问题，会影响系统的使用性能和节能效果。

随着蓄热式燃烧技术的进一步发展，工艺技术的不断完善，蓄热装置、换向装置寿命的提高和成本的降低，使蓄热式燃烧技术在加热炉上的应用将更加可靠，能达到轧钢加热炉节能、降耗、环保的目的。

5.1.1.2 节能减排效果

轧钢加热炉采用蓄热式燃烧技术后，可将加热炉排放的高温烟气降至150℃以下，热回收率达85%以上，节能30%以上；可将空气和煤气预热到700~1000℃以上；减少氧化烧损，使氧化烧损小于0.7%；通过组织贫氧燃烧，大大降低了烟气中 NO_x 的排放（NO_x 排放减少40%以上），同时，由于其显著的节能效果，也减少了温室气体的排放（CO_2 减少10%~70%）；采用蓄热方式实现加热炉废气余热的极限回收，同时将助燃空气、煤气预热至高温，从而大幅度提高加热炉的热效率，生产效率可提高10%~15%；另外，低热值的燃料（如高炉煤气、发生炉煤气、低热值固体燃料、低热值的液体燃料等）借助高温预热的空气可获得更高的燃烧温度，从而扩展了低热值燃料的应用范围。

5.1.1.3 推广应用

目前，蓄热式燃烧技术已应用于冶金、机械、建材、化工等行业中的各种工业燃料炉，特别是在冶金及机械行业，蓄热燃烧技术的应用尤为普遍，如推钢式连续轧钢加热炉、步进式连续加热炉、室式加热炉、台车炉、钢管连续退火炉、钢包烘烤器、罩式炉等中多有应用。国内钢铁企业蓄热式燃烧技术的普及率约为40%，已有太钢、武钢、南钢、天钢、首秦、济钢、唐钢、宝钢、沙钢、攀钢等500多座蓄热式加热炉投入运行，取得十分显著的节能效果。

需注意的是，从目前蓄热式燃烧技术在加热炉上的实际使用情况看，还应视工厂的具体条件和工艺要求，有选择地使用该技术，如：以高炉煤气和天然气为燃料的加热炉，建议采用蓄热式燃烧技术，其综合经济效益明显；以混合煤气和焦炉煤气为燃料的加热炉，因其综合经济效益并不明显，选择时一定要慎重。

5.1.2 预混式二次燃烧节能技术

5.1.2.1 技术介绍

预混式燃烧指的是燃料和氧气（或空气）预先混合成均匀的混合气，在燃烧器内进行着火、燃烧的过程。预混燃烧一般发生在封闭体系中或混合气体向周围扩散的速度远小于燃烧速度的敞开体系中，燃烧放热造成产物体积迅速膨胀，压力升高，压强可达 709.1～810.4kPa。预混燃烧在燃烧前，燃料与氧气已经在燃烧器内充分混合。它是相对于扩散燃烧的另一种典型燃烧方式。

根据预混氧化剂的含量是否能够使燃料完全燃烧，分为部分预混燃烧和完全预混燃烧两类。其中，部分预混燃烧，燃烧前一部分氧化剂空气和燃料进行预先接触发生混合，一般发生混合的空气与燃气比例在氧化剂与燃料化学当量比的 0.2～0.8 之间。而完全预混燃烧，在从燃烧器出口喷出前氧化剂空气与燃料气已发生完全的预先接触混合，二者发生混合的比例是发生完全反应时的化学当量比的 1 倍或者以上；燃烧反应速度主要受化学反应速率的影响。

预混式二次燃烧技术采用完全预混式燃烧器，分两次将采用可燃气体与空气进行充分混合后，再高速喷射产生紫红色外焰短火焰。短火焰在炉膛中受喷射的推力沿着炉腔与熔铝坩埚火道形成旋流喷射而出，使烟气及其能量在炉膛内呈螺旋式推进，其燃烧器结构如图 5-2 所示。

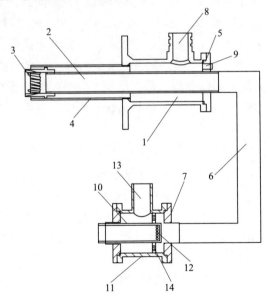

图 5-2　燃烧器结构示意图

1—主体外壳；2—预混管；3—燃烧火嘴；4—二次风导流管；5—后端板；6—预混连接管；
7—预混器；8—二次风连接口；9—观火口；10—燃气输送管；11—预混气外壳；
12—燃气分布孔 ；13—一次风连接口；14—一次风分布板

预混式二次燃烧器的工作原理如图 5-3 所示。其工作流程为：首先将助燃风机启动，助燃空气通过空气管道输送至分流器后，分两路进行输出。作为一次风的助燃空气进入预混器外壳内，通过一次布风板转换为细股流，与经燃气分布孔转换为轴向和径向细股流的燃气相遇，在预混器内进行混合。然后通过预混连接管混合充分后输送至燃烧器主体外壳的预混管内，并进一步输送至点火烧嘴处，这样便完成了一次预混。作为二次风的助燃空气经二次风导流管，输送至点火烧嘴外沿转换为径向和轴向细股流射出。二次风与一次混合气进行充分混合，起到了补偿助燃作用，同时，还可以将燃烧烟气推送的更远，加强烟气循环，降低炉膛温差。此外，二次风还可以降低点火烧嘴温度和火焰传播速度，并可通过二次风解决传统预混式燃烧的回火问题。

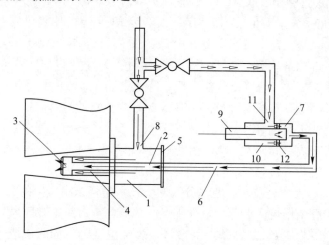

图 5-3　预混式二次燃烧器工作原理

1—主体外壳；2—预混管；3—燃烧火嘴；4—二次风导流管；5—后端板；6—预混连接管；
7—预混器；8—二次风连接口；9—燃气输送管；10—预混气外壳；
11——次风连接口；12——次风分布板

5.1.2.2　推广应用情况

于晓亮通过对某企业加热炉燃烧器的改进，采用新型加热炉引射式多喷头预混燃烧器后，日平均节约天然气 $4800 \sim 9600 m^3$，并且其尾气一部分供家属区作为煤气使用，其余通过加热炉尾气烧嘴燃烧，实现了废气的零排放[4]。

李萍等人[5]通过对广东蒙娜丽莎陶瓷有限公司 J 线辊道窑和苏州渭塘压铸有限公司熔铝炉的生产工况进行实测，并对实测数据进行分析，在全面采用预混式二次燃烧工业燃烧器后，并通过优化工艺过程控制，节能率分别可达到 9.41% 和 20.54%。对广东蒙娜丽莎陶瓷有限公司 J 线辊道窑改造前后的 SO_2 和 CO_2 的排放量和烟气流速做了检测，结果发现 SO_2 排放量大幅减少，CO_2 排放量也稍有减少，烟气流速降低，SO_2 和 CO_2 的减排率分别可达到 55.97% 和 27.31%，因此，预混式二次燃烧系统节能减排技术可降低能源消耗、减少废气排放，具有明显的经济社会效益。

5.1.3　低 NO_x 燃烧技术

5.1.3.1　技术介绍

低 NO_x 燃烧的概念和技术始于 20 世纪 70 年代。研究表明，NO_x 分为热力型 NO_x、快速型 NO_x 和燃料型 NO_x。热力型 NO_x 是燃烧时空气中的氮在高温下氧化而成。生成量随火焰温度、高温区氧浓度、气流在高温区停留时间的增加而增加，并且，当温度高于 1500℃ 后会急剧增加。热力型 NO_x 生成量可达总量的 25%～30%。快速型 NO_x 是由燃料燃烧时产生的烃（CH_i）等在火焰面附近撞击燃烧空气中的 N_2 分子而生成 CN、HCN，然后 HCN 等再被氧化成 NO_x。燃料型 NO_x 是燃料中的氮化合物在燃烧中氧化而成，在较低温度（600～800℃）时就会大量生成，可占总量的 70% 以上。燃烧条件对 NO_x 生成量的影响大小随燃料种类和燃烧方式而变化，但降低燃烧温度、降低火焰区氧浓度、缩短气体在高温区停留时间以及降低燃料的氮含量都是降低 NO_x 生成量的有效措施。

目前，钢铁工业低 NO_x 燃烧技术主要从以下几个方面达到效果：降低火焰温度、使最高火焰温度区域处于富燃状态、降低停留时间。主要包括空气分级燃烧、燃料分级燃烧、蓄热式燃烧、烟气再循环等技术[6~8]。

（1）空气分级燃烧技术。空气分级燃烧技术是将二次风中的部分风（10%～20%）引入炉膛主燃烧区上部，减少主燃区的氧含量，使主燃区风量只有原来的 80%～90%。燃料在缺氧富燃条件下燃烧，燃烧温度降低同时生成大量 CO 等还原物质，可将 NO_x 还原。然后，在燃烧装置末端第二次通空气，使第一阶段不完全燃烧产物 CO 和 HC 完全燃尽，实现高效低排放燃烧。

（2）燃料分级燃烧技术。燃料分级技术（见图 5-4）的概念最早由 Wen 于 1972 年提到。20 世纪 80 年代早期，第一次被日本科学家 Mitsubishi 应用于锅炉上。通过设置多级燃料分别进入炉膛，来实现不同燃烧区域化学当量比的变化，形成主燃烧区域、再燃还原区域和完全燃烧区域。其基本原理为首先只送入部分燃料，使燃料在富氧条件下燃烧；之后再将剩余燃料送入炉膛，使其在富燃料缺氧环境下燃烧并生成 NH_3 和 CO 等还原剂，与 NO 发生还原反应生成 N_2，由此抑制 NO_x 生成。此方法可实现约 50% 的 NO_x 减排效率。

（3）蓄热式燃烧技术。由于不存在局部明显的火焰和高温区，也被称为无焰燃烧（flameless combustion）。蓄热式燃烧的基本原理是使燃料在高温低氧浓度的条件下燃烧。蓄热式燃烧可将助燃空气预热至 800～1000℃，高温的助燃空气喷射进入炉膛卷吸周围的燃气，从而有效降低氧浓度，形成一种贫氧的状态，从而形成与预混式燃烧或扩散燃烧完全不同的新型火焰类型，形成均匀的温度分

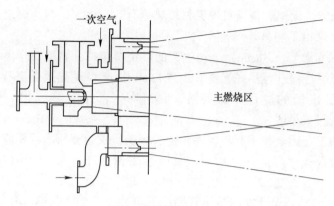

一次空气

主燃烧区

图 5-4　分级燃烧法

布。由于没有明显的局部高温区，从而有效地避免热力型 NO_x 的生成。

（4）烟气再循环技术。如图 5-5 所示，烟气再循环技术是指在加热炉顶部抽取一部分烟气，直接送入炉膛，或与一次风、二次风混合后送入炉内，可有效稀释氧浓度，降低燃烧速度，减少局部高温区面积，从而使火焰温度降低，温度分布均匀，降低热力型 NO_x 的生成。该技术降低 NO_x 排放的效果与燃料种类和再循环量相关，降低 15%~25%。

5.1.3.2 推广应用情况

钢铁工业低 NO_x 燃烧技术应用的重点均在于燃烧器本身的研究，通过燃烧

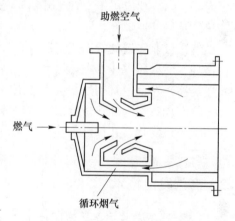

助燃空气

燃气

循环烟气

图 5-5　烟气再循环法

器本身结构及燃烧方式的优化达到降低 NO_x 排放的目的，所采用的技术方案大多为上面提及的分级空气燃烧技术、分级燃烧技术、烟气再循环技术及蓄热式燃烧技术（无焰燃烧）。其中，美国、德国、日本、意大利等国家研究较早，多个公司的低氮燃烧器得到了广泛的应用，例如：

（1）意大利特诺恩（Tenova）公司相继开发了有焰燃烧器、无焰燃烧器、蓄热式燃烧器和蓄热式无焰燃烧器（TRGX）。目前 TRGX 燃烧器已经用在中型管转底炉改造中，与传统有焰燃烧相比 NO_x 排放减少约 60%。

（2）德国 WS 公司针对轧钢厂辊底式热处理炉整体热效率较低的情况开发了多款新型燃烧器，如 REKUMAT、REGEMAT、热辐射管燃烧器。在高效燃烧的同时，能够最大程度地减少 NO_x 的排放。

（3）德国 Linde 公司近几年开始专注于技术的开发和应用，开发了无焰燃烧

器和纯氧燃烧器。无焰燃烧器可使钢材加热更有效、均匀，与原燃烧技术相比排放降低 70%，取得了明显效果。

（4）美国布鲁姆（Bloom）公司生产的燃烧器包括：直焰燃烧器、辐射管式燃烧器、常规燃烧器和蓄热式燃烧器。其 Lumi-flame 型蓄热式燃烧器在我国大型钢厂也得到了广泛的应用，如宝钢、宝钢梅钢、武钢等，NO_x 排放水平为 47.4μg/g，减排效果明显。

我国钢铁工业燃烧技术起步较晚，随着烧嘴研发企业与高等院校及科研院所的合作，该方面技术经验逐渐积累，目前已能独立进行低 NO_x 燃烧器的开发，例如：

（1）北京神雾公司开发的蓄热式燃烧器可使工业炉 NO_x 和 CO_2 的排放量减少 20%~70%。

（2）北京凯明阳公司开发的系列产品和技术适用于钢铁工业的燃烧器和钢包烘烤器。已成功应用于宝钢、舞钢、湘钢、长钢、包钢、三钢等钢厂不同类型的加热炉及热处理炉上。

虽然，目前先进的低氮燃烧器、空气分级燃烧、燃料分级燃烧、烟气炉外和炉内循环、燃尽风等技术在燃煤锅炉、高炉等炉窑上得到广泛应用，但主要是集中在燃烧器开发上，且加热炉应用并不多。若从新的角度，将原本垂直方向上的低氮分级燃烧技术与加热炉分段、蓄热等特点结合，对分段热负荷、空燃比、温度均匀性进行优化，在保证加热工艺实现全炉膛整体的低氮燃烧是非常值得研究的问题之一。

5.2　高效发电技术

5.2.1　燃气-蒸汽联合循环发电技术（CCPP）

5.2.1.1　技术介绍

燃气-蒸汽联合循环发电技术（CCPP）充分利用钢铁企业低热值高炉煤气，由燃气轮机循环及汽轮机循环所组成，煤气的热能既利用了烟气的做功能力发电，又利用了蒸汽的做功能力发电，从而更大限度地提高了能源利用效率。该技术将钢铁企业高炉等副产煤气经除尘器净化加压后与经空气过滤器净化加压后的空气混合进入燃气轮机燃烧室内混合燃烧，高温高压烟气直接在燃气透平内膨胀做功并带动发电机完成燃气轮机的单循环发电。燃气轮机做功后的高温排气送入余热锅炉，产生高、中压蒸汽后进入蒸汽轮机做功，带动发电机组发电，形成煤气-蒸汽联合循环发电系统，系统中锅炉和蒸汽轮机均可外供蒸汽，灵活组成热电联产系统，主要工艺流程图如图 5-6 所示。

CCPP 装机容量主要是依据富余煤气资源为基准，综合考虑企业富余煤气资源与机组容量的匹配及运行的经济可靠性，应用低热值煤气的 CCPP 技术需满足

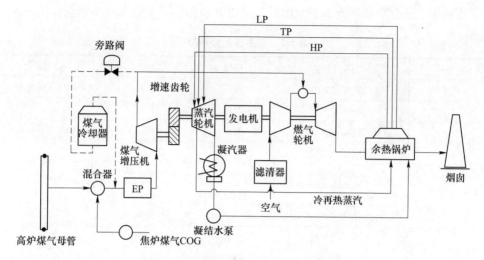

图 5-6　燃气-蒸汽联合循环发电流程图

以下几个条件：

（1）年产 500 万吨钢以上规模的钢铁联合企业；

（2）CCPP 机组单机装机容量不低于 50MW；

（3）已建有燃煤气热电系统作为企业富余煤气的缓冲用户。

目前，该项技术仍仅被国外少数几家公司掌握，主要有两种技术流派，一种是采用单筒燃烧器的燃气轮机，技术拥有方包括 ABB、新比隆公司；另一种是采用多筒燃烧器的燃气轮机，技术拥有方包括三菱、GE。而随着燃气轮机技术的发展，目前占据国际先进水平的为多筒燃烧器技术，典型机型包括三菱的 M251、M701 系列及 GE 的 6B、9E 系列。目前，国内杭汽、南汽两家大型工业汽轮机制造公司分别与三菱重工和 GE 公司开展了技术转让合作，已完成了 50MW 系列装机容量的 CCPP 技术转让，但燃气轮机的部分核心部件仍需进口。

5.2.1.2　节能减排效果

应用低热值煤气的 CCPP 技术由于采用了能源的梯级利用，在不外供热时机组的热效率即可达到 40%~45%，比常规热电机组转换效率高出近一倍。从煤气利用效率分析，CCPP 机组与锅炉-蒸汽轮机发电机组单位立方米煤气发电量分别为 0.43kW·h 及 0.23kW·h，即在相同煤气量情况下，可多发电 70%~90%。同时，由于 CCPP 机组中燃气轮机不需要大量冷却水，因此，与常规热电机组相比，可节水 40%~50%。

目前，国内钢铁企业已建成低热值 CCPP 发电机组几十套，总发电装机规模约 3000MW，年可利用富余煤气量约 500 亿立方米，年发电量 200 亿千瓦时，总计实现节能 900 万吨标准煤。

表 5-1 给出了某钢铁企业 50MW 级 CCPP 机组的主要技术经济指标。

表 5-1   主要技术经济指标

序号	项 目	单位	数值	备 注
1	燃气轮机输出功率	MW	28.1	已扣煤气压缩耗功
2	汽轮机功率	MW	18.9	
3	联合循环电站总出力	MW	47	已扣煤气压缩耗功
4	联合发电量	万千瓦时	37086	
5	运行小时数	h	8040	
6	年高炉煤气 BFG 用量	万立方米	97640.78	
7	年焦炉煤气 COG 用量	万立方米	918.34	
8	循环冷却水量	万立方米	5226	
9	机组发电热效率	%	40.02	
10	机组供电热效率	%	38.5	

5.2.1.3   推广应用情况

1995 年，宝钢和日本川崎重工开始在宝钢电厂建造国内第一台燃烧低值煤气的 CCPP 发电机组，装机容量 145MW，100%纯烧高炉煤气，于 1997 年 11 月正式投入运行。随着钢铁行业节能减排力度的不断加强，CCPP 技术的节能环保优势日益彰显，共有宝钢、鞍钢、武钢、包钢等十几家大中型钢铁企业建设了低热值 CCPP 机组，占国内重点大中型钢铁企业总数的 30%左右。

5.2.2   全燃高炉煤气锅炉发电技术

5.2.2.1   技术介绍

全燃高炉煤气锅炉发电技术是以钢铁企业富余煤气为锅炉燃料，从而用于驱动蒸汽轮机发电机组进行发电的技术，主要包括锅炉、汽轮机、发电机三大核心设备。它充分高效回收利用了钢铁企业各类富余煤气，且可作为企业重要的煤气缓冲用户，同时省去了一般火力发电厂输煤和制粉系统、排渣及除尘系统等。

该技术的基本原理是企业富余煤气经净化处理后，由管道输送至锅炉炉膛内，锅炉内由于煤气的不断燃烧，由化学能转变为热能，将产生具有一定压力和温度的蒸汽引入汽轮机，经过膨胀做功将热能转换成机械能；最终，汽轮机通过联轴器带动发电机上具有磁场的转子，将机械能转换成了电能。

按锅炉运行参数分类，该技术在钢铁行业的应用主要包括两种，中温中压参数通常指锅炉所产蒸汽参数为 3.82MPa、450℃；高温高压参数通常指锅炉所产蒸汽参数为 9.82MPa、540℃。该技术主要工艺流程图如图 5-7 所示。

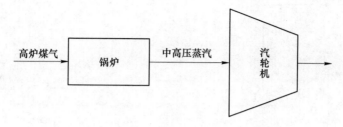

图 5-7　全燃高炉煤气锅炉发电技术工艺流程

5.2.2.2　节能减排效果

目前，中温中压参数全燃煤气锅炉汽轮发电机组的平均热效率为 25% 左右，如采用高温高压参数，则机组热效率还可提高约 5%~10%。

以年产 500 万吨钢的钢铁联合企业计算，按吨铁产生高炉煤气 1400m³ 计算，年副产高炉煤气量 65.8 亿立方米，扣除高炉热风炉、焦炉及部分轧钢系统消耗后，可富余高炉煤气量约 19.74 亿立方米。如采用中温中压全燃高炉煤气锅炉发电技术，除可利用上述富余煤气外，同时年可增加企业自发电量 4.4 亿千瓦时（约占全厂用电量的约 15%~20%），相当于节约标煤 15.4 万吨，年减少 CO_2 排放 38 万吨。如提高锅炉发电机组运行参数，即采用高温高压参数，则还可另新增发电量 0.58 亿千瓦时，新增节约标煤量 2 万吨。

5.2.2.3　推广应用情况

全燃高炉煤气锅炉发电技术在国内各类型钢铁企业均已得到成功应用，且该技术的主要设备包括锅炉、汽轮机、发电机均已完全实现国产化，取得了显著的经济和节能效益。作为国家"十大重点节能工程"之一，该项技术在国内钢铁行业得到广泛的推广应用，在重点大中型钢铁行业的普及率已达 90% 以上。目前，高温高压参数的全燃煤气锅炉发电技术应用比例为 15%。

5.2.3　热电联产技术

5.2.3.1　技术介绍

热电联产是根据能量梯级利用原理，先将煤、天然气等一次能源发电，再将发电后的余热用于供热的能量生产方式。该技术是先将煤燃烧产生高温烟气，高温烟气通过锅炉进行热量传递产生高温高压的蒸汽，而后蒸汽带动汽轮机进行发电，做功后的低品质蒸汽则用于供热。热电联产常见的方式有两种：抽汽式和背压式，其流程如图 5-8 所示[9, 10]。背压式是指汽轮机排气温度和压力设计成热用户所需的温度和压力，排气的冷凝热供热用户使用。抽汽式是从汽轮机中部抽出一部分仍具有一定压力的蒸汽供给用户使用，剩余部分蒸汽在汽轮机中继续做功。

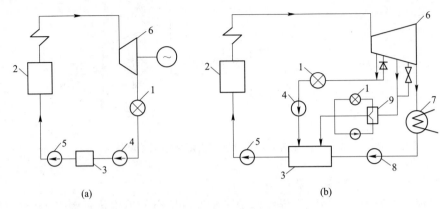

图 5-8 热电联产示意图

（a）背压式热电联产；（b）抽汽式热电联产

1—热用户；2—锅炉；3—回水箱；4—回水泵；5—给水泵；6—热电联产汽轮机；
7—凝汽器；8—凝结水泵；9—热网加热器

5.2.3.2 节能减排效果

热电联产发电和供热同时进行，使得整体系统的效率得到较大的提高，其效率一般超过85%，同时该技术能使能源成本降低30%，一次燃料比单纯发电厂和供热锅炉减少35%，CO_2 的排放量比燃煤电厂减少30%以上[10]。

5.2.3.3 推广应用情况

热电联产技术不仅能供电，同时也能够供热，实现了能源的梯级利用。因此，对于节能减排和提高能源利用效率具有重要意义。

近年来，热电联产技术在我国快速发展。装机容量从 2011 年的 20387 万千瓦时到 2019 年 52423 万千瓦时。我国也提出许多相关政策促进热电联产技术的推广应用。其中，国家发改委、环境保护部、国家能源局提出的《煤电节能减排升级与改造行动计划（2014~2020 年)》中指出要对集中供热范围内的分散燃煤小锅炉实施替代和限期淘汰，到 2020 年，燃煤热电机组装机容量占煤电总装机容量比重力争达到 28%。

5.3 氧氮氩高效气体制备技术

5.3.1 外压缩与内压缩空分技术

5.3.1.1 技术介绍

A 外压缩空分技术

外压缩空分技术工艺流程如图 5-9 所示[11]。原料空气经过滤器（AF）除去灰尘和机械杂质后，进入压缩机压缩，然后进入冷却塔（AC）进行清洗和预冷。在冷塔中设有除雾器，来除去空气中的水滴。从冷却塔处出来的空气通过分子筛吸附器（MS）吸附掉空气中的水分、二氧化碳等杂质。净化后的空气分为两股：一股进入增压机进行增压，而后被冷区水冷却至常温后进入主换热器（E1），再从主换热器中部抽出进入膨胀机（ET），膨胀后部分送入上塔（C2）参与精馏；另一股空气则是直接进入主换热器，被冷却至饱和温度后进入下塔（C1）。空气经初步精馏后，在下塔底部得到液空，在顶部得到纯氮。得到的氮气经过冷器、主换热器复热后作为产品输出。在下塔抽取的液空、纯液氮经过冷器（E2）过冷后进入上塔相应部位。上塔进一步精馏后，在上塔底部得到氧气。氧气经主换热器复热和压缩机加压后进入氧气管网。从精馏塔上塔中部抽取一定量的氩馏分进入粗氩塔。经粗氩塔精馏得到氩含量98.5%、氧含量2×10^{-4}%的粗氩气，进入精氩塔中部。经精氩塔精馏，在精氩塔底部得到氩含量99.999%的精液氩。

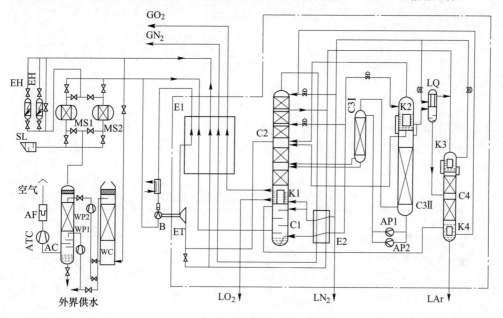

图 5-9　外压缩制氧技术流程

B　内压缩空分技术

内压缩空分技术在空气净化前的工序与外压缩相同，净化后的空气同样分为两股，工艺流程如图 5-10 所示。一股空气进入主换热器与反流的污氮气和产品气进行换热后进入下塔（C1）进行精馏。另一股空气经压缩机压缩后又分为两股，一股从增压机的中部抽出，经膨胀剂的增压端增压后经冷却器冷却进入主换热，并从主换热器的中部抽出，经膨胀机（ET）膨胀后进入精馏塔下塔（C1）进行精馏；另一股在增压机中继续增压，而后进入主换热器换热，冷却后经节流进入下塔。产生的液氧是先通过液氧泵加压后经主换热器复热。其余后续工序与外压缩技术基本相同[11]。

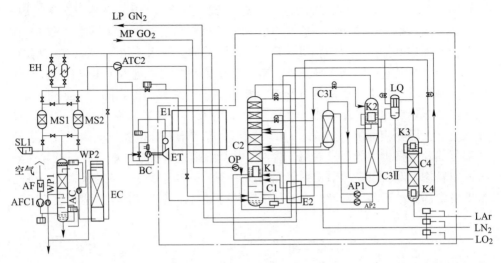

图 5-10　内压缩制氧技术流程

5.3.1.2　推广应用情况

外压缩空分技术较内压缩空分技术更早引入国内，现已能完全实现国产化。在对两种技术选择应用需结合多方面的因素进行考虑。内压缩空分和外压缩空分技术对比见表 5-2[12]。

表 5-2　内压缩空分与外压缩空分技术对比

项　目	内压缩空分技术	外压缩空分技术	备　注
技术选择	视氧（氮）产品压力、产量等多方面因素	通用，一般都可以采用	
装置安全性	相对更高	高	主要是获得带压氧气的方式不同
一次性投资	较高	较低	
长期维护费用	较少	相对较多	外压缩没有产品压缩机，周期性维护较内压缩多一些
启动速度	较快	较慢	
氧提取率	空气循环略低、氮循环较高	高	液体量很少的情况下
运行能耗	较高	较低	
操作方便性	较难	容易	

5.3.2 全液体空分技术

5.3.2.1 技术介绍

A 空气直接膨胀循环制冷流程

空气直接膨胀循环制冷流程如图 5-11 所示[13]。空气经过滤器过滤后进入空压机，压缩后的空气全部进入膨胀机增压端增压，增压后的空气经冷气机组冷却后进入分子筛纯化系统进行净化。净化后的空气进入主换热器，一股空气从主换热器的中部抽出进入膨胀机膨胀后返回主换热器复热后放空；另一股空气从主换热器底部抽出节流后进入下塔的底部。下塔初步精馏后得到富氧液空，富氧液空经过冷器过冷后进入上塔。在下塔顶部得到高纯氮气，氮气在主冷中液化得到液氮，上塔进一步精馏，在底部得到液氧，在上部得到污氮气，液氧从主冷取出送入贮存系统，污氮气从上塔顶部抽出，经过冷器、主换热器复热后出冷箱作为分子筛纯化系统再生气使用。

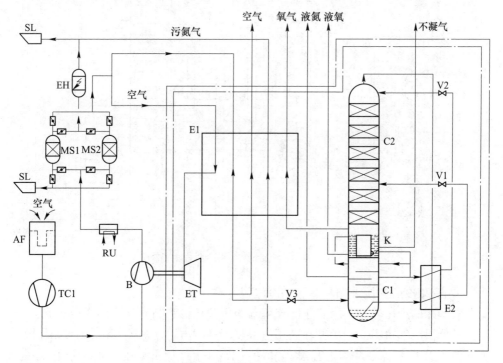

图 5-11 空气直接膨胀循环制冷流程示意图

B 外循环膨胀制冷流程

a 中压外循环膨胀制冷流程

中压外循环膨胀制冷流程如图 5-12 所示[13]。经净化后的空气直接进入冷箱，在主换热器换热达到接近液化温度后进入下塔。在下塔，空气被初步精馏分离成氮和富氧液空，氮气在主冷中液化为液氮。而部分液氮作为下塔回流液，另一部分液氮从下塔顶部引出，经过冷器过冷后，一部分节流送入上塔顶部，另一部分作为产品送入贮存系统贮存。从下塔抽出一股压力氮，一部分经主换热器复热后送入循环氮压机的进口，另一部分在循环氮换热器复热后送入循环氮压机进口。复热后氮气被循环压缩机压缩后进入膨胀机的增压端增压，而后进入循环氮换热器进行冷却，一部分从中部抽出进入膨胀机进行膨胀，膨胀后的氮气经复热后进入循环氮压机进行循环；另一部分从循环氮换热器末端排出，经节流后进入下塔参加精馏。经过上塔精馏后，得到污氮和液氧。污氮气从上塔上部引出，经复热后作为分子筛吸附器的再生气体。产品液氧从主冷抽出送入贮存系统贮存。

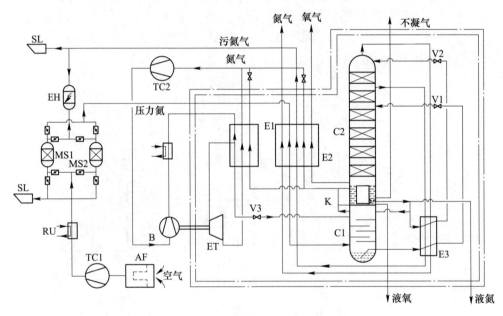

图 5-12   中压外循环膨胀制冷流程示意图

b   有预冷的中压外循环膨胀制冷流程

有预冷的中压外循环膨胀制冷流程与中压循环膨胀制冷流程的主要区别在于增加了低温冷气机组。利用循环高压氮换热端的潜力增加高温制冷量，以此来增加液体产品的产量。具体工艺流程如图 5-13 所示。从下塔抽出的一股压力氮，一部分通过主换热器换热后送入循环氮压机进口，另一部分经循环高压氮换热器复热后送入循环氮压机进口，复热后的氮气经循环氮压机压缩后进入透平膨胀机的增压端增压，经增压、冷却后的氮气进入循环高压氮换热器冷却到−20 ~ −15℃时被抽出到低温冷却机组进行冷却，冷却到−35 ~ −30℃又回到循环高压氮换热器继续冷却。此时，一部分氮气从循环高压氮换热器的中部抽出进入膨胀端进行绝热膨胀,膨胀后氮气返回循环高压氮换热器复热后再进入循环氮压机进行循环。剩余氮气从循环高压氮换热器的末端排出,经节流后进入下塔参与精馏。进入下塔的氮气流量与抽出的压力氮流量相同。该流程其他工序与中压外循环膨胀制冷流程相同[13]。

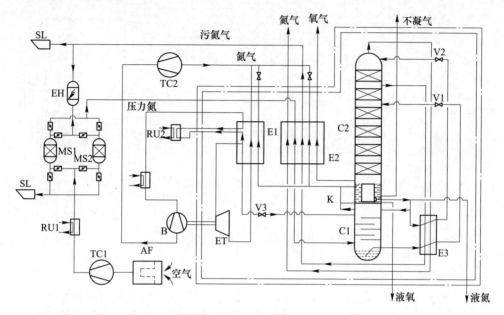

图 5-13 有预冷的中压外循环膨胀制冷流程示意图

c 中压外循环双膨胀制冷流程

中压外循环双膨胀制冷流程与中压外循环膨胀制冷流程相比,主要是用高、低温膨胀机替代了中压膨胀机,充分利用了循环高压氮换热器的潜力增加制冷量,以此提高液体的产量。具体工艺流程如图 5-14 所示。从下塔抽出的一股压力氮,一部分经主换热器复热后送入循环氮压机进口,另一部分经循环高压氮换热器复热后送入循环氮压机进口。氮气经循环氮压机压缩后分为两股,一股直接进入循环高压氮换热器冷却,冷却到一定温度后抽出到高温膨胀机膨胀端进行膨胀,而后返回循环高压氮换热器复热后进入循环氮压缩机进行循环压缩。另一股氮气先到高温透平膨胀机的增压端进行增压,而后又进入低温膨胀机的增压端进行增压,之后通过冷却器冷却后进入循环高压氮换热器冷却,冷却后的氮气一部分从循环高压氮换热器的中部抽出进入低温膨胀机组膨胀端进行绝热膨胀,膨胀后的氮气经循环高压氮换热器复热后进入循环氮压机进行循环,另一部分氮气从循环高压氮换热器末端排出,经节流后进入下塔参加精馏。该流程的其余工序与中压外循环膨胀制冷流程相同[13]。

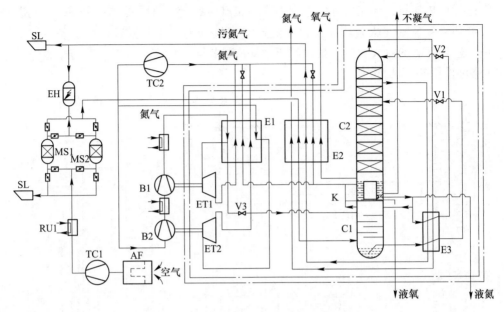

图 5-14   中压外循环双膨胀制冷流程示意图

5.3.2.2 节能减排效果

三种液体空分流程的单位液体能耗分别为：空气直接膨胀循环制冷流程的单位液体能耗在 $1168 \sim 1185 kW \cdot h/m^3$ 之间；有预冷的中压外循环膨胀制冷流程的单位液体能耗在 $112 kW \cdot h/m^3$ 左右；中压外循环膨胀制冷流程的单位液体能耗在 $1136 kW \cdot h/m^3$ 左右；中压外循环双膨胀制冷流程的单位液体能耗在 $1116 kW \cdot h/m^3$ 左右。

5.3.2.3 推广应用情况

在综合考虑能耗和投资等因素下，每个流程的适用范围如下：

（1）当液体量小于 $992 m^3/h$（34t/d）时，宜采用空气直接膨胀循环制冷流程。

（2）当液体量小于 $1546 m^3/h$（53t/d），但却大于 $992 m^3/h$（34t/d）时，宜采用中压外循环膨胀制冷流程。

（3）当液体量小于 $3004 m^3/h$（103t/d），但却大于 $1546 m^3/h$（53t/d）时，宜采用有预冷的中压外循环膨胀制冷流程。

（4）当液体量大于 $3004 m^3/h$（103t/d）时，宜采用中压外循环双膨胀制冷流程。

由于将来的发展方向是制取大液体量的全液体空分设备，中压外循环双膨胀制冷流程会因其能耗低和操作方便被广泛应用。

5.4 副产煤气回收及显热利用技术

5.4.1 焦炉煤气显热回收技术

5.4.1.1 技术介绍

从焦炉炭化室经上升管逸出的 650~750℃ 的焦炉煤气所携带的显热量约占炼焦总耗热量的 36%。现有的焦炉煤气显热回收技术是在上升管采用不同的冷却介质（水或导热油）或不同的换热方式对焦炉煤气的显热进行回收利用[14]。

导热油回收焦炉煤气显热技术的工艺流程如图 5-15 所示[15]。冷导热油和热煤气在夹套管中进行换热，热煤气变为冷煤气，冷导热油变为热导热油。热导热油可用于蒸氨等，而后冷导热油进入气液分离器中，液相的导热油进入导热油储槽中直接进行循环利用，而气相的导热油进入膨胀槽中变为液相再进入导热油储槽中进行循环利用。

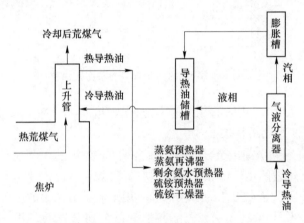

图 5-15 导热油回收焦炉煤气显热技术流程图

分离式热管回收焦炉煤气显热技术工艺流程如图 5-16 所示[16]。上联箱和下联箱分别将排列于上升管耐火层内壁上的一组分离式热管的吸热端的上、下两端汇聚，并分别通过耐压管道与分离式热管放热端相联，构成一密闭的循环通道。热管内抽真空后注入一定数量的水作为传热介质。液态水在热管吸热端吸收焦炉煤气的热量后变为蒸汽，进入汽包内，再与汽包内的水进行换热，在汽包中产生蒸汽，而换热后蒸汽又变为液态水回到下联箱进行循环。汽包内的排汽压力可根据需要进行调节，最高可调至 1.6MPa 以上。

5.4.1.2 节能减排效果

采用导热油回收焦炉煤气显热，通过优化系统的运行参数，最终可以实现减少炼焦能耗（以标煤计）15kg/t。热管回收焦炉煤气显热技术，煤气出上升管温

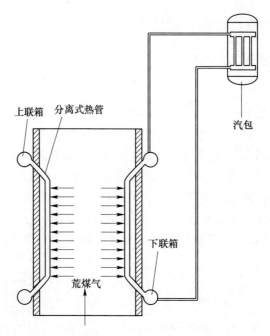

图 5-16　热管回收焦炉煤气显热工艺流程

度约为 500℃，可产 1.6MPa 的蒸汽速率为 66kg/h。

5.4.1.3　推广应用情况

2006 年，济钢和济南冶金设备公司在济钢 6m 焦炉的 5 个上升管上进行了导热油回收荒煤气热量的生产试验，并取得较好的效果。但该技术存在可能漏油以及成本较高等问题，是在工艺的后续推广应用中需不断完善的。分离式热管回收焦炉煤气显热技术是 2008 年南京圣诺热管有限公司开发的，并在上海梅山钢铁股份有限公司的 4.3m 焦炉的一个上升管上进行了连续性试验。

5.4.2　高炉煤气余压透平发电技术

5.4.2.1　技术介绍

高炉煤气余压透平发电技术（TRT）是将高炉煤气的压力能和热能，通过透平膨胀做功转化机械能，再由机械能转化为电能的过程。TRT 工艺流程如图 5-17 所示[9]。高炉中产生的具有一定压力和温度的煤气，从高炉顶部出来，经过除尘器除尘后，进入 TRT 装置。TRT 与减压阀组是并联设置。高压的高炉煤气经过 TRT 的入口插板阀、紧急切断阀和调速阀，进入透平机膨胀做功，进而带动发电机发电。经透平做功后的低压煤气，经旋流板脱水器和出口插板阀后供用户使用。TRT 中的旁通阀是作为 TRT 紧急停机时，TRT 与减压阀平稳过渡的使用，以确保高炉炉顶煤气压力不会产生较大波动。

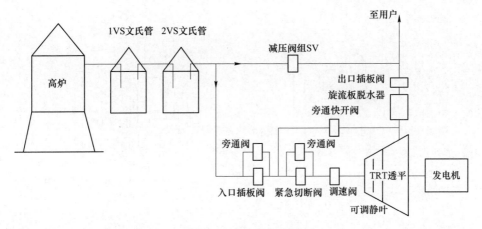

图 5-17　TRT 工艺流程

5.4.2.2　节能减排效果

TRT 装置所能发出的电量与高炉煤气的压力和流量直接相关。一般高炉生产吨铁产生的煤气发电量为 30~40kW·h。对于高炉煤气除尘若采用干法除尘可以使发电量提高 25%~40%，同时可节约大量的除尘用水，生产每吨铁节水约 9t，其中节约新水 2t 左右。

5.4.2.3　推广应用情况

我国在 1981 年引进了第一套 TRT，到 1995 年我国在 1000m³ 以上的高炉上投产了 12 套 TRT，其中 5 套进口，7 套国产。随着我国高炉大型化和 TRT 的国产化以及钢铁工业节能减排的需求，TRT 技术的开发和应用都快速的发展。到 2007 年底已投产 400 多套 TRT，TRT 的普及率达 80% 左右。其中 2000m³ 以上的高炉全部配备了 TRT，普及率达 100%，1000m³ 以上的高炉配备 TRT 的普及率也超过了 95%[17]。

5.4.3　转炉煤气高效回收技术

5.4.3.1　技术介绍

A　湿法回收技术

常见的湿法回收技术为 OG 法（oxygen gas recovery system）。该方法是 20 世纪 60 年代日本新日铁和川崎公司联合开发的，到现在已经发展到第四代。目前世界上 90% 的转炉采用 OG 法对转炉煤气进行回收。OG 法的工艺流程如图 5-18 所示。转炉产生的高温（约 1450℃）煤气首先进入斜烟道，在烟道中冷却后的煤气温度降到约 1000℃，然后分别进入一次除尘器和二次除尘器进行粗除尘（去除大颗粒物质）和精除尘（去除细小颗粒）。除尘后的煤气经脱水器等设备去湿后由引风机送到储气柜（合格煤气）或放散（不合格煤气）。

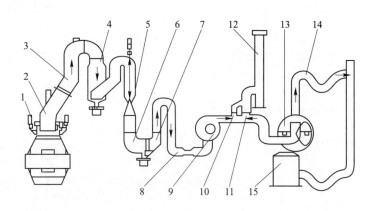

图 5-18　OG 法工艺流程[18]

1—活动烟罩；2—炉口烟道；3—斜后烟道；4——次除尘器；5—二次除尘器；
6—弯头脱水器；7—湿气分离器；8—烟气流量计；9—风机；10—旁通阀；
11—三通阀；12—烟囱；13—水封逆止阀；14—V 形阀；15—煤气柜

B　干法回收技术

常见的干法回收技术为 LT 法，如图 5-19 所示。该方法是将转炉产生的高温煤气经过烟气冷却器冷却后温度降到 380~1000℃，然后进入蒸汽冷却器进一步进行降温，降低至 180~200℃，同时，煤气中的部分粉尘在蒸汽冷却器中被除去，经过降温和初除尘的煤气进入静电除尘器进行进一步除尘处理。除尘后得到的粉尘在回转窑中进行加热，然后用压块机压制成块。经过净化后的不合格煤气就放散掉，合格的进入煤气柜供用户使用。

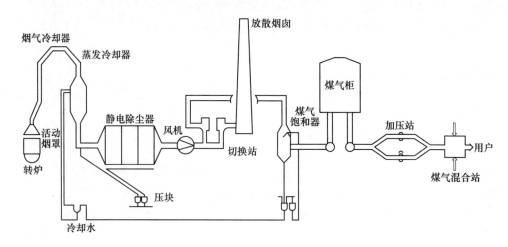

图 5-19　LT 法工艺流程[19]

C 半干法回收技术

转炉煤气半干法回收技术如图 5-20 所示。该方法是将高温煤气通入汽化冷却烟道中降温至 900~1000℃后进入蒸发冷却器，被降温除尘，温度降至 200~300℃，而后进入环缝可调喉口文氏管，在喉口处被喷入的循环水进一步除尘降温，经过净化后的煤气进入脱水器脱水后处理方式与其他两种回收方法相同。

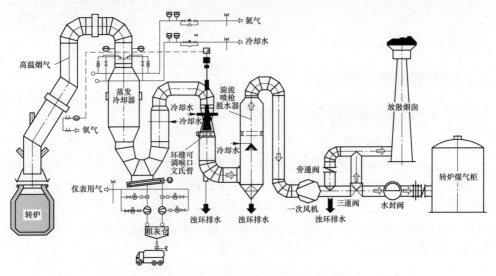

图 5-20　半干法回收技术工艺流程[20]

5.4.3.2　节能减排效果

莱钢采用 OG 法回收转炉煤气，煤气的含尘量为 10mg/m³，煤气回收量为 70m³/t；梅钢在采用第四代 OG 系统后煤气回收量从 40m³/t 增加至 70~80m³/t。

莱钢采用 LT 法回收转炉煤气，煤气的含尘量为 6.6mg/m³左右，煤气回收量高达 91.4m³/t；天铁的 LT 系统回收的转炉煤气含尘量 3~5mg/m³，煤气回收量能达 121m³/t。

承钢采用半干法回收转炉煤气，相较于传统湿法系统水耗减少 1/3，煤气回收量能增加 10m³/t。

5.4.3.3　推广应用情况

我国的 OG 法和 LT 法首次引入都是在宝钢，运行良好。而后 OG 法在马钢、承钢、莱钢等都有应用。首钢京唐 5 座 300t 转炉均采用了 LT 法。表 5-3 为三种转炉煤气回收工艺的对比结果[21]。LT 法和半干法的除尘和回收效果相较于 OG 法更好。而 LT 法的各项指标均优于半干法。从除尘效果和节能潜能来看，LT 法具有较好的应用前景。但 LT 法的投资成本高，操作复杂。从经济性和操作运行来看，半干法的应用前景更好。

表 5-3　三种转炉煤气回收工艺现场应用指标

项　目	OG 法	LT 法	半干法
粉尘含量/mg·m^{-3}	10～100	3～15	10～30
煤气回收量/m^3·t^{-1}	70～90	85～120	90～120
吨钢水耗/m^3	0.06～0.3	0.01～0.07	0.04～0.2
吨钢电耗/kW·h	6～12	1.15～3.5	介于 OG 法和 LT 法
系统阻力/kPa	14～28	7.5～9	与 OG 法相当

5.5　固/熔体余热回收技术

5.5.1　烧结矿显热回收技术

5.5.1.1　技术介绍

不同的冷却装置决定了不同的余热回收工艺，为了最大限度地利用余热产生更多的电量，开发高效的烧结矿冷却设备已迫在眉睫。想要实现烧结矿显热的高效回收利用，需改变烧结矿的冷却工艺，将错流式冷却方式改变为对流冷却方式（counter-flow cooling），即开发烧结竖式冷却（shaft cooler for sinter）取代现普遍采用的环式冷却机和带式冷却机。竖式冷却不但可大幅度减少冷却废气排放量，并使得出口冷却废气稳定在较高的温度（500℃）上，而且可以减少烧结矿冷却机的显热损失，并显著减少粉尘排放。

竖式冷却机典型结构如图 5-21 所示[22]。冷却过程如下：烧结机排出的热烧结矿（650～850℃），先经热破碎和热筛分，再由密闭烧结矿罐车运输到冷却机侧下方，由吊车提升并平移到冷却机上部，再由进料装置送入冷却机的预存段，然后进入换热室与冷却空气进行逆向换热。冷却后的烧结矿（100～150℃）由排料阀排出到皮带机上，再由皮带机运送到高炉。烧结矿在冷却机内的冷却速率（即停留时间）可通过调节循环风量进行控制。循环冷却空气由循环风机从冷却机底部的布风板送入，在冷却机中与烧结矿进行逆向换热。从冷却机排出的热废气经热废气管路和除尘器后进入余热锅炉。回收

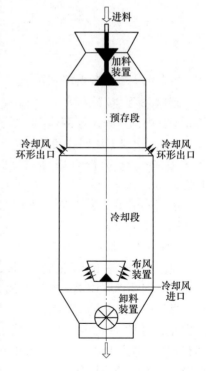

图 5-21　竖式冷却机结构示意图

的热废气温度可保持在450~550℃。

竖式烧结矿冷却机是一种以空气为载热体，全面回收烧结矿显热的冷却设备。其技术思路为：将冷却机变"穿行"为"静止"（与冷却风进出口装置之间静态连接），变"卧式"为"竖式"，从根本上克服原有冷却机的弊端，确保冷却废气的品质，从而有利于后续的余热利用。竖式冷却机具体特征如下：

（1）密闭腔冷却。密闭腔可大大减小或消除系统漏风，同时减少了无效风量，降低了鼓风机电耗。

（2）气固逆向换热。烧结矿和空气逆向换热可保证较高的换热效率，同时热源温度的稳定性也得到了较大的提高。

（3）废气参数调整。通过调节冷风量控制进入烧结矿冷却机的风温在70~120℃范围内。

（4）预存室均压。通过控制均压阀，调整预存室压力，防止换热室内热废气外泄和冷空气进入。

竖式冷却机具有如下优点：

（1）冷却设备漏风率大大降低。冷却机采用密闭的腔室对烧结矿进行冷却，良好的气密性使其漏风率接近于零。

（2）冷却设备气固换热效率提高。采用逆向换热，烧结矿从冷却器的上部进入，下部排出；冷却空气从冷却器的下部布风板送入，上部抽出，换热效率大为提高。

（3）热废气品位提高。逆向换热方式使得热废气温度趋于稳定，冷却机出口热废气温度保持在450~550℃的较高水平，比常规冷却机出口热废气温度高出150℃左右。

（4）有利于提高余热利用率。新型烧结矿冷却机占地面积较小，可配套先进的检测装置用于检测预存室烧结矿的高度、热废气温度和烧结矿排出温度等。同时可对热废气流量进行反馈调节，从而有效减少热废气温度的波动。热废气参数的稳定使得与之配套的余热锅炉运行稳定，余热利用率大大提高。

5.5.1.2 节能减排效果

烧结工序能耗在所有钢铁工序能耗中，仅次于炼铁工序能耗而居于次席。烧结是最经济的造块工艺，具有优良的资源适应性，在钢铁联合企业中，烧结工序是钢铁长流程不可或缺的重要工序之一。因此，高效回收烧结矿显热是钢铁工业节能降耗的有效途径。

采用竖炉式冷却机，可以将冷却机排放的废气量削减50%~60%，废气温度由100~400℃提升到450℃以上，烧结饼余热利用的效率由30%提高到60%以上，每吨烧结矿可多发电10kW·h以上，此外可显著减少粉尘及CO_2排放。按国内年产烧结矿7亿吨计算，每年单发电量提高带来的直接经济效益在35亿元以上, 此外还有显著的环境和社会效益。因此, 该技术是烧结机余热发电发展的方向。

5.5.1.3 推广应用情况

近年来, 东北大学、河北理工大学、上海交通大学、上海理工大学、西门子奥钢联、中信重工、中冶东方等高校学者和工程公司, 以及韩国埔项钢铁集团、天津天丰等钢铁企业, 开展竖式炉 (竖罐、立罐) 密闭热交换装置和工艺的研究与工程开发, 以更高效回收烧结矿显热。

A 东北大学

东北大学蔡九菊教授在国内率先提出参照干熄焦 (CDQ) 开发竖式冷却回收烧结矿显热。其回收工艺流程如图 5-22 所示。

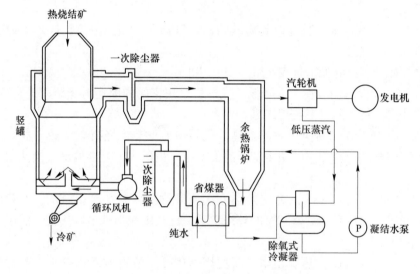

图 5-22 竖式冷却回收烧结矿显热工艺流程

该系统主要由冷却装置、除尘装置、余热锅炉、循环风机 4 部分组成。来自于烧结台车的炽热烧结矿经粉碎后由旋转倒料罐体接收, 倒料罐体经电机车牵引至炉式冷却塔, 然后由提升机将倒料罐体提升至塔顶; 提升机挂着倒料罐体向冷却塔中心移动过程中, 与装入装置连为一体的冷却罐体炉盖自动打开, 装矿漏斗自动放到冷却塔上部, 提升机放下的倒料罐体由罐体台接收, 在提升机下降过程中, 罐体底阀门自动打开, 开始装入热烧结矿; 装完后, 提升机自动提起, 罐体炉盖自动关闭。烧结矿在预存段预存一段时间后, 随着冷矿的不断排出下降到冷却段, 在冷却段与循环气体进行热交换而冷却, 再经振动给料器、旋转密封卸料阀、溜槽由专用皮带排出。冷却的循环气体, 在罐体内与热烧结矿进行热交换后温度升高, 并经环形烟道排出, 高温循环烟气经过一次除尘器分离粗颗粒烧结矿后进入余热锅炉并进行热交换, 锅炉产生蒸汽, 温度降到 150~200℃ 的低温循环烟气由锅炉出来，进入二次除尘器进一步分离细颗粒烧结矿后，由循环风机送入预热器，经换热再进入罐体循环使用。

B 河北理工大学

河北理工大学张玉柱通过对烧结冷却机余热发电国内现状的调研及中低品位热能高效利用方法的研究，提出了一种全面提升热能品位的新型立式烧结矿冷却装置，如图5-23所示。该装置由供料装置、冷却装置和输料装置3部分构成。冷却装置包括立式密闭的本体、热风管路、风机和自上而下设置于本体的料斗、上密封阀、预存室、下密封阀、换热室、布风板、等压风室和排料通道。

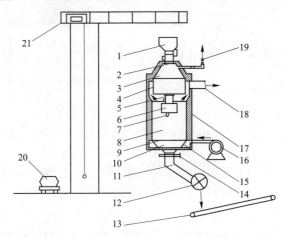

图5-23 立式烧结冷却机本体结构示意图

1—装入装置；2—上密封阀；3—预存室；4—环形风室；5—下密封阀；6—布料器；
7—料槽；8—换热室；9—布风板；10—等压风室；11—卸料口；12—排料阀；13—皮带机；
14—卸料阀；15—调节挡板；16—循环风机；17—炉墙；18—热废气管路；
19—均压阀；20—烧结矿罐车；21—吊车

C 上海交通大学

上海交通大学张忠孝开发的烟气循环多通道炉内冷却烧结料余热发电系统技术，工艺流程如图5-24所示。该技术的特点是：可以充分发挥烧结废气（主抽烟道废气、环冷废气）循环的作用，将机头风箱温度较低的废气引出用于竖式冷却机内烧结矿的冷却介质；将机尾风箱温度较高的废气和环冷废气循环至烧结料层表面进行余热利用；将温度较低的烧结主抽风气引至冷却机竖式炉内，促使可燃气体炉内二次燃烧，削减其中的污染物，并与从炉底鼓入的空气一道冷却烧结矿；经炉内逆流均匀冷却后，烧结矿由上而下排料，冷却废气由下而上引出炉体，经一次除尘后，进入余热锅炉系统，驱动蒸汽进行发电；经余热锅炉系统的烧结废气，再经电除尘，一部分回用于竖式炉矿料冷却，一部分经深度净化后排出系统之外。

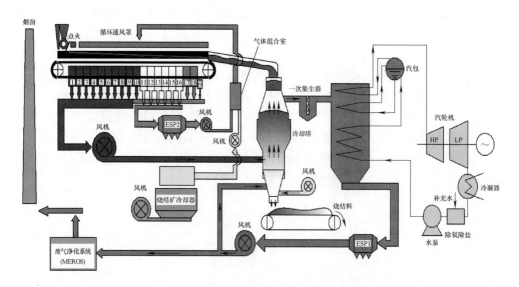

图 5-24　烟气循环多通道炉内冷却烧结料余热发电系统工艺流程

在此工艺中，烧结废气经此冷却和循环利用后，总体外排废气量预计可减少1/3；并可大幅提高余热回收温度、降低冷却电耗。与传统烧结机余热发电技术相比，烧结矿显热回收效率达到25%以上、提高余热发电量50%以上、降低系统自用电25%、提高烧结机年运转率1%~2%。基于该工艺，以烧结矿年产约8亿吨的产能测算，烧结机生产线配套高效炉冷烧结机余热发电系统，装机容量可达4000MW。

D　中信重工

针对烧结矿显热的高效利用，中信重工开发了竖式炉冷余热发电成套技术，其工艺流程如图5-25所示。

烧结矿系统流程：热烧结矿→破碎机→转运装置→冷却炉→冷烧结矿。

冷却空气系统流程：鼓风机→布风装置→冷却炉→一次除尘→余热锅炉→二次除尘→引风机。

余热发电系统流程：余热锅炉→汽轮机→冷凝器→除氧器→给水泵→余热锅炉。

5.5.1.4　案例

2014年，天丰钢铁公司270m²烧结机的竖冷窑冷却系统正式投入生产；2015年，竖冷窑回收余热蒸汽发电工程10MW发电机组顺利实现并网发电，当日发电能力达到了7500kW·h，经过72h连续运行，机组发电能力稳定在9700~10000kW·h之间，最大能力达到10700kW·h。该工程总投资7000万元人民币，

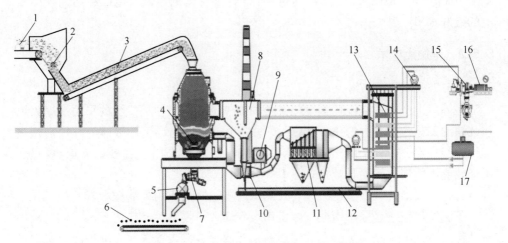

图 5-25　竖式炉冷余热发电技术工艺流程

1—热烧结矿；2—单辊破碎机；3—烧结矿输送装置；4—鼓风装置；5—旋转排矿阀；

6—冷烧结矿输送；7—震动给料机；8——次除尘器；9—引风机；

10—鼓风机；11—二次除尘器；12—链式输送机；13—余热锅炉；

14—汽包；15—汽轮机；16—发电机；17—除氧器

其中竖式窑部分为 2000 万元人民币（鼓风机利旧，约 700 万元），发电部分为 5000 万元人民币。年产 240 万吨烧结矿（步进式烧结机），每天发电收益 15 万～16 万元，年节约标煤 2 万吨，年减少 CO_2 排放 5.2 万吨，年运行费用 500 万元（人工 180 万元+设备维护 200 万元+水耗 120 万元+吨矿冷却电耗持平），年余热回收效益 3320 万元。

2018 年 4 月，梅钢 450m² 烧结矿竖冷窑开始调试，投产初期存在着物料偏析大、排矿温度高、废气温度低的突出问题，经过前后数次对炉体结构进行改造，2018 年 11 月调试工作取得明显进展，竖冷窑发电机组成功并网发电。2019 年以来，烧结生产组织以竖冷窑为主，原环冷机作为备用，以不断改进竖冷效果，充分发挥其节能环保优势。目前经过连续几个月运行，生产趋于稳定。根据梅钢近几个月运行实践，关键工艺参数如下：平均排矿温度约 150～180℃，未出现排红矿现象，安全方面能够满足连续生产时烧结矿冷却温度低于 200℃ 的要求；物流运行通畅，未影响烧结生产系统正常运转。而且与原环冷技术相比，烧结矿竖冷技术在节能环保方面存在着显著优势。环保方面：竖冷窑通过合理的运行参数控制，基本能够杜绝漏风现象，使得烧结区域漏风和粉尘无组织排放得到了有效解决。节能方面：从余热锅炉蒸汽小时产量看，当前竖冷窑蒸汽量达 20～25t/h，而改造前蒸汽量为 9～12t/h，与自身相比，蒸汽小时产量达到改造前的两倍；梅钢竖炉当前吨矿发电量 16～21kW·h，我国钢铁企业吨矿烧结余热回收平均发电量为 16kW·h，最高可以达到 21kW·h[23]，可见梅钢竖炉发电已经达到环冷发电的最好水平[24]。

5.5.2 干熄焦技术

5.5.2.1 技术介绍

在炼焦生产中，高温红焦冷却有两种熄焦工艺：一种是传统的采用水熄灭炽热红焦的工艺，简称湿熄焦（CWQ）；另一种是采用循环惰性气体与红焦进行热交换冷却焦炭，简称干熄焦（CDQ）。传统湿法熄焦采用水直接熄灭炽热红焦，不但热能不能回收，而且吨焦产生 0.3~0.4t 水蒸气夹带大量烟尘及少量硫化物等有害物质放散，既严重污染大气及周围环境，同时还大量消耗水。

干法熄焦技术是采用惰性气体将焦炭冷却并回收焦炭显热的工艺。推出炭化室的焦炭落入干熄焦用焦罐车的焦罐内，并通过装料装置送入干熄炉冷却室，采用惰性气体与焦炭换热，冷却的焦炭由排焦装置连续排出并送下一工序。加热后的惰性气体可进入余热锅炉换热回收蒸汽并发电，冷却后的惰性气体返回熄焦工序。干熄焦工艺流程图如图 5-26 所示。

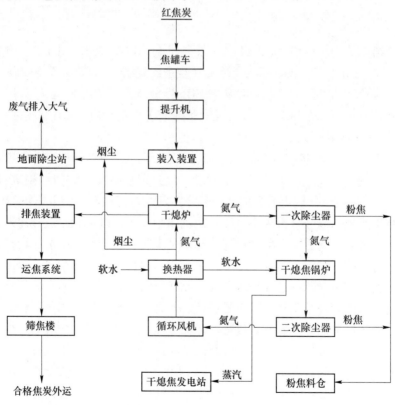

图 5-26　干熄焦工艺流程

干熄焦锅炉是整个干熄焦系统中的重要组成部分，也是整个余热利用工艺的核心设备之一。随着国内焦炉的日益大型化，干熄焦装置和干熄焦锅炉的单机容量也日趋大型化，这为高温高压锅炉在干熄焦工程中的应用提供了技术上可行的前提条件。在同等熄焦条件下，高温高压锅炉所产蒸汽的发电量比中温中压锅炉所产蒸汽的发电量高约 10%~15%。在能源利用方面，高温高压锅炉占据优势。

5.5.2.2 节能减排效果

A 从环保效果角度分析

在传统熄焦方式即湿法熄焦时红焦与水接触产生大量的酚、氰化物和硫化物，这些物质会随着熄焦产生的蒸汽直接排放到大气，严重腐蚀周围设备并污染大气。干法熄焦采用惰性循环气体在密闭性的干熄炉内与红焦进行换热冷却，整个系统中配备一整套除尘率达 99% 以上的干熄焦除尘设备，只将达到环保标准的高净化气体排入大气，在很大程度上减少了对环境的负面影响。

B 从经济效益角度分析

目前，对干熄焦经济效益影响最大的是建设投资和动力消耗，能源回收量也很重要。干熄焦建设的投资，如果按相同的产汽能力折算，与动力锅炉投资相比，大约为 5 倍，如果再计入开采动力煤的煤矿投资，则干熄焦产汽折算的投资只是动力产汽投资的 1.25 倍。干熄焦的经济效益一般可用投资回收期来表示，关于干熄焦的投资偿还期，日本估算为 4~5 年，德国估算为 6 年，我国估算为 5~6 年。干熄焦在能源回收利用及其焦炭质量提高且在高炉炼铁方面的延伸效益也越来越明显。以焦炉配套建设处理能力为 160t/h 的干熄焦项目为例，每吨焦可回收能源为 50kg 左右标煤。与湿法熄焦相比，干熄焦后的焦炭机械强度、耐磨性、筛分组成、反应性等方面均有明显的提高。干熄焦用于炼铁可降低高炉焦比，同时提高高炉生产能力。这一项的延伸效益非常可观[25]。

C 从能源回收角度分析

以黄陵煤化工公司的两套 170t/h 干熄焦装置为例。当两套干熄焦装置产生的蒸汽均用于发电时，配套两台 15MW 抽汽凝汽式汽轮发电机组，发电机组正常进汽量 2×60t/h，满足两台机组满发，纯凝工况全年运行 8280h，年发电量约 240×10⁶kW·h，系统自用电 45×10⁶kW·h，可满足厂区大部分生产用电负荷，每年可节约电费约 1.1 亿元。剩余中压蒸汽 46t/h 外送供生产使用，可减少锅炉产汽量，年供汽量约 38 万吨，可节约费用约 4500 万元。采用该方案每年节能量折标煤约 12.65 万吨。当 1 套干熄焦产生的蒸汽发电，配套 1 台 18MW 抽汽凝汽式汽轮发电机组，纯凝工况全年运行 8280h，年发电量约 170×10⁶kW·h，系统自用电 47×10⁶kW·h，每年可节约电费约 6900 万元。另一套干熄焦产生的 86t/h 中压蒸汽（4.3MPa，450℃）外送，供生产系统使用，年产汽量约 71.2 万吨，可节约费用约 8500 万元。采用该方案每年节能量折标煤约 13.9 万吨。

采用干熄焦技术可回收约 80% 的红焦显热，可降低炼焦能耗（以标煤计）30~40kg/t；还可以改善焦炭质量、降低高炉焦比，或在配煤中多用 10%~15% 的弱黏结性煤，具有非常显著的节能环保效益和经济效益[26]。

5.5.2.3　推广应用情况

为实现焦化行业节能减排，近年来国家有关部委出台了一系列推广应用干熄焦技术的鼓励措施，包括制订了一系列政策，并在资金上予以支持。

我国干熄焦技术是 1986 年宝钢一期工程从日本引进开始应用的，随后上海浦东煤气厂、济钢、首钢等又引进了俄罗斯、乌克兰、日本的干熄焦技术。在此基础上，原国家经贸委与原国家冶金局组织鞍山焦耐院等有关单位成立开发干熄焦技术一条龙协作组，对引进技术进行改进和创新，开发了具有我国自主知识产权的干熄焦技术。2004 年随着采用我国自主研发的干熄焦技术与设备的示范工程——马钢和通钢干熄焦装置的顺利投产，标志着我国实现了干熄焦技术与设备的国产化，以后又实现了设备的大型化和系列化。目前，我国已能自主设计、制造和建设 50~260t/h 各种规模的干熄焦装置，干熄焦技术日趋成熟。

据中国炼焦行业协会统计，截至 2019 年底，全国几千家企业已建成干熄焦装置 325 套。总干熄能力达 44150t/h。实际运行 292 套，实际处理焦炭能力 41030t/h（按 85% 干熄能力算 30550 万吨/年），约占全国焦炭产能的 35%[27]。

5.5.3　熔渣余热回收利用

5.5.3.1　技术介绍

炼铁、炼钢过程中产生大量的冶金渣，这些渣中带有大量的显热。根据我国炼铁高炉、炼钢转炉生产实际统计，每炼 1t 铁约产生 280~400kg 高炉渣，每炼 1t 钢约产生 120~150kg 钢渣，这些渣中含有大量的显热。根据资料介绍每千克高炉渣焓值约 1797.4kJ，每千克钢渣焓值约为 2000kJ。如果标煤热量按 29260kJ/kg 计算，则每炼 1t 生铁产生的渣的显热约相当于 20kg 标煤，每炼 1t 钢产生的渣的显热约相当于 8kg 标煤，根据焦炭与标煤折算系数 0.9714kg，则各相当于 20.5kg 和 8.2kg 的焦炭[28]。

根据统计数据 2020 年我国粗钢产量按 10.53 亿吨计，则每年因高炉渣带走热相当于 2106 万吨标煤，钢渣带走热相当于 842 万吨标煤，相当于 2160 万吨和 861 万吨的焦炭。如每座焦炉年产量按 100 万吨计算，我国每年因炉渣带走的热相当于 30.2 座焦炉的年产量，焦炭价格按 1200 元/t 计算，相当于 362.5 亿元。

除了所蕴含的高温余热资源，熔渣本身也是一种可回收利用的工业原料。其主要组成成分与硅酸盐水泥的成分接近。当液态熔渣按照不同的冷却速率冷却时会形成不同的固相：冷却速率较慢时形成晶体相；冷却速率较快时，所得到的固体物质会是玻璃相，后者所释放的热量比前者约少 17%。但玻璃相的固态熔渣具有较高的水活特性，可用作硅酸盐水泥的掺合料，或制作微晶玻璃等，使得其自身利用价值大大提高。

目前全国来看，冶金渣热能利用率极低，所谓的利用就是北方企业冬季用高炉热的渣水进行冬季取暖，由于受到供热区域、流量等条件的限制，以及渣水含有大量的碱性物质对泵及管道腐蚀等因素，渣热能利用率极低。而且春、夏、秋三个季节不能使用，大量热的渣水无法排除，影响生产和作业环境。因此，渣的显热回收利用是十分重要的课题。

钢铁企业主要将高炉渣进行水淬获得玻璃相的渣产品。水淬工艺即用水冲击渣沟中的液态熔渣，使其快速冷却并在热应力的作用下破碎成颗粒，得到的固态渣粒玻璃相可达到95%。然而水淬法存在明显的缺陷，如水耗高、污染物排放严重、无法回收熔渣热量等。20世纪70年代国外提出了干式粒化高炉渣技术。随着时间的推移，干式粒化余热回收的中心逐渐向离心粒化余热回收转移。

离心粒化技术在化工、粉末冶金、制药、食品和农业等方面运用广泛。1985年，英国的Pickering等人首次提出用离心粒化法来粒化高炉渣，并回收其热量。离心粒化法（DSG）的原理是：将高温的熔渣倒入高速旋转的杯状或者转盘中，液体熔渣由于离心力的作用被甩出并形成颗粒，并在飞行过程中快速冷却凝固成固态渣粒，热态的渣粒进入流化床或固定床继续冷却回收余热。离心粒化法的设备简单、动力消耗少、处理能力大、适应性好、产品粒度分布小，并且已经成功运用在了化工和粉末冶金等领域，因此离心粒化法备受研究者青睐，并受到了广泛的研究，其工艺如图5-27所示。

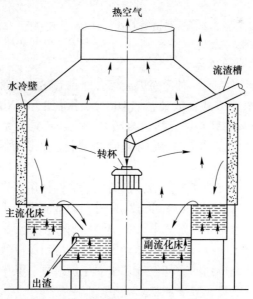

图 5-27　离心粒化法高炉渣粒化余热回收工艺

高炉熔渣离心粒化及资源化综合利用的工艺原理是：将冶金熔渣流入高速旋转的转盘或者转杯中，在离心力、重力和空气黏性阻力的共同作用下，熔渣流体破碎形成熔滴，熔滴在飞行过程中，与周围介质进行换热，使自身温度下降，通过控制过程参数，可以控制渣粒尺寸和换热速率，从而保证在玻璃化转换温度前的冷却速率，使熔渣形成玻璃态，从而提高其附加值。过程中，利用物理法或者化学法将部分余热进行回收。最后，凝固的固态渣粒进入硫化床或者固定床，或者作为工业化学反应热源继续冷却回收剩余余热。

对于后续余热回收，当前学者提出了很多不同的回收方式，主要分为化学法和物理法两种，但目前来说，渣粒的余热回收研究主要偏重于通过介质与熔渣换热产生高温介质进行后续利用，例如发电或预热气，其流程如图5-28所示。

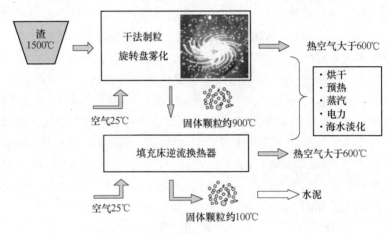

图5-28 高炉渣离心粒化回收方式流程图

5.5.3.2 节能减排效果

根据目前最新研究结果，对于高炉渣综合回收方案的商业价值体现主要针对目前主流的高炉渣水淬方式：底滤法（OPC）、因巴法（INBA）、图拉法（TY-NA）、拉萨法（RASA）等4种方法，与离心粒化炉渣处理系统（DSG）进行对比，分析了各种处理方式在生命周期内能源消耗、资源消耗以及引起的环境影响。

水淬工艺下，高炉渣由高炉排出，在高压水冲的作用下进行急速冷却并破碎成颗粒，冲渣水处理后循环进入水冲过程，得到的湿渣进入干燥装置经干燥后用作水泥的原料；离心粒化处理工艺下，高炉渣由高炉排出后，在经转盘粒化后形成粒化渣，并在流化床中进行初步冷却到800℃，达到极冷效果，之后进入固定床进行二次余热回收，得到的冷却渣进入水泥生产过程，其中有空气回收的热量进入高炉，提高高炉热量，减少能耗。

根据数据调研得出不同过程下的能量耗散、资源耗散和排放的数据，进行能量、环境和经济性评估。高炉渣处理系统在不同过程中都有能量和资源的输入和输出，整个体系的能耗和资源消耗等于整个过程能耗总和。在体系过程中，主要能量输入有石油、煤和电力，资源消耗包括铁矿石、煤、水、石油和天然气等。根据调研数据可以计算出不同处理方式下各工艺能耗具体情况。从图5-29可以看出由于离心粒化方式具有余热回收和利用，增加了高炉渣热量输入，减少了整个体系中所需要的能源供给，使得整个体系能耗有大量的减少；另外从图5-29（b）可以看出，在离心干式高炉渣处理过程中不需要水的供给，然而传统水淬会造成大量水资源的浪费，这些水耗占整个资源消耗的31%～46%，因此离心粒化方式能更好地节约资源[29]。

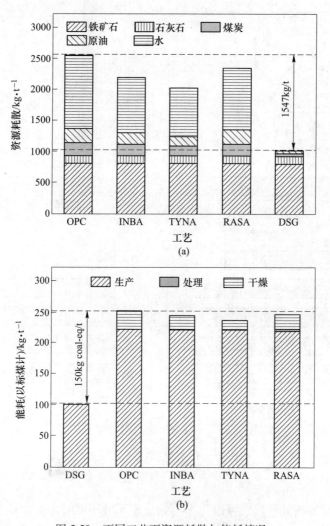

图 5-29 不同工艺下资源耗散与能耗情况

此外，由于资源消耗的减少，导致整个体系中化石能源消耗的减少，使得排放物更加干净，根据数据处理结果，各排放物调研如图 5-30 所示。

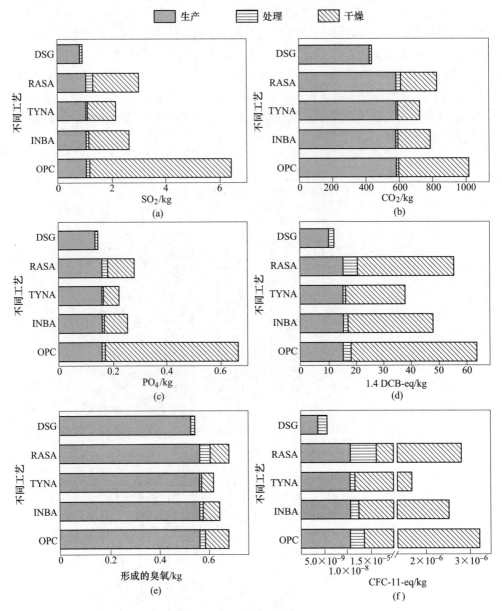

图 5-30   不同渣处理工艺排放指标

（a）酸化工艺；（b）全球变暖；（c）富营养化；（d）人体毒性；（e）光化学氧化；（f）臭氧层破坏

通过环境影响分计算，可以得出不同工艺下对环境的影响，环境因子计算公式见式（5-1）：

$$S_{EI} = \sum EII_i \times f_i \tag{5-1}$$

式中，S_{EI} 为环境影响评分；EII_i 为环境影响指标；f_i 为相应 EII_i 的加权因子。

不同渣处理工艺环境影响分结果如图 5-31 所示。

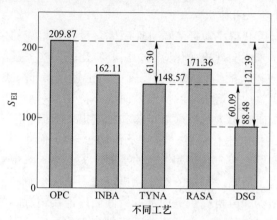

图 5-31　不同渣处理工艺环境影响分

从图 5-31 可以看出，离心粒化渣处理（DSG）工艺能更好地减少渣处理过程对环境的影响。

从上述结果可以看出，离心粒化可以给高炉渣处理过程带来更少的资源和能量输入以及更好的环境影响，但是离心粒化体系能否进行商业化运行仍然需要进一步研究，针对商业评价，利用不同工艺下其潜在的商业价值对整个体系进行经济型分析，其评估公式见式（5-2）：

$$P_{implicit} = (E_{basic} + E_{return}) - (E_{compulosy} + E_{optional}) \tag{5-2}$$

根据数据调研结果并经过计算，可以得到如下结果，见表 5-4。

表 5-4　不同工艺的成本和回报　　　　　　（美元）

工　艺	OCP	INBA	TYNA	RASA	DSG（65%）
必要成本	104.3	104.3	104.3	104.3	78.7
可选成本	79.4	57.7	39.3	77.4	6.4
水泥产值	73.7	73.7	73.7	73.7	73.7
隐性收益	-5.7	16	34.4	-3.7	92.9

从表中可以看出，干法高炉渣处理工艺（DSG）具有更好的经济型结果，在整个生命周期中可以达到 1t 渣 92.9 美元的收益。

综上所述，离心粒化干式热回收工艺（DSG）在生命周期内的能耗（以标煤计）约为 100kg/t。相比之下，各种水淬法的能耗在 240～250kg/t 之间。可见 DSG 技术具有巨大的节能优势。同样的，在资源消耗方面，DSG 所消耗的资源也仅仅只有水淬工艺的一半。此外，考虑到环境影响，干法也显示出了无比的优越性，干式热回收显示出了巨大的环保优势，其在酸化、全球变暖、富营养化、人体毒性、光化学氧化、臭氧层破坏等各个指标上均处于领先地位。

5.5.3.3   推广应用情况

该技术理论上可获得小粒径渣粒且玻璃体含量高、熔渣的余热回收率在90%以上。但是至今还未能实现工业化应用，离心粒化的一些关键问题还有待突破。

（1）粒化形成较大的熔融颗粒在装置中撞击壁面形成结焦和粘壁。解决方法：通过可视化实验探究熔渣液滴撞击壁面规律特性，对不同壁面条件和撞击工况下黏结问题进行研究，为解决熔渣结焦和粘壁提供依据。

（2）高炉渣结构对水化活性的影响及作用机理尚不明确。目前对高炉渣活性影响研究大多停留在组成及矿相组成的层面，关于高炉渣微观结构对其水化性能的影响及发挥尚不清晰，高炉渣的水化机理尚不明确。解决方法：尝试从微观角度分析高炉渣结构，分析高炉渣内部硅氧四面体连接情况、配位数、桥氧数等与水化反应活性的对应关系，进一步揭示高炉渣水化反应机理。

（3）大多数研究停留在离心粒化后渣粒自然冷却的层面，并未涉及渣粒的余热回收。有的学者虽然搭建了熔渣余热回收实验台，但是仅仅进行了冷态实验，并未进行熔渣颗粒在流动空气场中换热特性的研究，也没有得到装置的热回收率等参数，因此熔渣颗粒在空气中冷却的多场耦合问题仍有待进一步探究。

（4）大多数研究集中在理论研究层面，而科学理论成果技术转化方面的研究较少。例如如何解决熔渣间歇出渣与余热回收装置连续运行的矛盾；如何尽量缩小装置尺寸的同时有效防止熔渣颗粒在壁面黏结；如何防止熔渣颗粒在装置底部结焦等[30]。

5.6   烟气及冷却介质余热回收利用技术

5.6.1   烧结烟气余热回收利用技术

5.6.1.1   技术介绍

烧结烟气余热回收利用是指将烧结生产工序中产生的废气热量加以回收再利用的技术，主要分两大部分，如图5-32所示。一部分是占总带入热量约24%的烧结烟气显热。烧结过程中，随着物理化学反应的进行，烧结烟气温度、成分等不断变化，当烧结进行到最后，烟气温度明显上升，机尾风箱高温段排出的废气温度可达300~400℃。另一部分是占烧结过程带入总热量约45%的烧结矿显热。从烧结机尾部卸出的热烧结矿平均温度为600~800℃，在冷却过程中，烧结矿显热变为冷却废气显热，高温段废气温度为350~420℃。因此，烧结机尾风箱烟气和烧结矿显热是烧结余热回收的重点。

余热利用方式包括热利用和动力利用。

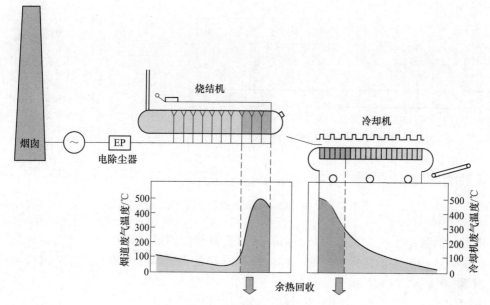

图 5-32 烧结生产工序烟气余热回收示意图

A 热利用

热利用即利用余热来助燃、预热、干燥、供热、供暖等。

（1）用作点火炉助燃空气：将冷却机废气除尘后，输送至点火炉空气管道内，以节省点火燃料。一般可节约点火燃料 10%以上。

（2）预热烧结混合料：在点火炉前设置预热炉，冷却机废气由鼓风机送入预热炉内，对混合料进行预热，以提高混合料温度，降低固体燃料消耗。点火前，将 300~400℃的热气流（标态）以 0.7~1.0m³/(m²·s) 的空速掠过并预热料层。经过 1~2min，表层生料完全干燥后点火。这样，既缩短烧结时间，又因焦炭燃烧温度提高而扩大了烧结带。图 5-33 所示为日本某烧结机废气预热生料的流程图。废气取自环冷机的第二个排气筒，回收风机前未设除尘器，300℃高温废气分别送预热、点火和保温炉段。

（3）热风烧结：此方法是在烧结机点火后，继续以 300~1000℃热风或热废气向料层提供热量，进行烧结。

（4）产生蒸汽供暖、供热：该方法通过余热锅炉产生蒸汽，送至管网供全厂使用。

1）环冷机废气余热锅炉。高温废气从环冷机上部的两个排气筒抽出经重力式除尘器进入余热锅炉进行热交换。锅炉排出的 150~200℃的废气由循环风机送回环冷机风箱连通管循环使用。用远程手动操作调节废气量。系统中专设一台常温风机，其作用是当余热回收设备运行时补充系统漏风。余热回收设备

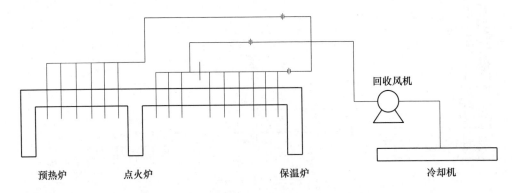

图 5-33 日本某烧结机废气预热生料流程示意图

不运行而烧结生产仍在进行时，可打开余热回收区的排气筒阀门，启用该风机以保证环冷机的正常运行并使它卸出冷烧结矿的温度低于 150℃，工艺流程如图 5-34 所示。

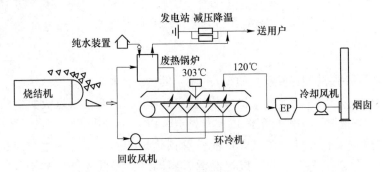

图 5-34 环冷机废气余热锅炉余热回收工艺流程示意图

2）烧结主排废气余热锅炉。烧结主排烟气从热回收区抽出经重力除尘处理，进入余热锅炉进行热交换，锅炉排出 150~200℃ 的低温烟气再经循环风机返回烧结机主排烟管，如图 5-35 所示。系统中设有旁通管，当最后一个风箱由于漏风而使温度下降时，可将此风箱的烟气送回至前面合适的主排烟管道，以保证抽出的烟气温度在一个较高的水平上。当最后一个风箱温度回升时，这部分烟气仅可继续回收利用。此外，在热回收区与非回收区之间不设隔板，用远程手动操作调节烟气量。从而保证稳定操作不影响烧结生产，同时确保主电除尘器入口烟气温度在露点以上，工艺流程如图 5-36 所示。

B 动力利用

动力利用即将热能用作余热锅炉或其他余热回收装置的热源，生产蒸汽将其转化为电能或机械能，如余热发电。

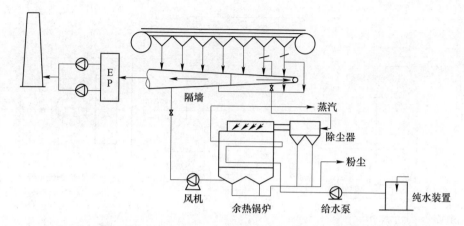

图 5-35　烧结主排废气余热锅炉余热回收工艺流程图

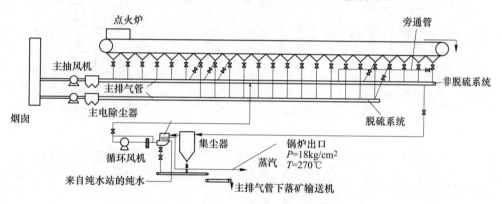

图 5-36　宝钢 495m² 烧结机主排废气余热回收

烧结机和冷却机余热回收发电系统主要由烟气系统、锅炉热力系统、汽轮发电系统、热工仪表及自动化系统和纯水系统等组成，如图 5-37 所示。

a　烟气系统

每台烧结机和冷却机需配备 1 套烟气回收输送系统。从烧结机和冷却机烟气高温段引出的烟气通过烟气母管送入余热锅炉顶部，经过炉膛，从锅炉下部排出，换热后的烟气通过管道接至风机，加压后，接至烟囱排出，或者尾气采用再循环，作为烧结热风或烧结矿冷却风等用途，实现烟气循环利用。

b　锅炉热力系统

烧结机和冷却机高温烟气进入余热锅炉，加热受热面中的水，水吸热变为高温高压的蒸汽再进入汽轮机发电，完成联合循环。

c　汽轮机发电系统

余热锅炉产生的蒸汽通过外网送至汽机间的蒸汽母管，汇合作为主蒸汽送入汽轮机。汽机排汽经过冷凝器后，形成冷凝水，经过冷凝水泵运行抽气器和轴封

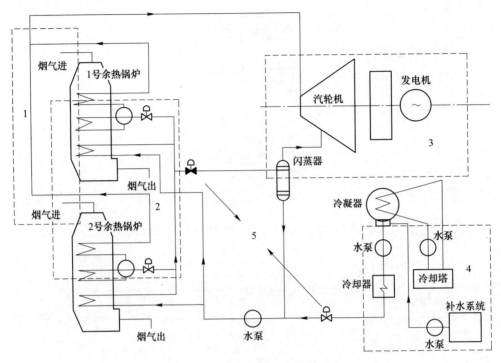

图 5-37 烧结烟气余热发电系统组成

1—烟气系统；2—锅炉热力系统；3—汽轮发电系统；4—纯水系统；5—热工仪表及自动化系统

加热器后，由锅炉给水泵送至余热锅炉。

d 热工仪表及自动化系统

烧结机和环冷机烟气余热回收工艺过程的实现需要测量、调节、控制、连锁、保护等自动化仪表的控制。包括：汽机间内汽机、发电机组以及相应设施的仪表控制；余热锅炉、除盐水系统和循环水系统等辅助车间的自控。

e 纯水系统

原水经过滤、脱气、阴阳离子交换处理生成纯水进入纯水箱，纯水经过除氧器、水泵、换热管束和过热器产生过热蒸汽，进入汽轮发电机组发电后，乏汽经冷凝器和凝结水泵返回纯水箱。

烧结烟气热利用，主要停留在生产低品质蒸汽的水平上，此时仍然有大量高温废气或富余低压蒸汽排放，这不仅是对可用能源的浪费，而且还会对环境造成热污染。而烧结企业对烟气余热进行动力利用，既能有效提高余热回收率，实现企业节能减排，又能提高企业自供电率，取得良好的效益。从能源利用的有效和经济性角度看，利用余热发电是最为有效的余热利用方式。

5.6.1.2 节能减排效果

烧结烟气余热回收，能进一步强化节能减排，提高钢铁生产过程的资源和能源利用效率。烧结烟气余热发电技术平均每吨烧结矿产生的烟气余热回收后可发电 20kW·h，折合吨钢综合能耗可降低约 8kg 标煤，能够大力促进钢铁企业实现节能降耗目标。

5.6.1.3 推广应用情况

多年以来，国内外针对烧结余热回收利用进行了大量的研究，取得了显著成果。以前国内只有部分较大型的烧结厂设置了余热回收系统，且都没有将回收的蒸汽用于发电。近年来太钢、兴澄特钢、马钢等先后建了饱和蒸汽发电机组。

2004 年 9 月，马钢第二炼铁总厂在两台 300m² 烧结机上开工建设了国内第一套余热发电系统，该系统于 2005 年 9 月并网发电。废气锅炉采用卧式自然循环汽包炉，汽轮发电机组采用多级、冲动、混压、凝汽式。2006 年全年累计发电 6100.51 万千瓦时，产生经济效益 2367 万元。该余热电站采用了自然循环废气锅炉，烟风系统和汽水系统综合了热风循环技术、闪蒸余热发电技术和汽轮机补汽技术，能很好地适应烧结余热电站出力波动性较大的特性，使余热电站在烧结机运行参数经常调整的情况下也能够长期稳定运行。

济钢第二烧结厂 320m² 烧结机余热发电工程于 2006 年 5 月开工，2007 年 3 月完成 168h 实验，系统运转逐渐趋于稳定。该工程在烟风系统和汽水系统中采用了热风循环技术和双压补汽技术，选用 1 台双压余热锅炉和 1 台汽凝汽式汽轮发电机组，设计发电能力 8200kW·h，日发电量可达 15 万千瓦时，能负担烧结厂 35%~40% 的用电量。

5.6.2 烧结烟气恒温复合循环余热回收技术

5.6.2.1 技术介绍

烧结烟气恒温复合循环余热回收技术是将烧结工序烟气和冷却机废气作为整体统一回收利用，由烟气系统和汽水系统组成。冷却机透过烧结矿层的热废气按其温度划分为高温段、中温段和低温段。高温段和中温段的废气经管路进入余热锅炉，其中高温段废气要先与过热器换热后再与中温段废气混合，依次经过蒸发器、省煤器和凝结水预热器换热后，温度降至约 130℃。低温废气作为热烧结矿的冷却风由循环风机加压进入冷却机下风箱，依次再穿过台车和热矿，形成一个密闭循环周期。由于烧结冷却机台车下风箱处密封泄漏率较高（约 15%~30%），采用低温废气（120~140℃）取代常规环境温度下的空气补入密闭废气循环系统的方式，使循环系统的回风恒温在 130℃±10℃ 区间，其流程如图 5-38 所示。

5.6.2.2 节能减排效果

烧结烟气恒温复合循环余热回收技术应用于抚顺新钢铁有限公司 180m² 烧结机余热回收系统。该烧结机每天产矿量约为 6300~6500t，利用该技术余热锅炉能产 1.6MPa、320℃ 的过热蒸汽 31~34t/h，0.4MPa、200℃ 过热蒸汽 6~6.6t/h，

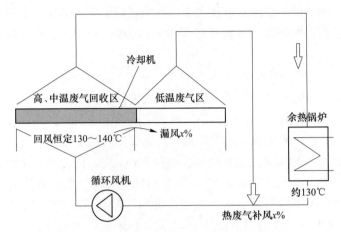

图 5-38 回风恒温控制循环废气流程示意图[31]

余热发电为 6000~6900kW·h，吨矿发电平均为 22~25kW·h，节能效益显著。

5.6.2.3 推广应用情况

烧结烟气恒温复合循环余热回收技术现已用于金鼎重工有限公司、抚顺新钢有限责任公司、济源钢铁集团公司等十余个钢铁企业，且节能效果显著。

5.6.3 球团废热循环利用技术

5.6.3.1 技术介绍

一般球团矿生产线工艺流程包括：铁精矿及膨润土输入、煤粉制备、精矿干燥、精矿碾压、配料、混合、造球、生球筛分及布料、生球干燥及预热、氧化焙烧、冷却、成品球团矿输出等主要工序。其中，废烟气循环使用主要是指冷却段和焙烧段产生的废热循环利用。图 5-39 所示为典型的废热循环流程图，其主要过程如下。

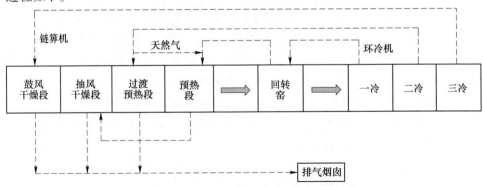

图 5-39 链箅机—回转窑球团废热循环利用流程图

A 链箅机室（生球干燥与预热）

生球的干燥与预热在链箅机上进行，链箅机炉罩分为 4 段（或 3 段）：鼓风干燥（UDD）段、抽风干燥段（DDD）、过渡预热（TPH）段、预热（PH）段。生球进入链箅机炉罩后，依次经过各段时被逐渐升温，从而完成了生球的干燥和预热过程。

链箅机炉罩的供热主要利用回转窑和环冷机的载热废气。回转窑的高温废气供给链箅机 PH 段，在 PH 段炉罩设有天然气烧嘴，以弥补热量的不足。从 PH 段排出的低温废气又供给 DDD 段，环冷机 I 段的高温废气供给回转窑窑头作二次助燃风，II 段的中温废气供给 TPH 段，III 段的低温废气供给 UDD 段，先进的气流循环系统使热能得到了充分利用，从而大大降低了能源消耗。

B 回转窑室（焙烧）

生球在链箅机上经过干燥和预热后送入回转窑内进行高温氧化焙烧，回转窑内温度控制在 1300~1500℃。回转窑供热采用烟煤（或高热值燃气），燃煤经磨细后从窑头（卸料端）用高压空气喷入。煤粉喷枪采用调焰性能好的四通道烧嘴，同时由来自环冷机冷却段一的高温废气作为二次风，分为两股由烧嘴上方及下方平行引入窑内，为回转窑提供一个均匀稳定的温度场，既能保持较长的高温焙烧带又可防止局部超高温。加之球团在窑内不断翻滚使其得到均匀焙烧，从而达到每个球 2500N 以上的抗压强度。

C 环冷机室（冷却）

从回转窑排出的球团温度在 1250℃左右，必须冷却至 100℃以下方可进行储存和运输。高温球团的冷却采用风冷，在一台环式鼓风冷却机上完成。球团在进入冷却机前先经设在窑头箱内的固定筛将可能产生的大于 200mm 的大块筛除后，再通过环冷机布料斗均匀布在环冷机台车上，球团布料高度约 760mm。环冷机分为 3 个冷却段，各段配有 1 台鼓风机，球团矿从转料到卸料途经 3 段冷却后被冷却至 100℃以下。

上述球团废热循环利用针对所有链箅机-回转窑球团生产线全部适用。单机生产能力大的链箅机-回转窑球团生产线适用效果更佳，节能效果更加明显。

5.6.3.2 节能减排效果

A 节能效果

链箅机—回转窑球团生产线生产过程中消耗的主要能源介质为煤粉或高热值煤气（焦炉煤气、天然气等）、电力、水、蒸汽、压缩空气等，其中，电力和煤粉能源约占全部所耗能源的 90%以上。

采用链箅机—回转窑球团废热循环利用工艺技术主要可以降低燃料消耗，根据经验，平均每吨球团矿可以降低 3kg 标煤，按照全国 1 亿吨球团矿生产量计算，可节约 30 万吨标煤。

B　环保效果

烧结和球团生产过程中，主要产生的污染物是废气和烟粉尘。球团废热循环利用工艺技术由于避免回转窑段和环冷机段的高温废气直接排向大气，减少了高温烟尘的排放。此外，高温的废气循环减少了除尘点数量，有利于减少环保治理装置的投资，并有利于集中除尘，减少粉尘排放量。

5.6.3.3　技术推广应用情况

目前，我国已经能自主设计、制造和建设 500 万吨链算机—回转窑球团生产线。据不完全统计，全国已建成 140 余条链算机—回转窑生产线，产能已占我国球团矿总产能的一半以上。大型链算机—回转窑球团生产线主要设计厂家为中冶长天和中冶北方设计院，小型球团生产线设计厂家主要有山东瑞拓有限公司。部分大型链算机—回转窑球团设备制造需要进口，进口公司为美卓公司。

5.6.4　高炉热风炉双预热技术

5.6.4.1　技术介绍

当前，炼铁焦比不断降低，高炉煤气的发热值也不断降低。为实现高风温，目前国内外主要有掺烧高热值煤气技术、换热器预热煤气和助燃空气技术、热风炉自身预热技术、高温空气燃烧预热技术等。而钢铁企业存在的主要问题是焦炉煤气不够或缺乏，而高炉煤气却面临富余放散。因此，如何使用单一的高炉煤气实现热风炉 1250℃以上的风温是众多钢铁企业关心的课题。

高炉热风炉双预热技术是指同时预热高炉煤气和助燃空气的技术。煤气预热是通过回收热风炉烟气余热来实现的，如图 5-40 所示。在管道上放置一台换热器，热风炉产生的高温烟气与高炉煤气进行换热，使高炉煤气温度升高。

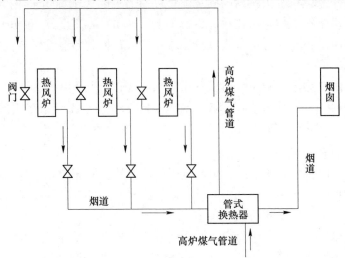

图 5-40　高炉煤气预热系统工艺流程[32]

助燃空气的预热是通过预热炉来实现的。通过燃烧高炉煤气产生的高温烟气来加热预热炉内部的蓄热体，使蓄热体温度升高，储存大量热量，以此来加热助燃空气。该工艺的工作过程如图 5-41 所示。

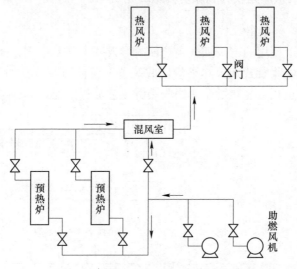

图 5-41　助燃空气预热系统工艺流程[32]

这不仅会明显提高热风炉的理论燃烧温度，而且有利于提高热风炉的寿命，降低能源消耗。同时，为实现全烧高炉煤气热风炉 1300℃ 以上风温，需要在结构、耐火材料、材质上进一步改进，继续研究、优化和完善热风炉操作技术。

5.6.4.2　节能减排效果

高风温可以改善高炉下部热制度，提高能源利用率，降低燃料比。每提高 100℃ 空气温度，热风炉理论燃烧温度可提高 30℃；煤气的预热效果是每提高 100℃ 煤气温度，热风炉理论燃烧温度可提高 50℃。热风温度每提高 100℃ 可降低焦比约 20kg/t，同时可增产 3%~5%，还可增加喷吹煤粉 40kg/t，进一步降低焦比。

5.6.4.3　推广应用情况

首钢迁钢 2 号高炉（2650m³）配置 3 座霍戈文改造型高风温内燃式热风炉，配置两座高温预热炉，对助燃空气进行高温预热，预热温度 520~600℃。采用干法除尘的高炉煤气经分离式热管换热器预热后温度基本达到 130~180℃；提供满足 1250℃ 风温要求的燃烧条件，其中高温预热炉采用自主研发的新型顶燃式热风炉，预热炉配备 1 座混风炉。霍戈文热风炉的助燃空气量中预计约 54% 进入预热炉，预热到 1050℃；然后在混风炉中与未预热的约 46% 的冷助燃空气混合，将温度调整到 600℃ 左右，送到霍戈文热风炉使用。此外，高风温管道通过耐火材料、耐火衬结构、钢结构、管道设备等方面的改进，满足了送风管道温度1250℃的使用要求。

5.6.5 电炉烟气余热回收利用除尘技术

5.6.5.1 技术介绍

目前在工程上使用的电炉烟气余热回收形式基本都是蒸汽，回收装置主要有两种：热管余热回收装置和余热锅炉回收装置。两种回收装置的工艺流程相似，回收的蒸汽参数也相近。热管余热回收装置工艺流程如图5-42所示。

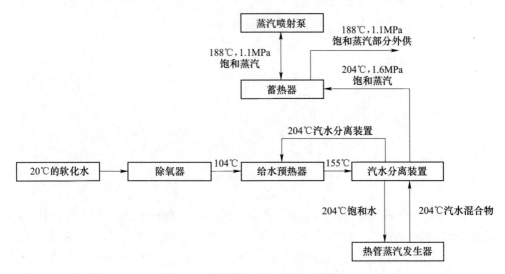

图 5-42   热管余热回收装置工艺流程

热管余热回收装置主要设备可以分为烟气侧和汽水侧。烟气侧为余热回收装置从进口到出口的相关设备；汽水侧与普通锅炉供软化水设备一样，包括单级钠离子交换系统、软水箱、除氧器、余热回收装置等。汽水系统：软水箱、清水泵（两台）、除氧器、锅炉给水泵（4台）、锅筒、排污管、排污阀、取样器及余热回收自动控制系统。余热回收系统装置：蒸汽发生器、水预热器、锅筒和蒸汽发生器之间的连接管路（包括激波吹灰系统）。

5.6.5.2 节能减排效果

2006年12月莱钢50t交流电弧炉集余热利用、环境净化和烟尘回炉等功能于一身的电炉循环经济系统顺利投入运行。运行后电炉冶炼烟尘收集率达95%以上，作业环境显著改善，满足了国家环保标准要求；同时，每天可回收铁素材料20~22t，余热装置实际每小时可产出20t蒸汽（1.6MPa，200℃），除去VD真空精炼炉连续生产所需消耗的15t蒸汽外，其余可满足员工洗浴和冬季取暖的需求。该系统替代了原有的燃油蒸汽锅炉和燃煤生活锅炉，并能回收大量铁素材料，每年可创造直接经济效益 600 多万元，产生了良好的经济和社会效益。

中冶京诚历时 4 年，自主研发的电炉烟气汽化冷却余热回收技术，是对电炉烟气余热回收、降低吨钢综合能耗指标的重大突破，为国内电炉排烟处理开辟了一条新途径。该技术已投入中冶京诚营口铸锻工程中使用。该电炉烟气余热回收装置，年节约标煤约 0.72 万吨，减排 CO_2 量 1.63 万吨，减排 SO_2 量 144 吨，减排灰尘 0.2 万吨，环保效益显著。该装置运行两年即可收回比传统水冷系统多投资的基建投资差额，经济效益明显。

5.6.5.3 推广应用情况

我国早期建成投产的炼钢电炉烟气余热大多未回收利用，后来建设的炼钢电炉多采用汽化冷却烟道和余热锅炉串联式的废气余热回收设施。还有很多单位对电炉烟气余热并未进行回收与利用，或者回收效率不高。目前，我国电炉烟气余热回收利用除尘技术的普及率大约 10%。最大限度地回收电炉废气中的余热，是电炉炼钢企业实现节能减排、降低除尘系统运行成本的重要途径，符合国家当前大力提倡的节能减排政策。

莱钢 50t 交流电弧炉的成功实践，填补了国内电弧炉余热利用的空白，成为国内环保电炉发展的典范。由莱芜钢铁集团有限公司与北京科技大学、山东省冶金设计院股份有限公司合作完成的"电弧炉炼钢流程能量优化利用技术的研究与应用"项目是一项综合性的研究课题，是以莱钢特殊钢厂电炉炼钢进一步节能减排为目标，从降低原工位能耗和提高冶炼过程富余热量回收两方面入手，对电炉炼钢流程能量优化利用进行了综合深入研究。自主开发电炉烟气余热回收利用系统装备及技术提高了二次能源利用率和余热余能回收利用水平，改善职工工作环境，实现节能降耗和清洁生产，年创效益 2289 万元。

5.6.6 热轧冷却水余热回收技术

5.6.6.1 技术介绍

热轧工序主要包括轧钢加热、轧机、层流冷却 3 部分。对于轧钢加热炉而言，节能的主要方向应在烟气余热、冷却水和蒸汽的回收。对轧机与层流冷却而言，节能的主要方向应考虑钢材轧制过程控温冷却水、层流冷却、废钢的热量损失，并实现回收利用。

因此，热轧工序余热充分回收利用是很有必要的，本节主要描述加热炉冷却水和蒸汽、废钢的余热、层流冷却水的余热回收。

我国钢铁行业共有大小轧钢加热炉上千台，其中大部分为汽化冷却加热炉。热轧加热炉钢坯支撑梁采用汽化冷却循环技术已经非常成熟，可以节省冷却循环系统工业用水量，可减轻钢坯上水梁滑块遮蔽黑印、减小钢坯断面温差、提高钢坯加热质量。汽化冷却系统管路较水冷却系统管路使用寿命更长，减少对循环管路维护和检修方面的经济投入，同时可以产生蒸汽副产品，节省了利用其他方式生产蒸汽造成的能源消耗。

5.6.6.2 推广应用

蒸汽的综合利用相当广泛，福建三钢闽光股份有限公司高线厂将原水冷却方式更改为汽化冷却循环，对产生的余热蒸汽进行有效循环利用并创造客观效益。其汽化冷却系统和蒸汽发电机组结合应用的工作流程如图 5-43 所示[33]。

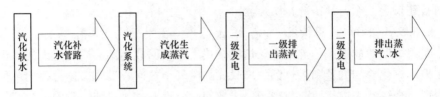

图 5-43　汽化冷却系统和蒸汽发电机组结合应用的工作流程

在加热炉日常生产运行下，将汽化系统生产的蒸汽全部供给发电机组，蒸汽发电机组发电并入厂内部电网供生产用电。即使蒸汽发电机组停运不发电，也可将蒸汽直接并入公司蒸汽管网，蒸汽输出结算单价为 60 元/t 的蒸汽收益。平均每天可以节省系统用水、电综合费用 470.8 元。

重庆赛迪环保工程技术有限公司针对轧钢加热炉汽化冷却系统排污水余热不能被有效利用的现状，对排污扩容器以及相应系统做了优化[34]，如图 5-44 所示，有效利用汽化冷却排污水余热，对钢铁厂实现能源梯级利用，进而达到节能减排、环境保护目的有着重要的现实意义。

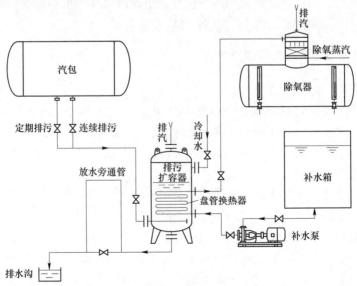

图 5-44　轧钢加热炉汽化冷却排污水余热利用系统

与传统的排污方式相比，该排污余热利用系统具有以下优势：高温排污水从扩容器下部进入与冷却水直接混合，因而无"闪蒸"现象，使得排污水热量能全部被冷却水吸收。加强了盘管换热器的传热效果。由于排污水余热被有效利用，排污扩容器的排水温度能达到 50℃ 以下，因此运行时无需额外消耗冷却水，节约了水资源（该系统虽设置了冷却水，但仅作为启动和紧急情况时投用）。

以一座年产 30 万吨高线加热炉的汽化冷却系统为例，排污余热利用系统改进完成后，减少冷却水的消耗为 2.0t/h，节省蒸汽耗量 100kg/h。按钢厂内部净化水价格 1 元/t 计算，年节省水费 1.4 万元左右。按全年加热炉汽化冷却系统运行 6800h 计算，总计可节省蒸汽量为：$6800 \times 0.1 = 680t$。按钢厂内部蒸汽价格 100~200 元/t 计算，年收益在 13 万元左右。而采用排污水余热利用系统仅需增加盘管换热器和相应管路阀门等投资，花费在 3 万元以下，收益明显。

加热炉汽化冷却排污水余热利用系统能有效回收废热，同时减少冷却水和除氧蒸汽耗量，具有节能减排的社会效益。另外，该系统结构简单、实施方便、初投资小、经济效益明显。随着我国汽化冷却加热炉数量的不断增加，以及国家政府对节能减排和环境保护的更加重视，轧钢加热炉汽化冷却排污水余热利用系统值得推广应用。

5.6.7 加热炉烟气低温余热回收技术

5.6.7.1 技术介绍

轧钢加热炉中低温烟气余热回收，从能耗构成上看，要降低轧钢系统的能耗，一方面应通过技术进一步降低能源消耗；另一方面，应利用先进的能量回收技术，合理有效地对轧钢系统中的余热能源进行回收利用。

通常，烟气余热按温度可分为：高温烟气余热（温度高于 650℃），中温烟气余热（温度在 200~650℃），低温烟气余热（200℃ 以下）。高温烟气由于热品位比较高，利用难度相对较小，因此这部分余热基本都得到了利用。而中低温烟气特别是低温烟气由于余热量不稳定、烟气中含尘量较大、烟气中含有腐蚀性物质、烟气的品位较低等特点，对余热的回收和利用产生了很大的影响，使得很多工矿企业直接排放了较难利用的余热。

目前轧钢加热炉余热回收最常见的一种方式是：通过对加热炉进行局部改造，在原预热装置后，增加余热回收设备，以充分利用加热炉尾气余热，产生饱和蒸汽并网。这样既降低了烟气排放造成的环境污染，同时又可以回收大量的热能，提高企业的经济效益、社会效益和环保效益。

5.6.7.2 推广应用

以韶钢炼轧厂加热炉为例，原有系统产生的高温烟气均未回收利用，直接排放，不仅造成环境污染，也造成能源浪费。通过烟气余热回收利用技术，将排空浪费的烟气回收利用，产生低温低压蒸汽达到节能减排的目的。

韶钢炼轧厂加热炉的烟气余热回收利用流程如图 5-45 所示。从原加热炉汽化冷却蒸汽过热器后调节挡板前的主烟道上引出旁通烟气管道，在此旁通烟道管上设置余热锅炉。余热锅炉进出口及主烟道均新设烟道蝶阀。余热锅炉正常运行时，主烟道上的烟道蝶阀关闭，余热锅炉前后的烟道蝶阀打开，高温废气将全部流经余热锅炉进行换热实现余热回收。此时通过原系统炉压变送器信号变频控制余热锅炉引风机克服余热锅炉阻力，保证加热炉炉压维持在改造前的负压值，即可确保机组安全稳定运行。当余热锅炉出现故障时，先打开主烟道的烟道蝶阀，再关闭余热锅炉进出口蝶阀，使余热回收系统从原烟气系统中完全切除[35]。

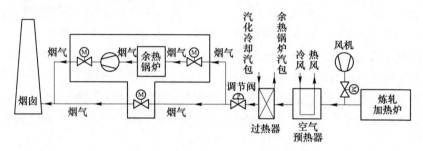

图 5-45　加热炉烟气余热回收烟气流程图

改造完成后，排烟温度由 350 ~ 450℃ 降至 160 ~ 180℃。并产生压力 1.25MPa、平均 6.2t/h 的入网蒸汽量，起到了较好的节能效果。

首钢京唐热轧 2250 产线现有 3 座 350t/h 常规步进梁式加热炉，使用高焦混合煤气作为燃料，采用常规燃烧自然排烟，排烟温度一般在 800~1000℃，通过设置在烟道内的空气预热器和煤气预热器回收部分排烟余热后排放至大气，受限于烟囱抽力及煤气换热器安全性，煤气预热器后排烟温度在 300℃ 以上，烟气温度仍处于较高水平。

加热炉排烟系统由空气预热器、煤气预热器、炉压控制挡板、烟道、烟道人孔和烟囱组成。采用下排烟，炉内燃烧产生的烟气由加热炉装料端垂直烟道和水平烟道分两侧排出炉外，经过空气预热器和煤气预热器，再流入加热炉的总烟道内，然后经过烟道闸板进入厂房外烟囱排走，烟道闸设在煤气预热器后的烟道内，用于维持炉内微正压，挡板由电液执行机构驱动。改造后的加热炉排烟系统如图 5-46 所示[36]。

余热回收取用烟气点分别设在两个分烟道的煤气预热器后，在取用烟气管道与烟道接点处设烟气调节蝶阀，通过调节调节阀开度控制炉膛压力和烟气在两侧烟道的流量匹配。烟气由炉尾的两条烟道抽出，通过两根烟气支管汇总为一根烟气总管，送至主厂房外的余热回收装置内。

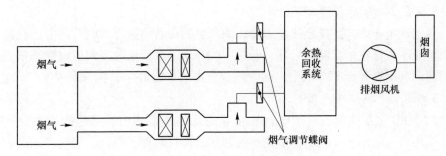

图 5-46　加热炉排烟系统示意图

烟气途经过热器、中压蒸发器、低温省煤器和除氧蒸发器，充分回收加热炉排烟热量，经过半年运行实践，排烟温度稳定在 180℃ 以下，平均产汽量达到 8t/h。按照蒸汽价格 100 元/t 计算，扣除风机电耗等，每吨蒸汽纯利润约 80 元。

5.6.8　低温余热回收海水淡化技术

5.6.8.1　技术介绍

目前钢铁企业高品质的余热资源基本已经被利用，而低品质的余热资源由于利用的难度大，基本未被回收利用。由于采用低温多效蒸馏（LT-MED）海水淡化所需温度低，因此，是很好的回收低温余热利用的方法。该技术采用抽引凝结换热、气液两相防腐换热、热水高效闪蒸及蒸汽抽射增压等技术，回收钢铁企业低品质余热作为 LT-MED 海水淡化装置的热源[37]，其工艺流程如图 5-47 所示。

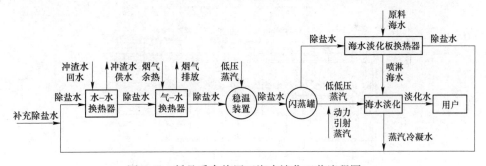

图 5-47　低品质余热用于海水淡化工艺流程图

该工艺技术是以除盐水作为介质，首先与高炉冲渣水进行换热，然后再与热风炉及锅炉烟气换热，最后送至海水淡化区域进行闪蒸，并以低压蒸汽作为动力源进行抽射增压，产生低低压饱和蒸汽来作为海水淡化装置的热源。闪蒸后的除盐水可用于加热海水淡化装置中的原料海水，温度降低后返回到高炉冲渣水系统循环利用。

5.6.8.2 节能减排效果

将钢铁企业中高品质余热资源和锅炉产生的高品质蒸汽发电以后的乏汽以及钢铁企业本来存在的低品质余热，通过 LT-MED 海水淡化的方式可以使得钢铁企业的能源利用提高至 82% 以上，同时热法海水淡化的运行成本降低 47%。

5.6.8.3 推广应用情况

LT-MED 海水淡化装置用于钢铁企业的低品质余热回收已经在京唐公司应用。采用该方法不仅实现了能源的梯级利用，而且实现了蒸汽、煤气、工业废水及浓海水的零排放。而通过基于海水淡化的钢铁厂循环经济技术的应用，可以将钢铁、电力、化工等各个行业相结合，构建"纵向产业延伸、横向行业融合"的循环经济产业链，不仅提高资源的利用效率，同时推动低碳经济的发展[38]。该技术的综合利用具有较好的经济效益、环境效益和社会效益。

5.6.9 冷却塔水蒸气深度回收节能技术

5.6.9.1 技术介绍

采用由并联间隔通道（冷空气道和湿热空气道，中间由间壁隔开）和换热板组成的蒸汽凝结水回收装置，回收冷却塔水蒸气的热量和凝结水。回收的凝结水继续进入循环水设备参与冷却工序，回收的热量用于消除冷却塔白雾，省去了传统电加热消除白雾的能耗，同时减少了水蒸气的耗散。冷热交换原理图如图 5-48 所示。

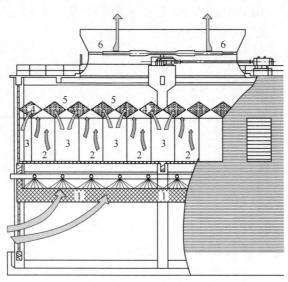

图 5-48 冷却塔水蒸气深度回收技术原理

1—环境空气穿过湿冷填料；2—饱和热空气穿过一对交替的换热板块；3—环境空气通过进气管道；
4—外界空气转进一对交替换热板块；5—交换后的混合空气；6—出塔空气

5.6.9.2　节能减排效果

预计未来 5 年，该技术推广应用比例可达到 20% 左右，可形成年节能 6.3 万吨标煤，年减排 CO_2 17.01 万吨。

5.6.9.3　应用案例

1 台 3000t/h 的冷却塔，春秋季采用加热冷却塔出口空气的温度来消除白雾时，耗电量为 12592800kW·h，冬季耗电量为 24840000kW·h，年蒸发耗水量为 528 万立方米。对甲醇项目原有 22 台冷却塔进行了消雾节水改造，每台改造型的消雾节水冷却塔回收量为蒸发耗水量 10%，消除白雾无额外能耗。实施周期 3 个月。改造后，1 台 3000t/h 的消雾塔，年平均可节电耗 37432800kW·h，折合年综合节能量达 5087 吨标煤，年节约用水 52.8 万吨。投资回收期约 6 个月。

参 考 文 献

[1] 李文，陈迪安，汪小龙，等. 空煤气双蓄热燃烧技术在高线加热炉上的应用 [J]. 工业炉，2019，41（1）：25~28.

[2] 康斌. 轧钢加热炉蓄热式燃烧技术专利分析 [J]. 四川冶金，2019，41（1）：44~51.

[3] 冶金工业信息标准研究院. YB/T 4209—2010 钢铁行业蓄热式燃烧技术规范 [S]. 北京：冶金工业出版社，2010.

[4] 于晓亮，刘小波. 新型加热炉引射式多喷头预混燃气燃烧器及其应用 [J]. 煤化工，2015，43（1）：37~39，52.

[5] 李萍，曾令可，程小苏，等. 预混式二次燃烧系统的节能减排效果 [J]. 中国陶瓷工业，2010，17（4）：42~45.

[6] 苏毅，揭涛，沈玲玲，等. 低氮燃气燃烧技术及燃烧器设计进展 [J]. 工业锅炉，2016（4）：17~25.

[7] 高明. 低氮燃烧及烟气脱硝国内外研究现状 [J]. 广州化工，2012，40（17）：18~19，22.

[8] 万文雷，钱英芝，魏玉平，等. 新型低氮燃烧器的研究进展 [J]. 上海节能，2020（8）：872~877.

[9] 马光宇. 钢铁联合企业电力系统分析与优化研究 [D]. 沈阳：东北大学，2014.

[10] 孙奉仲. 热电联产技术与管理 [J]. 热能动力工程，2008（1）：91.

[11] 毛绍融，朱朔元，周智勇. 现代空分设备技术与操作原理 [M]. 杭州：杭州出版社，2005.

[12] 郑英臣，楼一真. 10000m^3/h 空分设备工艺流程的比较与选择 [J]. 深冷技术，2015（5）：18~24.

[13] 王庆波，郑小平. 全液体空分设备流程形式的比较与选择 [J]. 深冷技术，2009（S1）：32~40.

[14] 张宇晨,孙业新.焦炉上升管荒煤气显热回收技术探讨 [J].冶金能源,2011,30 (3):46~48.

[15] 高明利,杨华,郑文华.国内外焦化前沿技术的研究 [J].燃料与化工,2008 (3): 1~5.

[16] 丰恒夫,郑文华.焦炉荒煤气显热回收技术的研发及应用 [J].河北冶金,2016 (6): 1~5.

[17] 周继程,张春霞,韩伟刚,等.中国高炉 TRT 技术的应用现状和发展趋势 [J].钢铁, 2015,50 (12):26~31.

[18] 潘秀兰,常桂华,冯士超,等.转炉煤气回收和利用技术的最新进展 [J].冶金能源, 2010 (5):37~42.

[19] 蔡富良.转炉煤气 LT 法净化技术及其应用 [J].南方金属,2008 (4):5~7.

[20] 徐蕾.转炉煤气半干法除尘技术工程应用 [C]// 转炉除尘系统排放达标综合技术研讨 会.中国金属学会,2015.

[21] 蔡南,邱国兴,刘越,等.转炉煤气净化回收技术及应用 [J].冶金能源,2017 (S1): 98~101.

[22] 李明明.烧结矿余热回收竖罐结构及热工参数研究 [D].沈阳:东北大学,2014.

[23] 熊超,史君杰,翁雪鹤.我国钢铁工业余热余能发电现状分析 [J].中国钢铁业, 2017 (9):14~17.

[24] 许相波.梅钢烧结竖冷炉余热利用方案与生产实践 [J].第十届全国能源与热工学术年 会论文集,2019:82~84.

[25] 李雪.干熄焦技术在焦化厂应用中的节能效果分析 [J].清洗世界,2019 (35): 49~50.

[26] 张长润,杨永利,赵文浩.200 万 t/a 独立焦化企业节能降耗的实践与探索 [J].煤化 工,2019 (47):28~31.

[27] CCIIN.中国焦化行业五大发展趋势 [N].卓创资讯,2019-12-27.

[28] 代铭玉.钢铁制造全流程余热余能资源的回收利用现状 [J].节能减排,2017 (2): 52~56.

[29] Wang H, Wu J J, Zhu X, et al. Energy-environment-economy evaluations of commercial scale systems for blast furnace slag treatment: dry slag granulation vs. water quenching [J]. Applied Energy, 2016, 171 (1): 314~324.

[30] 彭岩,曹先常,张玉柱.钢铁典型工序流程节能技术新进展 [J].中国冶金,2017, 27 (5):8~12.

[31] 杨明华,胡建红,张明忱.烧结烟气恒温复合循环余热回收技术应用 [J].冶金能源, 2017,36 (5):50~53.

[32] 王有欣,王英才,张博智,等.高炉热风炉采用的双预热技术 [J].冶金能源,2013, 32 (1):49~50,54.

[33] 刘锐,夏小街.加热炉汽化冷却与蒸汽发电技术综合应用 [J].山东冶金,2018, 40 (4):46~47.

[34] 徐鹏,武绍井,吴斌.加热炉汽化冷却系统排污水余热利用与经济性分析 [J].工业炉,

2019, 41 (4)：64~65, 69.

[35] 唐文凭. 烟气余热回收技术在钢铁行业加热炉上的应用 [J]. 能源与节能, 2015 (8)：91~92.

[36] 高月, 陈丽娟, 赵帅, 等. 热轧板坯加热炉烟气余热回收技术的开发和应用 [J]. 热能动力工程, 2020, 35 (7)：223~228.

[37] 唐智新, 吴礼云, 梁红英, 等. 低温多效蒸馏海水淡化技术在钢铁企业节能减排中的应用 [J]. 冶金动力, 2018 (3)：51~53, 56.

[38] 唐智新, 常永富, 吴礼云, 等. 基于海水淡化的钢铁厂循环经济技术探讨 [J]. 冶金动力, 2017 (2)：29~32, 36.

6 流程结构优化与生产调度技术案例

6.1 电炉短流程综合节能技术

6.1.1 废钢时代与电炉短流程节能原理

6.1.1.1 技术介绍

电弧炉简称电炉，是使用清洁能源电为主要能源，社会废弃物废钢为主要原料进行炼钢的一种设备。该工艺是钢铁生产中温室气体排放比较低的一种短流程钢铁生产工艺。由于具有排放低、生产组织灵活以及产品适用性好等特点，该技术发展较快。目前，电弧炉钢产量约占世界总粗钢量的1/4。

我国电炉炼钢经过几十年的发展，工艺技术、装备水平以及品种结构也有了翻天覆地的变化，目前还处于增量趋势，总产量已达到国内总粗钢量10%左右。但由于受到废钢和电力的制约，我国工艺技术和装备水平远远未达到世界发达国家水平（40%~50%）。因此，在未来的发展中还有相当大的空间。随着强势环保政策来临和巨大的废钢资源量增加，必然倒逼钢铁行业转向以废钢为主要原料，国内钢铁将进入以电炉炼钢为特点的废钢时代。

废钢资源可分为三类：自产废钢、加工废钢和折旧废钢。自产废钢指钢铁厂内部炼钢、轧钢等工序的剩余部分，约占粗钢产量的5%，一般不外流；加工废钢指制造加工业对钢铁产品进行机械加工时产生的废钢，长材加工约产生6%废钢，其他产品约产生20%废钢；折旧废钢指各种钢铁制品使用一定年限后报废形成的废钢。加工废钢和折旧废钢统称为社会废钢。

从废钢资源量上看，2015年中国废钢资源总量达到1.5亿吨，钢铁工业可利用废钢量约为1.3亿吨；2018年中国废钢资源量为2.0亿吨，钢铁行业消耗1.8亿吨，2020年中国废钢资源总量2.1亿吨；到2025年，中国废钢资源总量可达2.9亿吨，其中折旧废钢资源量约为2.2亿吨，占总量的75%，扣除机械工业使用的废钢外，钢铁工业可利用废钢资源总量约为2.4亿~2.6亿吨，废钢资源短缺的局面彻底扭转；到2030年，中国废钢资源总量可达3.3亿吨以上，其中折旧废钢资源量约为2.7亿吨，占总量的80%，钢铁工业可利用废钢资源总量约为2.7亿~2.9亿吨，废钢资源供应充足，电炉炼钢将迎来蓬勃发展期[1]。

从能耗排放方面看，传统的高炉—转炉流程中，每吨烧结矿排出高温废气量达6000m³以上，烧结烟粉尘（包括PM_{10}、$PM_{2.5}$）、SO_2、NO_x排放量占钢铁联合企业排放总量的 6 成以上；焦炉出焦、熄焦过程产生大量烟粉尘，其排放量占钢铁联合企业排放总量的 30% 以上；此外，焦化厂的 SO_2、氨、苯等对人体和生物有毒害的有机废物排放量占企业排放总量的 80%。烧结、焦化工序是钢铁生产流程中最大的污染源，降低焦比及烧结矿比例、提高球团比，是传统钢铁长流程节能减排的有效途径，但减排空间有限。

直接还原铁—电炉（DRI-EAF）短流程无烧结、焦化等流程，节能减排优势十分明显。收集统计国内外实际生产数据发现，采用 DRI（废钢）—EAF 短流程可实现吨钢能耗减少 50%，同时污染物排放量减少 70% 以上，如图 6-1 所示。

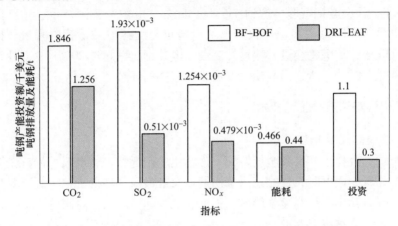

图 6-1　DRI（废钢）—EAF 短流程与 BF-BOF 流程能耗排放对比

目前我国的钢铁蓄积量已经达到 90 亿吨，年可用废钢量为 2 亿吨，为我国发展 DRI（废钢）—EAF 短流程冶炼优特钢提供了契机。采用 70% 废钢 +30% DRI 的电炉炼钢流程，可达到降低吨钢能耗 50%、CO_2 排放量 30%、污染物排放量 70%、固体废弃物 70% 的效果[2]。

6.1.1.2　推广应用

中国钢铁工业正在进行结构调整，走高质量发展之路，这也为电炉炼钢的合理发展提供了契机。

工信部已核准 264 家废钢基地建设，年处理废钢 2 亿吨以上，随着税收政策的落实和规范管理的推进，电炉用废钢将形成一批"回收—拆解—加工—分类—配送—应用"一体化的示范废钢基地。产品领域为长材，如螺纹钢、圆钢和线材等，年产钢材在 100 万吨左右。生产规范灵活、高效、成本低，又实现了工艺流程的高效运转，具有很强的市场竞争力。

电炉炼钢的主要原料为废钢，为城市废弃物。随着经济的发展，废钢会越来越多，预计到 2025 年，每年可产生 2.6 亿吨以上的废钢量。电炉是唯一可以处理这么大的废钢量的手段，但要考虑在城市周边一定距离内建厂，尽可能地减少配送运输物流的费用；同时，在工艺流程中要对电炉冶炼的粉尘和噪声进行治理，对固体废弃物进行综合利用，对废钢预热和冶炼过程产生的二噁英进行治理，对余热进行回收，电炉短流程与长流程的比较优势就可以显现出来。因此，电炉短流程钢可以与城市和谐共存，但要全国范围内合理布局、统筹规划、有序合理地发展。

中国钢铁工业已进入结构调整和转型升级为主的发展阶段，不再是粗犷发展，要走高质量发展之路。废钢政策正在逐步到位，电力供应和价格越来越有利于电炉炼钢，能源环境约束日益增强，电炉炼钢发展的条件正在逐步显现，预计到 2030 年，社会废钢资源可达到 4 亿吨；此外，电炉装备制造也会达到国际先进水平，具有中国自主知识产权的电炉设备也会支撑电炉炼钢的发展。预计在 2020~2030 年电炉炼钢会进入快速发展期，电炉钢比例超过 20%，这对建设绿色钢铁工业是关键的一步，是高质量发展中要重视的环节。

6.1.2　电弧炉短流程工艺技术

6.1.2.1　技术介绍

电弧炉高效化生产具备全局协同、连续化生产等特点。电弧炉冶炼工艺高效化的目标是减少通电时长、缩短冶炼周期以及最大限度降低冶炼电耗；具体措施主要包括提升功率、提高化学能输入强度和减少非通电操作时间等[3]。

　A　电弧炉炉容大型化

生产实践证明，在技术经济指标方面（如冶炼用电、电极单耗以及成本等），大型电弧炉的生产率及能源利用率均高于中小型电弧炉。目前，电弧炉正朝着炉容大型化方向发展。工业发达国家主流电弧炉容量为 80~150t，且已逐步增至 150~200t。如意大利达涅利公司（DANIELI）成功制造了全球最大炉容量为 420t 的直流电弧炉，该电弧炉设计生产率为 360t/h，具有高效率、低运行成本的特点，能提升钢厂生产效率和钢的品质；已用于生产低碳钢、超低碳钢和高级脱氧镇静钢，年产量为 260 万吨。

根据中国工业和信息化部等相关部门统计，2015 年中国电弧炉分吨位生产能力比例如图 6-2 所示。

国内 100t 及以上的大容量电弧炉产能占电弧炉炼钢总产能的 30.8%，占比最高；75t 及以上电弧炉产能占电弧炉炼钢总产能的 56.6%。此外，60t 以下的落后产能还有 21.9%，这表明在环保限产和淘汰落后产能政策引导下，国

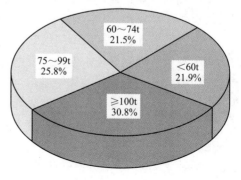

图 6-2　电弧炉分吨位生产能力比例

内钢厂在通过产能置换提升电弧炉效率方面仍存在较大空间。2018 年国内新增电弧炉中 70~120t 公称容积所占比例为 80%。中国电弧炉正朝着装备大型化和现代化快速发展，但与工业发达国家之间仍存在较大差距。

B　超高功率供电技术

根据供电功率大小，电弧炉变压器可分为普通功率（RP）、高功率（HP）和超高功率（UHP）3 类。从 20 世纪 60 年代至今，超高功率电弧炉炼钢的理念主导了近 60 年电弧炉炼钢生产技术的发展，其核心思想是最大限度地发挥主变压器能力。大功率电弧炉变压器是满足电弧炉炼钢高效化，实现超高功率供电的基础。70t 电弧炉超高功率化的效果见表 6-1。

表 6-1　70t 电弧炉超高功率化的效果

指标	额定功率/MW	冶炼周期/min	总电耗/kW·h·t^{-1}	生产率/t·h^{-1}
普通功率	20	156	595	27
超高功率	50	70	465	62

要实现超高功率供电，起协调电力波动和稳定电弧作用的科学合理供电制度尤为重要。采用超高功率供电后的主要优点有：缩短冶炼时间、提高生产效率，提高电热效率、降低电耗，易与精炼、连铸的生产节奏相匹配，从而实现高效低耗生产。70t 电弧炉超高功率改造后，生产率由 27t/h 提升至 62t/h。

C　熔池搅拌集成技术

传统电弧炉炼钢熔池搅拌强度较弱，炉内物质和能量传递较慢。采用超高功率供电、高强度化学能输入等技术，也未从根本上解决熔池搅拌强度不足和物质能量传递速度慢等问题。为加快冶炼节奏，相继研发了强化供氧和底吹搅拌等复合吹炼技术及电磁搅拌技术等。新一代电弧炉熔池搅拌技术是集强化供氧、底吹搅拌及电磁搅拌等单元于一体，能满足多元炉料条件下电弧炉冶炼的技术要求。

与复合吹炼技术相比，电弧炉电磁搅拌技术普及面较窄，但其熔池搅拌效果更加优异，工业应用效果反响良好。可有效提升熔池中物质和能量传递速率，更有利于废钢熔化，加速均匀钢水成分及温度，提高电弧炉产能。

D　热装铁水技术

由于电力资源的紧张和优质废钢资源的短缺，近年来，部分电弧炉炼钢厂炼钢过程中添加一定量铁水，即铁水热装的电弧炉炼钢工艺。该工艺有效缩短电弧炉冶炼周期，同时帮助企业灵活应对废钢市场价格波动，具备一定经济效益。

从长远来看，当废钢冶炼成本与转炉冶炼相当或具备一定竞争力时，电弧炉冶炼生产普通碳素钢就无需通过添加铁水来提升电炉相关经济技术指标，但在电弧炉冶炼部分高品质特殊钢品种时，仍需添加铁水的方式来稀释钢液中有害杂质元素。

6.1.2.2　推广应用

墨西哥泰纳 Tamsa 钢厂为优化供电制度，2016~2017 年开发并应用了具备修改和优化电弧炉供电制度功能的模型，该模型基于能量平衡（电能/化学能）、通电时间、电弧稳定性、辐射指数等参数变化规律自动优化供电曲线。Tamsa 钢厂利用此模型重新设计供电制度，在保持能耗水平基本不变的情况下，电弧炉产能提高了 9.8%，生产率提升效果明显。

电弧炉炼钢复合吹炼技术日趋成熟，已实现了工业推广应用，如中国的西宁特钢、天津钢管、新余特钢、衡阳钢管等企业均成功应用了电弧炉炼钢复合吹炼工艺，工业效果良好，有效地降低了成本。

采用热装铁水技术在电弧炉炼钢过程应用较普遍，如中国的中天钢铁公司和天津钢铁公司等，其中达涅利的连续加料电弧炉（EAFECS）为满足添加铁水的需要，对电弧炉进行了特殊设计和改造。实践表明，现代电弧炉热装铁水对于缩短冶炼周期、降低电耗等效果非常显著，见表 6-2。

表 6-2　某 150t 电弧炉热装铁水后经济技术指标

炉料结构	冶炼周期/min	冶炼电耗/kW·h·t^{-1}	氧气消耗/m^3·t^{-1}
没有铁水	67	400	45
15%铁水	55	360	39
30%铁水	48	310	37
40%铁水	48	290	37

6.1.3　薄带连铸连轧工艺

6.1.3.1　技术介绍

薄板坯连铸技术是近终型连铸技术之一，最初是为电炉短流程钢厂生产板带而开发的，它与工艺成熟、控制手段完善的热带连轧技术结合，形成了生产热轧板卷的薄板坯连铸连轧短流程生产工艺。在传统的高炉—转炉长流程钢铁生产工艺中也有较广泛应用。

典型的薄板坯连铸工艺流程由炼钢（电炉或转炉）—炉外精炼—薄板坯连铸—连铸坯加热—热连轧等 5 个单元工序组成。该工艺将过去的炼钢厂和热轧厂有机地压缩、组合到一起，与传统工艺流程相比，在缩短生产周期、提高成材率、节约能源和降低生产成本等方面有明显优势。

和传统工艺相比，薄板坯连铸工艺突破了传统的工艺概念，采用了许多先进的新技术、新装备。在世界各国的生产线中，最具代表性的工艺有[4]：德国 SMS Siemag 公司的 CSP 技术、德国 SMS 和意大利 Arvedi 公司合作开发的 ISP、意大利 Danieli 公司开发的 FTSR 技术、奥钢联的 Conroll 等，其中推广应用最多的是 CSP

工艺。这几种薄板坯连铸工艺的主要特点和差异主要反映在铸坯厚度、结晶器形式、连铸机机型等方面。但是尽管各自的工艺设计路线不同，所采用的设备也各有特点，但最终目标是一致的，都是通过结构紧凑、热送热装、连铸连轧的技术来提高经济效益。

　　CSP 工艺也称紧凑式热带生产工艺，如图 6-3 所示。CSP 生产工艺流程一般为：电炉或转炉炼钢→钢包精炼炉→薄板坯连铸机→剪切机→辊底式隧道加热炉→粗轧机（或没有）→均热炉（或没有）→事故剪→高压水除鳞机→小立辊轧机（或没有）→精轧机→输出辊道和层流冷却→卷取机。

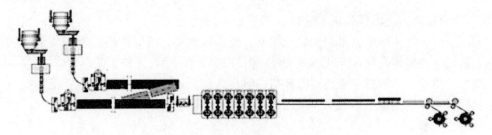

图 6-3　武钢 CSP 连铸连轧产线

　　ISP 工艺也称在线热带钢生产工艺，如图 6-4 所示。ISP 生产线的工艺流程一般为：电炉或转炉炼钢→钢包精炼→连铸机→大压下量初轧机→剪切机→感应加热炉→热卷箱→高压水除鳞机→精轧机→输出辊道和层流冷却→卷取机。

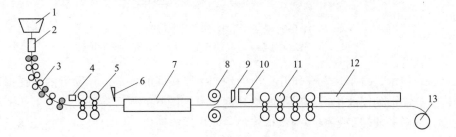

图 6-4　典型 ISP 连铸连轧产线

1—中间包；2—结晶器；3—液芯压下；4，10—除鳞机；5—预轧机；6—剪切机；7—感应加热炉；
8—热卷箱；9—事故剪；11—精轧机；12—层流冷却；13—卷取机

　　奥钢联在美国 Mansfield 的 ARMCO 上利用原有的旧轧机改造成了一条 Conroll 铸机的生产线，浇铸 75~125mm 的板坯，采用较低的拉速，降低了结晶器的磨损，减少了拉漏概率，在卷重相同的情况下缩短板坯定尺，输送辊道、加热炉长度较短，节省了投资，平板结晶器的加工、修复也相对容易，有色金属消耗降低。如图 6-5 所示，其工艺生产流程为：钢包加热炉→薄板坯连铸机→步进梁式加热炉→立辊轧机→可逆式粗轧机→机架精轧机→地下卷取机。

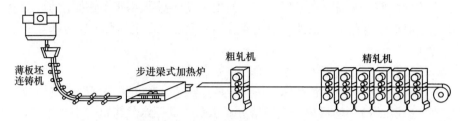

图 6-5　奥钢联 Conroll 连铸连轧产线

FTSR 称为灵活性薄板坯轧制，为保证产品的质量及内部组织的要求，相应提高了薄板坯的厚度，增加了轧机机架，提高压下率，确保产品质量，并采用三点除鳞、铁素体轧制和半无头轧制技术。如图 6-6 所示，FTSR 工艺生产流程一般为：薄板坯连铸机→旋转式除鳞机→隧道式加热炉→二次除鳞机→立辊轧机→粗轧机→保温辊道→精轧机→层流冷却→地下卷取机。

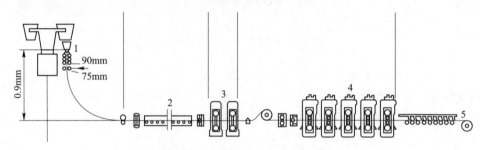

图 6-6　典型 FTSR 连铸连轧产线

1—中间包；2—隧道式加热炉；3—粗轧机；4—精轧机；5—卷取机

QSP 技术是日本住友金属开发出的生产中厚板坯的技术，开发目的是在提高铸机生产能力的同时生产高质量的冷轧薄板。如图 6-7 所示，QSP 工艺生产流程一般为：电炉或转炉炼钢→钢包精炼炉→薄板坯连铸机→剪切机→辊底式隧道加热炉→立辊轧边机→粗轧机→高压水除鳞机→精轧机→卷取机。

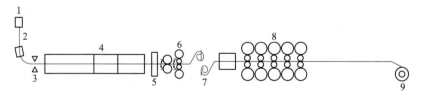

图 6-7　典型 QSP 连铸连轧产线

1—单流连铸机；2—软压下装置；3—剪切机；4—隧道式加热炉；5—立辊轧边机；

6—粗轧机、除鳞机；7—热卷箱；8—精轧机；9—卷取机

6.1.3.2 节能减排效果

薄板坯连铸连轧技术的节能效果主要体现在后部热轧工序,连铸机和热连轧机之间,仅配置均热炉补充较小的热量,直接由辊道送入精连轧机组,省去了传统热连轧机板带机组中的粗轧机组,最大限度地实现了节能。

根据相关研究,从钢水到精轧机组出卷,再到薄板坯连铸生产(以 CSP 为例,入炉温度约 750~850℃),能耗仅为 105kW·h/t(将所有能耗折算为电量)。二常规板带生产流程(约 600℃ 热装)为 308kW·h/t,常规板带生产流程(20℃ 冷装)为 463kW·h/t,并且成材率提高 11%~13%,可见薄板坯连铸流程节能效果显著。

此外,应用先进的近终型连铸技术,将铸出的板坯厚度减薄到一临界区间,省去传统的热轧板带机组中的粗轧机架,在连铸机和连轧机之间给予较小的热量补充,直接通过精轧机组轧成热轧带卷。使从钢液进入结晶器到热轧卷取完毕的时间缩短到约 15~30min。

同时,薄板坯连铸技术和连轧技术结合,可减少能源消耗约 70%,并直接和间接改善了生态条件(减少 SO_2、CO_2、NO_x 排放量),且工序紧凑用水少,布置紧凑占地少。

6.1.3.3 推广应用

自美国纽柯公司 1989 年开发成功并投入工业化生产以来,世界各地尤其是中国大量建设了薄板坯连铸厂,全球总生产能力约可达到 1.9 亿吨。

我国第一条薄板坯连铸生产线(TSCR)于 1999 年在珠江钢厂建成投产,之后国内多家钢铁企业如邯钢、包钢、鞍钢、马钢、唐钢、涟钢、本钢、通钢、济钢、酒钢、武钢和首钢等相继建设了各种类型的薄板坯连铸生产线,产量已占全世界总产量的近 1/3。国内一些典型薄板坯连铸生产线的具体投产情况见表 6-3。

表 6-3 我国薄板坯连铸生产线(TSCR)投产情况

序号	公司名	工艺类型	开发商	年份	产品厚度/mm	年产量/万吨
1	珠钢	CSP	SMS	1999 年	1.2~12.7	180
2	邯钢	CSP	SMS	1999 年	1.2~12.7	247
3	鞍钢	ASP	鞍钢	2000 年	1.5~25.0	240
4	包钢	CSP	SMS	2001 年	1.2~20.0	200
5	唐钢	FTSR	Danieli	2002 年	0.8~12	250
6	马钢	CSP	SMS	2003 年	1.0~12.7	200
7	涟钢	CSP	SMS	2004 年	1.0~12.7	240
8	本钢	FTSR	Danieli	2004 年	0.8~12.7	280
9	鞍钢	ASP	鞍钢	2005 年	1.5~25.0	500

序号	公司名	工艺类型	开发商	年份	产品厚度/mm	年产量/万吨
10	通钢	FTSR	Danieli	2005 年	1.0~12.0	250
11	酒钢	CSP	SMS	2005 年	1.5~25.0	200
12	济钢	ASP	鞍钢	2008 年	1.2~12.7	250
13	武钢	CSP	SMS	2009 年	1.0~12.7	250
14	梅钢	FTSR	Danieli	2010 年	1.0~6.35	250
15	日钢	ESP	Simens-vai	2015 年	0.8~6.0	255
16	日钢	ESP	Simens-vai	2016 年	0.8~6.0	255
17	首钢	ESP	Danieli	2019 年	0.8~16.0	250

6.1.4 薄板坯高效高品质连铸技术

6.1.4.1 技术介绍

薄板坯连铸在常规板坯连铸（包括保护浇铸技术、中间包冶金等）基础上，结合薄板坯连铸设备和工艺特点，形成了一系列的特有技术，实现了高效高品质的连铸坯的生产[5]。

A 薄板坯连铸结晶器

传统板坯连铸采用平行板结晶器，然而薄板坯结晶器厚度小，为便于放置浸入式水口（SEN），以及弯月面区域有足够的空间熔化保护渣技术，薄板坯结晶器设计须满足如下要求：

（1）结晶器流动稳定，无卷渣；

（2）结晶器有足够钢容量，钢水温度分布均匀，有利化渣；

（3）结晶器内初生坯壳在拉坯变形过程中承受的应力应变最小；

（4）SEN 与铜板壁有足够的距离，不至于结冷钢。

典型的薄板坯结晶器如图 6-8 所示。虽然平行板结晶器在坯壳受力方面要优于漏斗形结晶器，但从结晶器内钢容量来看，漏斗形和透镜形结晶器要远胜于平行板结晶器；随着薄板坯技术的逐渐发展，无头轧制的高拉速连铸机均采用了漏斗形结晶器，这也证明了漏斗形结晶器对于连铸高拉速和铸坯质量的控制方面，相较于其他类型的结晶器更具有优越性。

目前，漏斗形结晶器技术主要有两个发展方向：首先，是以提高产品质量为目的的漏斗形曲面及背面冷却水槽的形式的优化；其次，是以增加铜板通钢量（使用寿命）为目标的表面镀层和铜板材质的开发。从薄板坯引进国内至今，随着铜板制造工艺的不断完善，国产结晶器铜板的质量也逐步提高，目前，已经

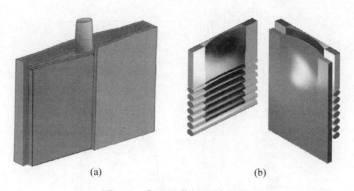

(a)   (b)

图 6-8   典型的薄板坯结晶器

(a) CSP 漏斗形结晶器;(b) FTSR 透镜形双高结晶器

可以替代进口,部分指标甚至超越进口。

B   大通量浸入式水口

由于薄板坯要求高拉速为 6~7m/min,通钢量可达到 3~4t/min。无头轧制条件通钢量下更要求达到 5~7t/min,因此,浸入式水口设计要满足以下几个条件:

(1) 水口当量直径大,要能满足流通量的要求;

(2) 要求浸入式水口与铜板之间有一定间隙而不结冷钢;

(3) 水口壁要有足够的厚度,能够耐受 14h 以上钢水和熔渣侵蚀而不发生穿孔。

为延长水口的使用寿命,研究人员开发了薄壁扁平状的大通量浸入式水口,其水口上部为圆柱形,下部逐渐过渡为扁平状,主体材质为铝碳质,采用等静压成型,渣线处为碳化锆质。最为典型的两种浸入式水口为:CSP 工艺所采用的"牛鼻子"形浸入式水口和 ESP 工艺所采用的"鸭嘴"形浸入式水口(见图 6-9),浸入式水口寿命也达到 700min 以上,可连浇 15 炉以上。

近年来,我国钢铁企业及各大科研院所也针对浸入式水口结构进行了大量的研究,开发了适合各自产线的水口。如唐钢与相关高校合作,开发新型四孔浸入式水口,使用新型浸入式水口的结晶器内流场更加合理,液面波动大幅减小,裂纹发生率和漏钢率显著降低,有力地促进了薄板坯连铸高效化生产技术的进步。

C   薄板坯连铸

薄板坯连铸拉速高,其漏钢率要明显高于常规连铸。因此,结晶器漏钢预报技术在薄板坯产线上得到了迅速发展。通过铜板温度的实时监测,不仅实现了漏钢预报系统可视化,而且预报的准确性也越来越高。对于薄板坯连铸机,为了满足高拉速连铸的需求,漏钢预报系统已经成为一项必不可少的技术。

结晶器温度场可视化系统是通过多个预埋在结晶器铜板背面的热电偶来检测结晶器内温度,并拟合成热像图,实现温度场的可视化。再通过检测各点温度的

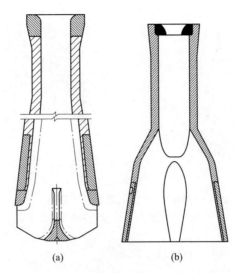

图 6-9　新型高通钢浸入式水口及数值模拟
（a）"鸭嘴"形浸入式水口；（b）"牛鼻子"形浸入式水口

变化，通过分析各点的温度梯度，来预报改点是否有漏钢风险，同时联动漏钢紧急降速程序，避免漏钢发生，如图 6-10 所示。

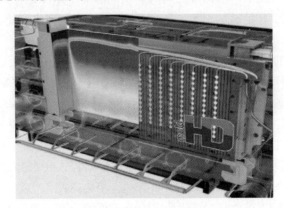

图 6-10　武钢薄板坯连铸漏钢预报系统界面

　　D　振动曲线
　　高拉速条件下，选择合适的振动曲线和振动方式对于保证铸坯质量至关重要。目前，结晶器振动的主要形式为液压振动，并且振频和振幅可调，振动曲线也可以按照要求来修改，结晶器振动所采用的正弦与非正弦曲线（见图 6-11），可根据连铸生产需求实现在线切换。
　　对于高拉速连铸机，振动曲线的选择至关重要。非正弦振动是其主要形式，高频率小振幅的非正弦振动，有利于减轻振痕，提高铸坯表面质量。对于薄板坯

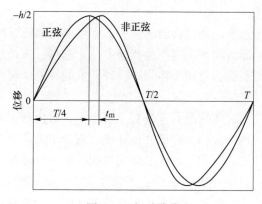

图 6-11 振动曲线

高拉速连铸采用不对称的正弦曲线，也可以改善振痕，使后工序除鳞能够很容易地清除残留在振痕处的保护渣和氧化铁皮，避免残渣和振痕遗传到热轧卷上。

E 液芯压下技术

液芯压下技术最先被应用在 ISP 工艺中，随着其技术的不断成熟，现已广泛应用于各类薄板坯连铸工艺。该技术对薄板坯连铸连轧的意义还在于，提供灵活的铸坯厚度，以满足后工序轧钢的工艺要求，此外，还具有控制偏析、减轻疏松等改善铸坯内部质量的作用。对于热轧薄材的生产，可起到减薄铸坯、降低轧制负荷，提高了生产的灵活性，增加了连轧钢之间的柔性化。

现用的液芯压下技术，通常在出结晶器的第一段完成，最新一代的液芯压下技术，将目前只在导流 I 段进行液芯压下拓展到 II 段或下面多段一起匹配进行机械开口度调整。相对于单段液芯压下，其优点是单段液芯压下量小，不易产生压下裂纹，而总的压下量大，最大压下量可达 30mm 以上，如图 6-12 所示。

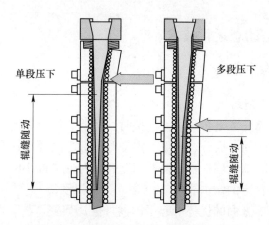

图 6-12 单段液芯压下与多段液芯压下

F　高拉速连铸

高拉速连铸拉坯过程，结晶器通钢量大，钢液以极高的速度由浸入式水口流入结晶器，会使结晶器液面产生强烈的扰动。拉速越高，波动越剧烈，极易造成卷渣。同时，高速流股也会对初生坯壳造成较严重的冲刷，轻则产生纵裂，重则造成漏钢。

电磁制动对高拉速时的结晶器流场有显著影响，对比有无电磁制动条件下的结晶器流场，主要表现为：（1）降低冲击深度，有利于夹杂上浮；（2）降低流动能，防止造成坯壳冲刷，有利于坯壳的均匀生成，避免纵裂纹；（3）减轻结晶器液面波动，防止卷渣[19]。有研究表明：当拉速为 5m/min 时，采用电磁制动与不采用电磁制动技术相比，卷渣缺陷发生率降低了 90%，纵裂纹减少了 80%[20]。

6.1.4.2　推广应用

2009 年以意大利 Arvedi 公司 ESP 技术为代表，以超高速连铸、无头轧制为特征的第三代薄板坯技术的开发，将薄板坯技术推上了一个新的高峰。POSCO 的 CEM 技术、达涅利的 DUE 技术也相继得到工业化应用，并迅速在国内推广，日照钢铁相继引进了 5 条 ESP 产线（5 号线在建），另外，首钢京唐 MCCR、河北东华全丰 S-ESP、福建鼎盛 ESP 等产线也在积极筹建中。在此发展过程中，一批围绕炼钢和连铸生产的高效化、智能化和无缺陷铸坯新技术产生，例如：转炉一键炼钢、洁净钢高效冶炼技术、低应力漏斗形结晶器技术、结晶器可视化和漏钢预报技术等，逐步投入应用，在薄板坯高效化生产方面发挥了重要作用。

武钢、唐钢、涟钢等薄板坯连铸连轧都开发了各自漏钢预报系统。武钢 CSP 产线开发了以"动态逻辑判断算法"为核心判据，基于 7 排热电偶的新型薄板坯结晶器漏钢预报系统技术，并完善了开浇漏钢、黏结起步再黏结漏钢控制模块，新型漏钢预报系统报警准确率达到 95.8%，高品质钢漏钢率由 0.25% 降至 0.08%。

6.2　界面匹配与动态运行技术

6.2.1　"一包到底"技术

6.2.1.1　技术介绍

高炉—转炉界面任务是将高炉铁水按时、按质、按量送达炼钢转炉，满足炼钢生产对于铁水在时间、成分、质量、温度等指标上的要求，为此必须解决好高炉连续出铁与转炉间歇冶炼这种不协调问题，同时追求最小的铁水温降、最少的设备运输数量、最稳定的铁水质量（包含成分、温度等）。"一包到底"技术因其投资、节能环保等方面的优势引起了国内外广泛研究[6~10]。高炉—转炉区段 4 种典型界面模式如图 6-13 所示。

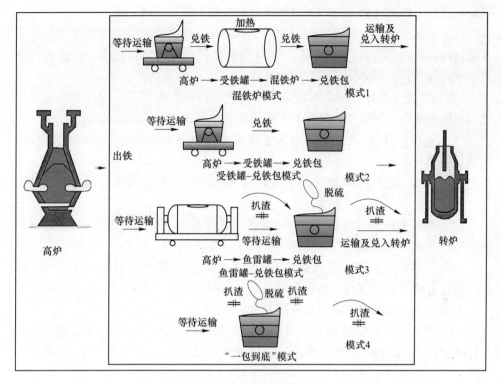

图 6-13　典型铁钢界面模式

模式 1 和模式 2 为中小高炉—转炉界面通常采用的界面模式，其中：

（1）模式 1 因铁水由受铁罐到转炉经历 2 次倒铁、3 次空冷，铁水温降过大，且该模式环境污染重、能源消耗大，目前已经被淘汰。

（2）模式 2 因受铁罐和转炉容量不对应，铁水输送至转炉经历 1 次倒铁、2 次空冷，铁水温降较大，目前仅在中小高炉少量采用。

模式 3 和模式 4（"一包到底"模式）为大型高炉—转炉界面通常采用的界面模式，其中模式 3 应用较广泛，"一包到底"模式仅少量应用，但该模式是未来铁钢界面模式的发展方向。模式 3 和"一包到底"模式相比，模式 3 技术弊端主要体现在：

（1）模式 3 比"一包到底"模式增加了一次铁水从鱼雷罐兑入铁水包的操作环节，铁水温降增加。

（2）模式 3 需要建立倒罐站，设备投资增加，且其铁损和环境污染较大。

（3）模式 3 使用鱼雷罐运输铁水，宝钢实测数据表明，同等容量的铁水包和鱼雷罐运输铁水，模式 3 温降速率比"一包到底"模式速率大，运输温降较高。

（4）模式 3 下高炉—转炉距离较远，而"一包到底"模式通常采用紧凑型的平面布置形式，由于紧凑型的炼铁-炼钢布局使得铁水运输时间较短，同等出铁温度条件下模式 4 到预处理站温度较高，有益于提高脱硫效率。

（5）模式 3 使用鱼雷罐运输铁水，而实际生产中并不适宜在鱼雷罐中进行铁水预处理和扒渣操作，"一包到底"模式全程使用铁水包运输铁水，在铁水包中进行预处理和扒渣操作则较为方便和高效。

"一包到底"技术之所以可以在大型高炉—转炉界面应用推行，其原因在于铁水包能满足在大型高炉—转炉界面对铁水包及其输送系统的功能需求：

（1）铁水承载及运输。铁水包能够保证及时承接高炉铁水，并稳定、可靠、快捷地输送铁水。

（2）容量对应。可以保证铁水包容量与转炉公称容量对应，并准确称量铁水，保证高炉出准率及转炉装准率。

（3）成分对应。铁水包脱硫动力学条件优于鱼雷罐，同时由于铁水温度高，脱硫效率提高，经预处理完全可以保证其成分要求。

（4）铁水缓冲。铁水包具备一定的缓冲能力，其缓冲能力主要取决于铁水包个数，且铁水包具有良好的保温功能，与鱼雷罐运输铁水相比，其温降差距不大，甚至更低，完全可以满足时间缓冲方面的需求。

（5）精确定位及快速周转。借助于定位及跟踪技术，完全可以实现对铁水包位置及状态的精确定位及跟踪，在加强生产管控后，铁水包周转功能也可实现。

由上所述，"一包到底"技术代表着铁钢界面的发展方向，而铁水包铁钢界面模式由目前典型的"鱼雷罐+兑铁包"模式转变为"一包到底"模式，并不仅仅是将铁水包替换为鱼雷罐车便可实现，这需要在技术研发和工程设计层面开展一系列工作。殷瑞钰院士基于已经投入运行的"一包到底"模式，从理论上提炼总结了"一包到底"集成技术群[3]，如图 6-14 所示。

"一包到底"集成技术群可分为三个层面，即工艺层面、工程设计层面以及环保和效益方面，其具体内容应包括：

（1）铁水质量准确称重与控制技术。这是实现"一包到底"的技术的关键环节，突破该项技术才可以保证高炉出准率和转炉装准率。

（2）合理的铁水包结构设计技术。包括大容量铁水包的合理结构与重心计算、高炉出铁槽标高与铁水包高度之间的相容性设计等，突破该项技术，才可以设计并制造出适合高炉生产的铁水包。

（3）铁钢界面合理时空结构设计。突破该项技术才可以给出较为合理的输送装备、输送系统。

（4）铁水包快速周转及定位技术。突破该项技术，才可以给出适合实际生产的在线铁水包个数及周转率，加快铁钢界面生产节奏，并将"一包到底"技术优势发挥出来。

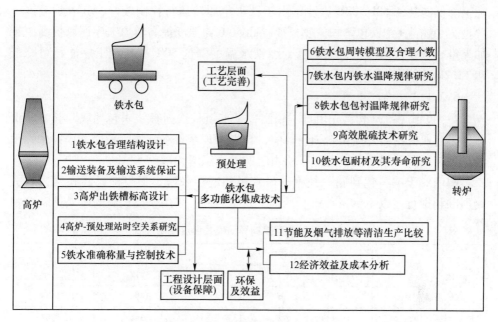

图 6-14 "一包到底"集成技术群

6.2.1.2 节能减排效果

A 投资方面

"一包到底"模式的铁钢界面布局紧凑，无需建立倒罐站，整体投资较"鱼雷罐+兑铁包"模式少。依据首钢京唐测算结果，铁钢界面采用"一包到底"技术比采用"鱼雷罐+兑铁包"模式要减少投资达 4158 万元。依据重钢测算结果，起重机+过跨车式"一包到底"技术与"鱼雷罐+兑铁包"模式相比，炼铁工程投资增加 4616.13 万元，运输工程投资减少投资约 2768 万元，炼钢工程投资减少约 5952 万元，整体工程投资减少 4103.87 万元。

B 环保方面

采用传统鱼雷罐车运输铁水，需建倒罐站，而采用"一包到底"模式运输铁水，可避免因铁水倒罐而带来的环境污染，有利于清洁生产，保护环境。据首钢京唐测算结果，采用"一包到底"技术每年减少粉尘排放达 3.71 万吨；据重钢测算结果[26]，采用"一包到底"技术每小时可减少烟尘总风量 74 万立方米，每年可减少烟尘 33.6t。

C 能源利用方面

由于采用"一包到底"模式，铁钢界面生产节奏加快、铁水温降低，较之"鱼雷罐+兑铁包"模式更为节能。依据首钢京唐测算结果，铁钢界面采用"一包到底"模式比采用"鱼雷罐+兑铁包"模式每年降低电耗 1139.55 万千瓦时，吨钢降低能耗 4.68kg 标煤；沙钢由于铁水包周转运行控制较好，其入炉温度比典型"鱼雷罐+兑铁包"模式钢厂要提高 50℃，温度提高转炉工序便可提高废钢加入量，减少铁水用量，据测算，因铁水温度降低 50℃，吨钢工序能耗可降低达 11.2kg 标煤。

6.2.1.3 推广应用

"一包到底"理念首先由日本提出，日本新日铁拥有"一包到底"技术，但其作为商业机密对外严格封锁。目前，日本 JFE 东日本制铁所采用了该技术，从高炉到装入脱磷转炉的输送过程所引起的铁水温降约减少 52℃。

国内对于"一包到底"技术的研究虽然起步较晚，但目前已经在国内各大钢厂顺利推行。以宝钢、首秦、沙钢、京唐为例，采用该模式后的效果见表 6-4。

表 6-4 两种典型铁钢界面模式温度控制现状 (℃)

模式	"鱼雷罐+兑铁包"模式[12]		"一包到底"模式	
	宝钢	首秦	沙钢	首钢京唐
高炉出铁水温度	1505	1480	1490	1493
铁水到预处理站温度	1398	1354	1391	1382
铁水入转炉温度	1331	1302	1373	1350
总温降	174	178	127	133

6.2.2 连铸坯热送热装技术

6.2.2.1 技术介绍

热装热送技术是指在冶金企业连铸车间与轧钢车间之间，利用连铸坯输送辊道或其他交通工具及措施，实现连铸坯高温输送，从而进行热装加热或直接轧制的技术。

热送热装可实现连铸与轧钢工序的紧凑式生产，提高生产率，有效降低轧钢工序能耗，也是回收钢坯显热的最佳方式。衔接工艺和钢坯的热送热装率已经成为衡量钢铁厂轧钢工序生产技术管理水平高低的重要指标之一。

目前，热装热送技术主要有三种形式，即连铸坯热装（hot charge rolling，HCR）、连铸坯直接热装（direct hot charge rolling，DHCR）和连铸坯直接轧制（direct rolling，DR）。三种形式热送热装技术与普通冷装工艺的流程比较如图 6-15 所示。

连铸坯热装热送技术使得炼钢与轧钢更加紧密地联系起来，使之成为一体化的生产系统。这是一个在物流、时间上缓冲余地小、抗干扰能力差的系统。其有效运行不仅取决于各工序间在计划、操作方面的时序保持高度一致，还取决于各工序产品在温度和质量方面的严格控制。炼钢厂的炼成率、浇注成功率、连铸机

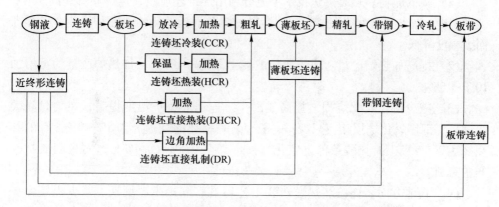

图 6-15　三种热装技术与普通冷装工艺流程之间的比较

与轧机在宽度、厚度、生产能力等方面的匹配度、合理的厂房布置和送坯方式直接影响一个企业的热送热装率。

为了实现高效的连铸坯热送热装，应注意以下几个方面：

（1）提高炼钢成分命中率和钢水洁净度。

（2）提高连铸机作业率，采用结晶器在线调宽技术、自由规程轧制技术和轧机调宽轧制技术等，以增强炼钢和轧钢之间的相互适应能力。

（3）提高铸坯质量，防止由于二次氧化铁皮引起钢材表面质量问题。

（4）轧钢车间加热炉燃烧系统调节灵活，能适应轧机小时产量的波动和经常性的冷、热坯交替装炉的情况。

（5）建立炼钢—轧钢一体化的生产管理系统，可使炼钢、轧钢工序间实现炼钢、轧钢计划的同步化，实时操作监控，操作和质量异常时的动态调整以及信息传递高效快速，提高两大工序间的物流一致性和生产的稳定性、可靠性。

此外，针对以上问题，钢铁企业在采用连铸坯热装热送技术时还应该注意以下环节：

（1）降低连铸坯在运送过程中的温降，充分利用连铸坯的热能，节约能耗。

（2）制定合理的温装和热装工艺，不同的钢种由于其含碳量和合金成分的不同，热送的温度也就不同，如低碳钢和白点敏感性钢种应采用冷装和低温温送，中碳钢应采用中低温温送，高碳铬轴承钢应采用高温温送等。

（3）轧制计划编制考虑坯料在缓冲库的时间和温度，充分提高坯料热利用率。

（4）工序之间统一组织安排定修和检修。

6.2.2.2　节能减排效果

与传统冷装工艺相比，连铸坯热装热送技术有以下几方面优点：

（1）降低能耗。热装热送技术可充分利用连铸坯显热，连铸坯每提高100℃装炉温度，加热炉就可节约5%~6%燃料，燃料消耗随热装温度和热装率的提高而大幅度降低。

（2）提高加热炉产量。连铸坯装炉温度每提高100℃，加热炉产量约可增加10%~15%。

（3）减少钢坯氧化烧损，提高成材率。连铸坯装炉温度提高，在炉时间大幅缩短，钢坯氧化烧损相应减少，一般冷装炉钢坯的烧损为1.5%~2%，有的甚至高达2.5%以上。热装条件下氧化烧损可降至0.5%~0.7%，这对提高成材率非常有利。

（4）其他方面。连铸坯热送热装工艺还具有缩短生产周期、减少板坯库房面积、降低运费等优点。

目前，各钢铁企业均十分重视节能减排，普钢生产线均尽量提高热装温度和比例，国内钢铁企业热装热送技术的普及率约90%。

6.2.3　炼钢—连铸—热轧区段一体化生产组织和调度

炼钢—连铸—热轧生产过程是现代钢铁企业的核心工序，其生产调度需要协调冶炼、精炼、连铸三个工序的生产节奏，考虑生产平衡、资源平衡及时间平衡问题。建立高效的生产调度仿真系统，有利于多工序生产在时间、空间上的有机配合和生产资源的合理分配，实现生产的高效率运行。针对混合生产环境下的炼钢—连铸生产调度问题建立仿真模型、进行调度算法和应用研究具有重要的理论意义和实用价值[11~22]。

炼钢—连铸—热轧生产过程是一个多段生产、多段运输、多段存储的离散和连续相混杂的大型高温生产过程。其生产流程具有多元性、多层次、多尺度，以及开放性、非线性、远离平衡、动态有序性等复杂系统的特征：

（1）作为被加工对象的高温（铁水）钢水因钢种不同而有不同工艺路径。

（2）设备具有大型化、运行成本高、有周期作业和相对连续作业方式等特点。

（3）对生产连续性、工序衔接紧密性、生产到达时间、温度及成分均有较严格的要求。

（4）生产过程中穿插着辊道运输、天车运输、小车运输等复杂的运输条件。

面向该过程的炼钢—连铸—热轧区段一体化生产调度系统是生产制造各环节组成有机整体的纽带和生产过程维持延续的基础，生产调度是生产控制的核心，也是钢铁企业实施信息化工程的企业资源规划ERP（enterprise resources planning）的制造执行系统MES（manufacturing execution system）的核心内容和关键。

6.2.3.1 技术介绍

炼钢—连铸—热轧一体化生产问题共分为两部分，即生产计划问题和生产调度问题。

生产计划问题是以市场需求预测或客户订单为基础，综合考虑了工艺约束、交货期、库存等因素，制订出的包括产品品种、产量和执行期限在内的生产规划和决策，合理地管理订单合同，制订可行的生产计划，有利于提高生产效率，使生产更流畅。

生产调度问题又称为"排产问题"，是生产管理的核心部分，是指根据生产计划的要求，在一定的约束下，通过安排作业任务、工艺路线以及其他资源，以达到某些性能指标，比如最小化加工时间、成本、工期等，从而实现制造系统性能的优化，即对生产计划中任务的资源分配优化方案。

按照系统复杂度，生产调度可分为单机调度和并行机调度，本书多指并行机调度。按照调度特点可分为静态调度和动态调度。静态调度是理想状态下的原始调度方案，是动态调度的基础。动态调度是指当不确定的扰动发生后，需要及时调整原始调度方案，尽量减少干扰对系统的影响。

20 世纪 90 年代以来，随着钢铁生产管理系统的飞速发展，炼钢—连铸—热轧一体化生产计划与调度问题已经引起了学术界的广泛研究与重视。然而，目前国内的钢铁企业大部分以人工调度的方式进行生产调度，即根据人工经验，对生产过程进行调度，不具备科学性与连续性。

A 静态调度

Tamura 等人提出了冶铸轧一体化生产调度的两步模型，并通过启发式算法求解。朱宝琳等人利用数学规划方法建立了一体化生产调度模型，并运用拉格朗日松弛算法进行求解。孙玲等人采用了基于约束满足的启发式算法来解决轧制计划问题，基于轧制计划逆推其他计划，通过对参数的控制，协调各工序的生产计划。因为，炼钢、连铸、热轧三个工序间存在耦合性，工艺复杂，以往的研究更多的是针对单个工序进行优化与管理，不具有普遍性和全局性。Cowling 等人引入了"虚拟板还"的概念，使连铸和热轧工序相关联，通过数学规划和启发算法相结合的方法，对所建立的网络模型进行求解，但他们只关注了局部的连铸—热轧产业链，没有从炼钢—连铸—热轧一体化角度考虑。

孙福全等人以抚钢为研究背景，针对连铸和热轧工序之间生产计划的协调问题，采用了模糊专家系统和运筹学模型结合的混合算法求解，但未从钢厂一体化生产的角度考虑。Park 等人以小型钢铁厂为研究对象，把炼钢—连铸—热轧生产调度问题分解为炉次、浇次和轧制单元三个独立的子问题，通过启发式算法对这三个子问题分别求解。Ouelhadj 等人运用多智能体方法，对连铸—热轧生产调度问题进行求解。王筱萍等人通过改进的 PSO 算法求解轧制计划编排的问题，将进化范围控制在整数域内，缩小了搜索范围，提高了求解速度。

虽然关于炼钢—连铸—热轧一体化方法的研究逐渐得到大家的关注，但是仍存在如下问题，给求解带来很多困难：

（1）求解时间长，智能优化方法只有经过多次迭代才能求得较优解，求解时间太长，不适用于实际生产。

（2）受到求解规模的限制，炼钢—连铸—热轧一体化调度问题中的炼钢—连铸调度问题是一个典型的柔性流水车间问题，已经被证明为 NP 难问题，所以无法求取其最优解。数学规划方法随着问题规模的扩大，很难求取可行解。

（3）产能不匹配，炼钢—连铸阶段工序繁杂，加工时间长，产能相对较低；热轧阶段加工时间短，产能相对较高。炼钢—连铸阶段和热轧阶段的产能不匹配问题，是一体化调度方法的主要矛盾。

（4）生产节奏不一致，由于连铸机的工艺限制，需要使相同钢种的炉次保证多炉连铸，以节约成本，因此炼钢—连铸阶段属于同种规格、大批量的生产模式；由于热轧机组的工艺限制，需要在一个轧制单元里安排多种规格的板坯，以保护轧机轧辊，延长使用寿命，因此热轧阶段属于多规格、小批量的生产模式。所以，两阶段生产节奏不一致，无法保证生产过程的连续性。而在传统钢铁生产中，通常为直接牺牲其中某一工序的最优性能指标，加大了生产成本。

B　动态调度

目前有关钢铁企业动态调度方面的研究还未很深入，只有少数针对炼钢—连铸阶段重调度问题的研究，还未涉及热轧区间，研究中所针对的干扰大多数是机器故障和订单的插入与取消，还未考虑过板坯的质量问题。

动态调度是 MES 的核心部分，这个概念最早是由 Jackson 在 1957 年提出的。相对静态调度的概念而言的，动态调度强调了调度的实时性、在线性和自适应性。如果工件未按时到达或者设备出现故障，就会导致实际调度情况与静态调度方案之间的差距，甚至可能造成生产不能正常进行和不能按时交货的情况。动态重调度就是根据受到干扰无法正常生产的待加工工件，及时调整调度方案，对工件进行重新指派，以保证生产计划的正常执行。

动态调度问题十分复杂，具有强约束性，是一个 NP-Hard 问题，并且随着调度规模的增大，求解难度呈指数趋势增加。实际生产中的扰动的不可预测导致了动态调度的离散性与不确定性，因此目前关于该方面的研究尚未取得很好的成果。

郭冬芬和李铁克将炼钢—连铸区间的重调度问题看作最小化操作开始时间偏移的调度问题，通过冲突修复算法对模型进行求解。庞新富等人将炼钢—连铸阶段重调度问题分为正在作业炉次和未作业炉次两个子问题，针对正在作业的炉次，只通过时间修正模型重新调度时间，针对未作业的炉次，先通过并行逆推启发式算法求得设备分配方案，再通过线性规划方法调度时间。庞新富等人将炼钢—连铸阶段重调度问题归为复杂的混合流水车间问题，在满足实际生产约束的条件下，以最小化最大完成时间为目标建立模型，并通过启发式算法与遗传算法相结合的方式进行求解。

陈军鹏等人将两级 CBR 案例推理方法应用到炼钢—连铸动态调度系统中。潘瑞林等人研究了当加热炉发生故障时，利用非支配遗传算法对加热炉—热轧区间进行重调度，通过对染色体多次独立仿真，削弱干扰的影响。黄辉等人引入作业进行状态参数，建立了铁水重调度的混合整数非线性规划模型，把研究对象分成两类，对特殊类型钢水进行设备指派和修复设备冲突，通过先到先服务的启发式算法对普通类型钢水进行重调度。王万良等人将机器故障时间冻结，建立了机器可利用时间限制的动态调度模型，通过混合差分进化算法进行重调度。

动态调度问题需要应对随时可能发生的突发情况，具有干扰不易识别、模型复杂、求解困难的特点。

（1）干扰不易识别。在实际生产中，存在各式各样的干扰，发生时间也是随机的，因此加大了干扰识别的难度，如何能够快速准确地检测出扰动是钢铁生产能够正常进行的必要条件。

（2）模型复杂。钢铁动态调度问题需要考虑炼钢、精炼、连铸、热轧等众多工序之间的衔接，而且在实际的生产过程中，调度系统存在很多随机和不确定的因素，比如工件到达时间的不确定性、机器故障、质量问题等。因此，调度对象范围广，生产过程中易发生扰动，都会加大建立数学模型的复杂度。

（3）求解困难。钢铁生产是一个复杂的生产过程，需要考虑许多工艺约束，比如对化学成分、温度等都有硬性规定。因为每个设备的功能不同，都具备各自的特点，所以每个设备在加工时都需要满足自身的约束，比如连铸机每次启动都会花费很多时间，为了缩短工期，节约成本，应保证连铸机连浇，还有每个设备容量约束等。除此以外，还需要考虑许多目标，比如加工时间、工期、设备寿命、交货期等，大量的约束和目标增加了该问题的求解难度。

6.2.3.2　推广应用

国外对一体化生产计划调度系统的开发较早，技术实力和实用性都很完善。如德国 PSI 集团的 PSI metals，韩国浦项数据有限公司的 STEELPIA，i2 的 Factory Planner，奥钢联 AIS 系统公司的 Steel Planner，这些都是国际知名 MES，拥有丰富开发应用经验，占据世界钢企信息管理系统的绝大部分份额。

以德国 PSI 集团的 PSI metals 为例，其集成了一体化生产计划和调度技术，功能全面，使得计划更加有序，其以数量、交货期和生产能力为依据，支持从订单到发货等所有生产计划和控制阶段的管理等。以应用 PSI metals 的国外几个著名钢企为例，实际使用 PSI metals 的效果见表 6-5。

表 6-5　国外钢铁公司应用 MES 后实际改善效果

钢　厂	实 际 效 果
德国蒂森克鲁伯公司	生产周期从 28 天降低为 16 天，年产能提高了 90 万~160 万吨
拉丁美洲特尔尼翁（Temium）铁公司	提高热轧产能 4.2%，排程长度增加 11%
印度阿赛洛米塔尔公司	平均排程长度增加 36%，大大提高热装比例

目前，我国一体化生产计划调度系统的研发工作还不够，系统中的模型或多或少对复杂现实情况做了一定的限制，功能不够全面。宝信 BM2-M 系统在国内较受欢迎，在宝钢、马钢、涟钢等众多钢企都得到了成功的应用，但缺乏国际竞争力，与国外先进 MES（如德国 PSI 集团的 PSI metals）相比，还有一定差距。

此外还有东北大学的炼钢—连铸—热轧生产计划一体化仿真系统，北京红河谷时代信息技术公司的 RMETAL，冶金自动化研究设计院的 AriMES，北京钢铁设计研究总院研发的 CERIS-MES 等。借鉴国际先进，加强自主创新，整合冶铸轧不同程序中的 MES 系统，使其成为一个统一的整体，同时要加大对排产的优化，提高 MES 系统的效率和作用，是未来发力的方向。

在钢铁企业应用中，目前国内大中型钢厂都有 MES 作为生产计划与调度的管理工具，但很多是针对单车间，没有形成一体化，导致经济效益落后。从上面的例子可以看出，一体化计划调度作为计划调度管理系统或 MES 的核心功能，对钢厂增产节能、降低管理成本有非常大的作用，且其对于钢厂而言一次性投资小、维护成本低，有着广阔的市场。

6.3　能源综合管控技术

6.3.1　技术介绍

节能问题已经成为当今世界各个国家关注的主要议题，建设资源节约型、环境友好型社会也是我国工业化进程中的一项重要任务。钢铁工业一向被认为是能源和资源消耗大户，同时也是排放大户。然而在未来较长时期内，钢铁工业仍将是我国国民经济和社会发展重要的支柱产业。在节能减排压力日益趋紧、国内市场与国际市场逐步接轨的新形势下，我国钢铁工业面临着严峻的挑战。

当前，我国与发达国家钢铁生产技术水平的差距更多地体现在节能降耗、污染物排放控制、生产流程结构与功能优化，以及物质流、能量流与信息流的网络化集成应用等方面[23]。可见，在产业结构短期内无法大规模调整的现状下，通过对钢铁工业能源综合管控的分析和综合，进行系统用能的优化设计、最优控制、技术改造和管理改进，实施能量流网络综合管控工程，使得能源利用效率接近世界先进水平，既是实现国家节能目标的一项重要措施，又对企业降低能耗成本、提高市场竞争力具有重要意义。能源综合管控是钢铁工业科学发展的当务之急,也是解决我国能源及环境问题的核心。

随着全球信息化的快速发展,我国钢铁企业基本都配置了企业资源计划管理(ERP)和制造执行系统(MES),具备了能源信息快速传递与能源综合管控的基本硬件配置。为了发挥管理节能的作用,财政部和工业与信息化部联合出台《工业企业能源管理中心建设示范项目财政补助资金管理暂行办法》,拉开了钢铁企业全面建设能源管理中心(EMS)的序幕,沙钢、马钢、济钢、首钢、南钢、涟钢等企业纷纷新建或改造 EMS,基本覆盖了规模在 300 万吨以上的钢铁企业。

目前,从已投入运行的情况看,已建成的计算机集成制造系统均具备现场的数据采集与监视控制功能,初步实现了各工序和能源介质的网络化配置,但针对能源综合管控还不能实现高效优化的智能决策与控制。可见,虽然多数钢铁企业已经具备了现代化管理需要的硬件配置,但其远未达到能源综合管控的效果。因此,为了充分发挥钢铁企业计算机集成制造系统的作用,必须要摸清能量流的运行规律,探索能量流的动态优化和运行控制。当前,这方面的理论研究工作不足[24],亟须开展能源综合管控技术的研究。

中国钢铁工业历经近 20 年的快速发展,钢铁产能迅速增长,规模扩张。但是资源能源消耗和环境污染等问题日益严峻。因此,创新驱动钢铁行业转型发展、调整结构、实现钢铁行业绿色制造势在必行[25]。工业 4.0 以信息物理系统为支撑环境,实现生产制造的网络化、智能化、柔性化和定制化,被各国视为推动经济增长、结构调整、产业转型升级的新引擎和新动力[26]。钢铁制造流程是复杂的、动态的、整体性的工程系统,是多因子、多尺度、多单元、多层次整合—集成而成的整体,具有涌现性而非简单加和性。解决目前钢铁工业存在的突出的高能耗和高污染现象,需要深入研究钢铁工业与工业 4.0 的结合方式和实现途径,以创新思维、创新机制、创新模式和创新技术为核心,实现中国钢铁工业能源系统的精细管理、智能决策和综合优化。

能源综合管控技术是一个集冶金过程监视、控制、能源调度、能源管理为一体的管控一体化技术,对企业的能源设备和能源介质具有遥控、遥测、计算、预测、事故预警等功能,通过对企业能源生产、输配、消耗和回收环节实施动态监控和管理,合理计划和利用能源,改进和优化能源平衡,从而实现系统性节能降耗。能源综合管控技术是工业化和信息化相互融合实现节能降耗的重要手段,是一种整合自动化、信息化和系统节能技术的管控一体化新模式。

能源综合管控技术需要对钢铁企业所有的能源介质管网(包括各种煤气管网、氧氮氩管网、供水及排水管网、压缩空气管网、各种压力的蒸汽管网、供电电网等)及其与这些管网连通的产能、用能设备(包括高炉、转炉、焦炉、发电厂、氧气站、锅炉房、空压站、工业水厂及对二次能源进行净化处理的设备等）进行监控、调度和管理。

能源综合管控信息系统与 ERP、MES 和过程控制系统（PCS）的关系如图 6-16 所示。能源综合管控系统向企业 ERP 系统提供能源管理的各种数据，同时从 ERP、MES 及 PCS 获取企业的生产计划、维修计划、订单等信息及生产过程信息。

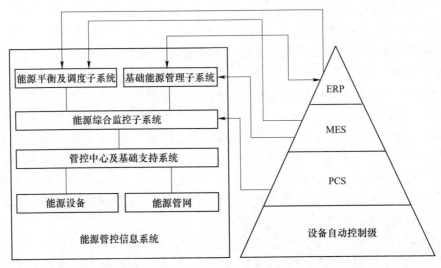

图 6-16   能源管控信息系统与 ERP、MES、PCS 的关系图

6.3.2   节能减排效果

钢铁工业能源管控技术将对钢铁生产过程物质流、能量流进行集中监控，对主要设备、工序进行重点监控和分析，进行能源预测和优化调度，提高系统能效。通过实施能源综合管控技术，有望降低能耗 5%～10%，减少污染物排放量 8%，不仅带来宏观的经济效益，而且还有巨大的社会效益和环境效益，市场前景广阔。

6.3.3   技术研发应用情况

6.3.3.1   "能量流网络"的提出

起初我国乃至世界钢铁行业仅仅从冶金学和材料学的角度将钢铁制造流程的功能定位为钢铁冶炼与钢材生产，只注重物质流产品的增产增效，对能量流运行的关注不足。直到进入 21 世纪，殷瑞钰院士提出钢铁制造流程的三种功能，即钢铁产品制造功能、能源转换功能、社会大宗废弃物的处理和消纳功能[27]，人们才开始打破冶金与材料功能的局限，将钢铁制造流程的功能扩展到资源、能源、环境、生态和循环经济社会等方面，以更广阔的视野和更积极的姿态认知钢铁制造流程[28]。

随着研究的不断深入，人们逐渐认识到：钢铁制造流程实质上是物质流、能量流以及相应信息的流动和转变过程。钢铁制造流程可以抽象为物质流输入—输出过程、能量流输入—输出过程及物质流与能量流相互作用过程[29]。其动态运行过程的物理本质是：物质流在能量流的驱动和作用下，按照设定的"程序"，沿着特定的"流程网络"，动态有序地实现各类物质流和能量流的转换和位移过程。

2008 年，殷瑞钰院士首次以"能量流网络"命名能量流流经的这种特定的流程网络[30]。"能量流网络"的概念一经提出，即得到了冶金界和能源界专家、学者和工程技术人员的广泛认可和积极推广[31]。2009 年 9 月，以"钢铁制造流程中能源转换机制和能量流网络构建的研究"为主题的香山科学会议第 356 次学术讨论会在北京召开，来自钢铁企业、设计院、高校、科研单位以及国家相关部委的 48 名相关领域专家和学者参加了讨论会，标志着钢铁企业的能量流网络构建这一学科前沿的研究工作得到了国家和行业的热切关注。2011 年 8 月，"钢铁制造流程优化与动态运行高级研讨会"在沈阳召开，将钢铁企业能量流网络动态优化的研究推向了一个新的高度。两次会议认为，针对能量流网络的优化运行问题的研究有可能成为一个新的重要引擎，催生钢铁企业新一轮的节能技术创新和与之匹配的产品制造体系，引发新技术背景下节能降耗的技术创新[24]。

6.3.3.2 钢铁企业"能量流网络"的物理模型

最初，"能量流网络"的结构主要被勾勒为电能、热能等能量伴随着钢铁制造流程需要的电力、副产煤气和蒸汽等能源介质流动而形成的路径组合。为了更清晰地刻画"能量流网络"的物理模型，多数研究者往往选取能量流的子系统作为研究对象。鉴于煤气在钢铁制造流程中的重要性，关于煤气流子网络物理模型的研究最多。钢铁制造流程的副产煤气有高炉煤气、焦炉煤气、转炉煤气，也有企业将高炉煤气与焦炉煤气混合（甚至将三种副产煤气混合）构成混合煤气。对于单一种类的煤气流，一般是按照煤气管网的走向建立煤气流子网络的物理模型。近几年，越来越多的研究人员忽略了空间地理位置和管网走向的因素，而是注重多种煤气之间的互换性和协同作业[32]。

除此之外，也有研究人员以流体动力学和图论理论为基础，分别结合煤气和蒸汽的流动特性，建立了煤气流子网络和蒸汽流子网络的拓扑模型图[33]。随着研究的不断深入，还有研究人员开展了氧氮氩流（可继续细分为氧气流、氮气流和氩气流）子网络的研究工作，构建了氧氮氩流子网络的物理模型。

现有文献在全流程多介质"能量流网络"物理模型构建方面的研究较少。蔡九菊教授依据能量流的输入—输出特性，将能量流网络划分为五个区域：能源转换区、能源使用区、余热余能回收区、剩余能源缓冲区和能源储存区。网络图中的节点按能量流的性质和功能分类而不按热工设备的种类和任务划分，目的是方便能量流网络的信息化设计和智能化控制。

6.3.3.3 "能量流网络"的数学模型

数学建模是进行能量流及"能量流网络"优化的重要手段，然而现有的能源系统模型对企业级能源系统建模的关注较少[34]，较成熟的模型一般都属于区域系统模型，描述能源、经济和环境之间的关系，如 MARKAL 模型和 LEAP 模型等[35]。尤其针对钢铁企业，虽然目前还没有形成非常成熟的典型模型和支撑软件，但已有不少企业在 EMS 中或多或少地集成了能量流优化模型。其中，较早建立能量流模型的钢铁企业有美国伊斯帕特内陆钢铁厂和奥钢联林茨分厂等。近年来有一大批研究人员在数学建模方法上做了大量探索。

对能量流的供需预测和调度而言，最初主要是建立各种能量流的供应量和需求量的静态预测模型，用于报表平衡。目前，更多的是建立动态预测模型和动态调度模型，用于指导企业的实际生产过程。在能量流的供需预测方面，人们开发并采用了大量的预测方法和模型[36~38]。总之，国内外对能量流动态优化的研究还处于起步阶段。目前，用于能量流调度的模型主要有数学规划法（如线性规划、混合整数线性规划、动态规划等）和启发式算法等[32, 39, 40]。

6.3.3.4 能源管控中心建设

早在 1959 年，日本的八幡制铁所率先建成了世界第一座能源管理系统。20世纪初日本的住友金属、和歌山制铁所、西德的蒂森冶金厂、韩国的浦项钢铁厂等建立了相当高水平的能源管理系统。这些钢铁厂的能源管理系统，不仅是能源信息的在线采集和潮流监测中心，而且也是合理使用能源的决策、调度和控制的指挥中心。

我国能源管理系统以 20 世纪 70 年代末宝钢一期工程从日本引进了能源管理系统开始，以全厂公用能源管网为对象，直接调度和集中监控全厂各种能源介质的供应和分配。建设初期开始，能源的集中管理思想、大规模计算机控制应用及能源的最经济调配运行方式就为宝钢所采用，建立了一套以模拟仪表为主、管理模式以"自上而下"多级递阶思想为主的能源管理系统，在很多项目能源管理系统得到了很好的继承和延续。新的能源设施不断被纳入能源管理系统，在系统性能和功能的扩展上获得了很大程度的提高，并降低了吨钢综合能耗。

目前，宝钢在能源集中管理上已经形成了较为完整的思路，在能源管理系统的建设和扩容改造过程中积累了不少的经验，并将这个经验输送到我国其他钢铁企业中。如今，宝钢炼铁单元的炼焦、烧结、高炉等工序的生产经济技术指标均进入了世界一流行列，工序能耗明显降低；同时，其吨钢综合能耗水平，远低于中国台湾中钢和韩国浦项钢厂等国内外先进企业，在全球千万吨级全流程钢厂中属最好水平。

与此同时，全国各大钢铁企业在借鉴宝钢经验的基础上，相继在武钢、沙钢、济钢、攀钢、鞍钢、宝钢股份不锈钢事业部（原上钢一厂）、宝钢股份特殊钢事业部（原上钢五厂）、南京钢厂、梅钢、马钢、太钢、邯钢、首秦金属材料公司等都陆续建立了能源管理系统，还有大批钢铁企业正在建设能源管理系统，但是各钢铁企业能源中心与能源管理职能的结合上不尽相同。

6.3.3.5 案例

为贯彻落实国家节能减排政策，顺应钢铁行业市场竞争和发展趋势，同时实现对能源系统现代化管理，首钢长钢公司[41]迫切需要一个整合、优化和调节能源子系统的综合部门，以确保对生产、使用和回收的全面监控。并对能源媒介进行实时的集成优化和管理，以确保这些媒介的效率、安全性和经济性。

首钢长钢公司能源管控中心系统项目主要是将公司内分布的配电系统、发电厂、燃气压力站、配电设施和能源消耗的信息通过计算机网络连接，以实现实时监控和分散控制，能源系统的集中管理和优化配置。能源管理中心具有对生产过程进行全面优化、宏观预测和咨询的功能。它不仅是规范和控制公司能源生产和使用的业务单位，也是公司能源管理的职能部门，其在整合公司能源管理方面发挥着重要作用。

建设能源管控中心系统项目，实现的功能包括：

（1）能源数据采集功能。远程采集和上传功能，各类能源消耗的瞬时值、累计值等数据的采集和上传。

（2）综合监测功能。主要包括电、煤气、氮气、蒸汽、水等能源系统以及重要能源产供设施实时监测，在线管理和调整，满足扁平化能源管理需求。

（3）基础能源管理功能。包括能源消耗计划编制、能耗统计、报表生成、能耗趋势、能耗核算等。

（4）大屏幕系统显示功能。通过大屏幕显示系统对能源系统及重要产供能源设施的平衡状况、运行参数进行图形化、可视化呈现，可以直观明了发现系统及设施运行中存在的问题，有效提高处置效率和水平。

另外，首钢长钢公司能源管控中心系统与其他信息化系统预留信息交换的接口，下一步首钢长钢公司还计划将能源管理中心平台与企业的环境监测系统完成对接，实现环境系统的全面监测功能；与生产物流系统完成数据对接，实现生产能源、原料、产品（包括半成品）等全流程监控。

通过实施能源管控中心项目，首钢长钢公司在经济、管理和社会或生态方面均有明显的效果。在经济上，实现能源集中监控后，通过能源资源合理经济调配，二次能源利用率大幅提升，其中：高炉煤气放散率同比降低4.10%，减少高炉煤气放散15840万立方米；焦炉煤气放散率同比降低4.28%，减少焦炉煤气放散2033万立方米。在管理上，首钢长钢公司通过建设能源管控中心后，一方面能够及时从能源管理平台获取生产过程的重要参数和相关能源数据，并结合生产工艺信息及时进行分析诊断，提供能源系统实时平衡和调整决策系统信息，确保能源系统平衡的科学、及时、合理调整，确保生产系统和能源利用过程的稳定、经济，最终达到提高能源综合利用效率的目的；另一方面，能源管理上线后，企业的能源管理现状得到了有效提升，首先是明确了工序之间的能源消费，有利于企业进行工序间各动力能源的能耗考核，有利于加强工序能耗的监管，并通过对能耗数据的实时监管、预测和分析企业用能，极大促进了企业节能降耗工作的深入开展。

6.4 能源替代技术

6.4.1 生物质冶炼技术

6.4.1.1 技术介绍

钢铁作为当今世界最重要的材料之一，其生产一直都依赖于铁矿石和化石燃料发生的复杂的物理化学反应，生产过程能耗极高，在如今全球都在号召节能减排的大背景下，钢铁企业作为重要的能源密集型行业，节能减排的任务日益艰巨，在其他节能减排技术还不能从根本上实现大规模的节能减排效果时，寻找可替代化石能源的燃料就成了一种值得尝试的方法。

生物质作为化石能源的替代品，在钢铁冶金中的作用之一也是最明显的优点就是其在冶炼金属的过程中，相比于直接利用化石燃料，利用生物质可以有效地减少冶金过程中的 CO_2 的排放。同时，由于生物质包含的灰分更少，其燃烧后高炉炉渣得到的灰渣比用粉煤喷吹燃烧后得到的高炉灰渣少 50%。再者生物炭相比焦炭，其表面孔隙更多，因此，在相同的燃烧速度下，生物炭具有更高的燃烧效率。

典型的 Bio-PCI 工艺是指从高炉的鼓风口喷吹以生物质为原料的木炭粉末颗粒，使其在高炉中燃烧，还原铁矿石，起到部分或者完全替代焦炭的作用，工艺流程如图 6-17 所示。此工艺的主要目的是减少钢铁冶金过程中高炉的 CO_2 的排放。具体方法就是把生物质颗粒进行研磨，直到粒径为 $75\mu m$ 左右，然后通过鼓风口喷吹使其在高炉中进行

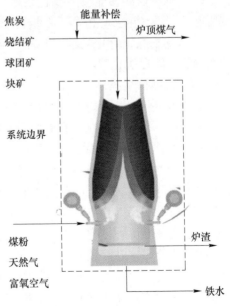

图 6-17 Bio-PCI 工艺流程图

燃烧，直接充当还原剂还原铁矿石里面的铁。需要注意的是燃烧生物质木炭的燃烧温度和燃烧时间与燃烧焦炭不一样，通常温度会更低，燃烧时间更久。目前比较多的做法是将生物质燃料与焦炭混合燃烧，根据配比的不同，所需要的温度和燃烧时间也不同。

将磁铁精矿和合适的木材切碎研磨，并将其质量按照比例配比，其中磁铁精矿占80%，合适的木材占20%，然后将其制作成球团。球团合成物的精确配比依据由 Fe_3O_4 和 C 的化学反应方程确定。

制备混合球团的工序如下：

（1）将已经干燥好的磁铁精矿研磨成粒径大约 $12\mu m$ 的颗粒。

（2）将已经研磨好的磁铁精矿和木材粉末按照期望的质量比进行配比，然后将混合好的粉末送进混合器中进行搅拌混合5min。

（3）将已经混合均匀的粉末按照不同的尺寸进行粘连，提供了三种不同的尺寸，直径分别是1.27cm、2.22cm、2.54cm。

4）将粘连好的球团放在隔绝空气的条件下，加热至105℃，干燥24h。

6.4.1.2 节能减排效果

如果不计较经济因素，生物炭部分或者完全取代焦炭是很有前景的，然而由于目前生物炭相比煤炭等化石燃料的价格，确实还存在一定阻碍。在中国，由于目前中国政府还没有征收碳税，在不计较碳排放这个基础上，烧化石燃料更节省成本，而采用生物质冶炼技术预期可以减少 $18\% \sim 40\%$ 的 CO_2 排放，增加成本 $5\% \sim 16\%$ 。

6.4.1.3 推广应用情况

生物炭有一个吸引人的特性就在于其原材料来自树木、畜牧业和林业产生的代谢物，这是一种可再生能源，并且这些原材料的炭成长周期（5~10年）相对于化石燃料的形成（至少十亿年）很短。由于生物炭密度和强度都相对于焦炭小，因此目前世界上能将生物炭用于从高炉顶部喷吹的钢铁厂只有巴西和巴拉圭，因为他们设计的高炉体积和受压强度均较小，所以如今用生物炭作为炼钢燃料的钢铁厂均只是将其用于鼓风口喷吹，而且只能用于规格为 $600m^3$ 以下的高炉。从目前世界范围内的数据来看，将生物炭研磨成粒径很小的粉状颗粒难度较大，因此目前比较通用的办法就是将其研磨至粒径小于 $210\mu m$ 。从如今的技术来说，将以往的 PCI 改造成 Bio-PCI 是很容易的，主要的不同就是燃烧的燃料变化了。但是不同地区对应的生物炭的价格差异较大，特别是有些地区将生物炭的价格与化石能源进行比较时，生物炭的价格不占优势，甚至处于绝对劣势。

在巴西，用木炭作为小高炉的燃料和还原剂的做法一直都存在，但是由于木炭抗压强度无法与焦炭相比，因此无法大面积将木炭推广到现代大型高炉。有文献指出，木炭可以在一定程度上代替焦炭或者完全取代高炉煤粉喷吹的煤粉。还有文献指出，木炭可以部分取代炼焦煤在炼焦炉炼焦，但是所占份额很小，只有不到5%。

6.4.2　钢铁工业回收利用废旧轮胎技术

6.4.2.1　技术介绍

随着全球汽车保有量的提高，废旧轮胎引发的环境污染与资源浪费问题日渐凸显。据世界环境卫生组织统计，世界废旧轮胎积存量已达30亿条，并以每年约10亿条令人惊诧的数字增长。废旧轮胎及其他废橡胶均是高分子C—H聚合物材料，它与塑材一样在自然条件下很难降解。若弃于地表或埋入地下，几十年甚至更长时间都不会腐烂，占有了大量土地并污染水源。废旧轮胎堆积还会滋生蚊虫，不但损害人民健康还易引起火灾。废旧轮胎在一般燃烧时释放CO、VOC（易挥发的一类有毒有机物）、BTEX（苯、甲苯、乙苯和二甲苯混合气体）和PAH（两个或多个芳环组成的致癌物），可见处理废旧轮胎对环境污染很大，因此，废旧轮胎污染被称之为黑色污染。

废旧轮胎是一种高热值材料，把它当作燃料使用，与用优质煤相比有很大的优越性。这是因为：

（1）废旧轮胎灰分很低，约为2%~3%，且实际上不含任何水分。

（2）它燃烧时产生的热量极高，达33.5~37.7MJ/kg；每千克的发热量比木材高69%，比烟煤高10%，比焦炭高4%。

（3）将废旧轮胎破碎，然后按一定比例与各种可燃废旧物混合，配制成固体垃圾燃料（RDF），供高炉喷吹代替煤、油和焦炭，且可避免有毒气体生成。

（4）由于其氢的含量明显高于煤粉，氢在高炉上部可参与矿石还原，其活性明显高于碳，还可减少温室气体CO_2排放量。因此，高炉喷吹废轮胎技术在全国如能推广实施，扩大资源将会带来较大的社会效益。

目前，高炉下部喷吹一般还是以喷吹煤粉为主，喷吹废塑料和废轮胎为辅。辅助系统有料即喷吹，无料即停喷。实际中，废旧轮胎一般被加工成粒径5~8mm的颗粒。然而，由于原料的粒度、密度和物理性能的差异较大，其存储、给料方式、管道输送等都与煤粉系统相互独立。高炉喷吹废轮胎颗粒具有稳定性、可行性和可靠性，其对高炉喷吹的可供资源与废塑料相比，具有价格合理、成分稳定、来源充沛、收集便捷、加工简便等特点，对高炉喷吹实现产业化的可行性较高。高炉喷吹废旧轮胎工艺流程图如图6-18所示。

6.4.2.2　节能减排效果

废旧汽车轮胎是钢铁高温冶炼工艺所需热能的宝贵资源，应予充分重视及合理利用。西西伯利亚钢铁公司开发的氧气转炉利用废旧汽车轮胎炼钢工艺不仅利

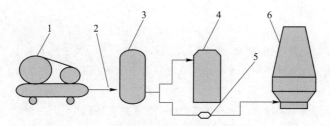

图 6-18 高炉喷吹废旧轮胎工艺
1—空气压缩机或鼓风机；2—导气管；3—高压气包；4—喷吹罐；5—给料器；6—高炉

用成本最少，而且经济效果相当可观，既有利于生态环境，又使大量废旧汽车轮胎得到有效的回收利用，尤其对钢铁发达地区可以在符合以上两方面要求的条件下贯彻循环经济战略。

新日铁在广畑制铁所采用了与新的气化回收设备相结合的废钢熔炼工艺 SMP（SMP 是一种炼铁转炉熔融废铁的方法，在熔融过程中吹入氧和粉煤的新型炼钢工艺）。该技术是通过气化再循环设备将废旧轮胎热分解，以轮胎中的子午线钢丝作为废钢的替代品还原成高级钢，油、煤气和残余的碳作为燃料重新利用，实现 100%再资源化技术。该项目投入生产后，广畑厂吨钢成本降低了 3~6 美元，每年减少 CO_2 排放量 8.8 万吨。经济效果明显又有利于生态环境。

2015 年，国务院《关于加快发展节能环保产业的意见》以及财政部与国家税务总局将实施的《资源综合利用产品及劳务增值税优惠政策目录》（对再生橡胶和胶粉增值税给予优惠政策）为废旧轮胎回收创造了利好，预测到 2050 年，我国废橡胶回收利用总体将达到国际先进水平，废橡胶的回收利用管理体系将建成，那时，废旧轮胎处理的相关钢铁企业定能获得相当的利润。

6.4.2.3 研发情况

迄今为止未见将废轮胎作为高炉喷吹燃料的工程应用的报道。但已有不少文献提出高炉喷吹废轮胎对资源利用和环境保护具有重要意义以及实验室中用模拟废旧轮胎代替煤粉燃烧得出相关结论。炼钢实践证明，当加入氧气转炉里的废旧轮胎用量不超过每吨钢水 2kg 时，轮胎对煤的置换比率为 1∶1.5，即在转炉内燃烧 1t 废旧汽车轮胎与燃烧 1.5t 优质煤二者产生的热力效果是相等的。

北京科技大学冶金与生态工程学院通过模拟和实验相结合的方式得出：碳、氢含量高的废轮胎适用于高炉喷吹，置换比达到 0.9 以上；鼓风富氧率、氢气利用率和废轮胎含碳量对置换比的提高均有促进作用，富氧率每提高 1%，置换比提高 0.003。氢气利用率每提高 0.01，置换比提高 0.0047。废轮胎含碳质量分数每提高 1%，置换比提高 0.011；鼓风温度和废旧轮胎的灰分对置换比的提高有抑制作用，鼓风温度每提高 100℃，置换比下降 0.000744；废旧轮胎中灰分质量分数每提高 1%，置换比下降 0.0027。

参 考 文 献

[1] 王新江. 中国电炉炼钢的技术进步 [J]. 钢铁, 2019, 54 (8): 1~8.

[2] 李峰, 储满生, 唐珏, 等. 非高炉炼铁现状及中国钢铁工艺发展方向 [J]. 河北冶金, 2019, 10: 8~15.

[3] 姜周华, 姚聪林, 朱红春, 等. 电弧炉炼钢技术的发展趋势 [J]. 钢铁, 2020, 55 (7): 1~12.

[4] 陈燕才, 张堂正. 薄板坯连铸连轧技术及其 ESP 工艺 [J]. 武汉工程职业技术学院学报, 2017, 29 (1): 1~5.

[5] 张剑君. 高品质钢薄板坯连铸关键技术研究 [D]. 北京: 钢铁研究总院, 2019.

[6] 张龙强, 田乃媛, 徐安军. 新一代大型钢厂高炉—转炉界面模式研究 [J]. 中国冶金, 2007, 11: 29~34.

[7] 谷宗喜. 高炉—转炉区段 "界面技术" 优化及仿真研究 [D]. 北京: 北京科技大学, 2018.

[8] 梁素梅. 高炉—转炉区段 "一罐到底" 模式排队队列方式与仿真研究 [D]. 昆明: 昆明理工大学, 2012.

[9] 孟华, 王华, 王建军. 高炉-转炉区段 "一罐到底" 界面模式建模仿真与优化研究 [J]. 工业加热, 2011, 40 (1): 41~44.

[10] 郦秀萍. 高炉—转炉区段工艺技术界面热能工程分析 [D]. 沈阳: 东北大学, 2005.

[11] 朱耀佳. DHCR 一体化生产建模与调度算法研究 [D]. 上海: 上海交通大学, 2007.

[12] 单多, 芦永明, 徐安军, 等. 冶铸轧一体化生产下动态调度策略和方法研究 [J]. 控制工程, 2012, 19 (1): 20~24.

[13] 芦永明, 贺东风, 徐安军, 等. 基于一体化生产的炼钢—连铸—热轧动态调度仿真系统 [J]. 冶金自动化, 2010, 34 (6): 33~38.

[14] 芦永明, 田乃媛, 徐安军, 等. 基于一体化生产的炼钢—连铸批量计划与调度 [J]. 信息与控制, 2011, 40 (5): 715~720.

[15] 孙超. 基于热链物流的炼钢—连铸—热轧一体化调度方法与系统 [D]. 沈阳: 东北大学, 2013.

[16] 芦永明, 徐安军, 贺东风, 等. 炼钢—连铸—热轧一体化生产计划与调度综述 [C] // 全国冶金自动化信息网 2011 年年会. 2011.

[17] 郑忠, 刘海玉, 高小强, 等. 炼钢—连铸生产计划调度一体化的仿真优化模型 [J]. 重庆大学学报, 2010, 33 (3): 108~113.

[18] 马艺骅. 炼钢—连铸—热轧一体化生产调度方法 [D]. 沈阳: 东北大学, 2015.

[19] 宁树实. 炼钢—连铸—热轧一体化生产调度研究及应用 [D]. 大连: 大连理工大学, 2006.

[20] 陆波. 炼钢—连铸—热轧一体化生产调度管理的研究 [J]. 科技信息, 2011, 26: 173~174.

[21] 孙福权, 郑秉霖, 唐立新, 等. 炼钢—连铸—热轧一体化集成调度管理 [J]. 钢铁, 1998, 12: 3~5.

[22] 谭园园. 炼钢—连铸—热轧生产过程中若干优化问题研究 [D]. 沈阳: 东北大学, 2012.

[23] 中国金属学会. 钢铁制造流程中能源转换机制和能量流网络构建——香山科学会议第 356 次学术讨论会 [J]. 中国冶金, 2009, 19 (11): 10~14.

[24] 蔡九菊. 关于钢铁制造流程能量流网络若干问题的理论研究 [C] // 第七届 (2009) 中国钢铁年会论文集. 2009.

[25] 殷瑞钰. 绿色制造与钢铁工业 [J]. 钢铁, 2000, 6: 61~65.

[26] 徐匡迪. 经济转型发展与科技创新驱动 [J]. 全球化, 2014, 11: 5~18, 133.

[27] Yin P. The times consideration of technological progress of steel industry [J]. Metallurgical Collections, 2001.

[28] 殷瑞钰. 论钢厂制造过程中能量流行为和能量流网络的构建 [J]. 钢铁, 2010, 45 (4): 1~9.

[29] 殷瑞钰. 从开放系统、耗散结构到钢厂的能量流网络化集成 [J]. 中国冶金, 2010, 20 (8): 1~14.

[30] 殷瑞钰. 钢铁制造流程的本质、功能与钢厂未来发展模式 [J]. 中国科学 (技术科学), 2008, 9: 1365~1377.

[31] 倪维斗. 构建节能中国的四重思考 [N]. 科学时报, 2010-04-19.

[32] Kim J H, Yi H S, Han C. A novel milp model for plantwide multiperiod optimization of byproduct gas supply system in the iron-and steel-making process [J]. Chemical Engineering Research and Design, 2003, 81 (8): 1015~1025.

[33] 贾天云, 顾佳晨, 徐化岩. 基于图论的钢铁企业煤气管网仿真模型的研究 [J]. 冶金自动化, 2009, 33 (S1): 519~521.

[34] Frangopoulos C A, Spakovsky M, Enrico S. A brief review of methods for the design and synthesis optimization of energy systems [J]. International Journal of Thermodynamics, 2002, 5 (4): 151~162.

[35] Shabbir R, Ahmad S S. Monitoring urban transport air pollution and energy demand in Rawalpindi and Islamabad using leap model [J]. Energy, 2010, 35 (5): 2323~2332.

[36] Sun W Q, Cai J J, Song J. Plant-wide supply-demand forecast and optimization of byproduct gas system in steel plant [J]. Journal of Iron and Steel Research, International, 2013, 20 (9): 1~7.

[37] Pestourie J, Carer P, Pamphile P, et al. Reliability and availability evaluation of cokeworks electrical network in a steel manufacturer site [C] // 2004 International Conference on Probabilistic Methods Applied to Power Systems. Ames, IA. 2004: 301~306.

[38] Liu Y, Liu Q, Wang W, et al. Data-driven based model for flow prediction of steam system in steel industry [J]. Information Sciences, 2012, 193: 104~114.

[39] Sun W Q, Cai J J. Optimal dynamic dispatch of surplus gas among buffer boilers in steel plant

[J]. Journal of Central South University，2013，20（9）：2459~2465.

[40] Bhave G S. Enhancing the effectiveness of the utility energy supply chain in integrated steel manufacturing［M］. Morgantown：West Virginia University. 2003.

[41] 秦建新. 首钢长钢公司能源管控中心项目建设与运行效果实践［J］. 价值工程，2019，38（33）：266~267.

7 钢铁生产过程节能减排技术展望

钢铁工业节能工作已经从单体节能逐步向系统节能发展，并伴随着很好的减排效果。未来节能工作将向着单体节能的深入挖潜、系统节能的体系拓宽以及节能与环保的高度融合等方向发展，并体现出多场协同、跨行业联产、多学科融合等特征。这里，主要总结和介绍多物理过程协同强化、跨行业能源联产、基于大数据的系统优化等三个技术方向。

7.1 传输与反应过程协同强化

钢铁生产过程整体能效的提升与流程中每个单体工序及装备的工艺技术水平密切相关。在单体工序及装备中，流动、传热、传质及反应等过程相互耦合和影响，在实现工序基本功能的同时，展现出生产能力、能源消耗强度、污染排放强度等工艺技术指标。单体工序及装备节能减排的关键是其基本工艺方法的改进和提升，尤其是传输与反应过程的多物理场协同强化。例如，钢铁生产流程中的焦化、烧结、炼铁等高耗能工序，都包含气体流动、传热传质以及化学反应等过程，而速度场、温度场、浓度场等之间相互影响，共同决定工艺要求的化学反应的进程实现。通过合理构建某些物理场，实现各物理场之间的优化协同，可以提高整个工序或装备的工艺水平和效率，这实际上也是工序工艺方法改进提升的物理本质。

7.1.1 场协同理论

我国学者过增元先生在进行对流换热机理和提高对流换热强度研究时，提出了场协同原理[1]。根据壁面对流传热过程分析可以看出，在流速和流体的物理性质给定的条件下，边界上的热流（界面上的换热强度）取决于流体流动引起的当量热源强度，即在雷诺数（Re）、普朗特数（Pr）一定时，努塞特数（Nu）取决于无因次流动当量热源。流动当量热源不仅取决于速度场和热流场本身，而且还取决于速度与温度梯度之间的夹角，即不仅取决于速度场、热流场、夹角场的绝对值，还取决于这三个标量值的相互搭配。速度场与热流场的配合能使无因次流动当量热源强度提高，从而强化换热，此时称之为速度场和热流场协同较好。速度场和温度梯度场的协同体现在三个方面：

（1）速度矢量与温度梯度矢量的夹角余弦值尽可能大，即两矢量的夹角 β 尽可能小（$\beta<90°$）或 β 尽可能大（$\beta>90°$）。

（2）流体速度剖面和温度剖面尽可能均匀（在最大流速和温差一定条件下）。

（3）尽可能使三个标量场中的大值和大值搭配，也就是说要使三个标量场的大值尽可能同时出现在整个场中的某些区域。

为了定量描述和比较不同对流换热情况下的速度场和热流场协同程度，定义对流传热的场协同数：

$$Fc = \int_\Omega \overline{U} \cdot \nabla \overline{T} \mathrm{d}\overline{V} = \frac{Nu}{RePr} \qquad (7-1)$$

式中，$\overline{U}$ 为速度（无量纲）；$\nabla \overline{T}$ 为温度梯度（无量纲）；$\overline{V}$ 为体积（无量纲）；Nu 为努塞尔数；Re 为雷诺数；Pr 为普朗特数。

传热优化的场协同原理的表述为：对流换热的性能不仅取决于流体的速度和物性以及流体与固壁间的温差，而且还取决于流体速度场与热流场间协同的程度。在相同的速度和温度边界条件下，它们的协同程度越好，换热强度越高，换热过程越优。

根据对流传热和对流传质之间的可类比性，将对流传热的场协同理论扩展到对流传质过程。即对流传质过程的舍伍德数（Sh）不仅取决于雷诺数（Re）和施密特数（Sc），而且取决于速度矢量与组分浓度的协同程度，两者协同得越好，传质强度越高。相应的对流传质场协同数定义为：

$$Fc_{\mathrm{m}} = \int_\Omega \overline{U} \cdot \nabla \overline{Y} \mathrm{d}\overline{V} = \frac{Sh}{ReSc} \qquad (7-2)$$

式中，$\overline{U}$ 为速度（无量纲）；$\nabla \overline{Y}$ 为质量分数梯度（无量纲）；$\overline{V}$ 为体积（无量纲）；Sh 为舍伍德数；Re 为雷诺数；Sc 为施密特数。

场协同原理可直接用于传热/传质过程的强化和优化，指导多物理过程及装备的优化设计和优化操作。以提高能效为目标，学者们还引入㶲耗散极值原理、热质理论、能势表征方法等来拓展现有热学理论，发展节能新技术[2]。

7.1.2　场协同理论的应用与展望

基于场协同理论，深入认识和理解强化传热传质技术的本质，可以发展复杂过程多物理场协同优化的新方法，指导工程装备及其工艺的优化设计和优化操作。对于强化传热问题，对流传热过程场协同的改善可以从三个方面进行：（1）改变热边界条件；（2）改变速度分布；（3）改变流体温度场。以换热器传热性能的提高为例，第一层次是提高流体与固体壁面间的表面传热系数或采用扩展表面，包括各种插入物、湍流发生器、粗糙表面、翅化表面等；第二层次是在相同对流传热系数条件下，通过改变冷热流体的流动方式，来改善冷热流体温度场之间的协同。场协同理论在换热器等各种热工装备的研发中发挥了重要的指导作用[3]。

针对烧结矿冷却新装备的研发和优化，我国海军工程大学研究团队建立了环冷机和竖罐内对流换热过程的非稳态模型，运用场协同理论进行了分析比较。结果表明，在相同的冷却效果下，竖罐式冷却过程传热的场协同数明显大于环冷式，可以大大加强热烧结矿高温显热的回收。研究了气料比、料层高度、料层半径等因素对于竖罐式烧结矿冷却过程场协同数的影响，指出了炉型及关键工艺参数的优化方向[4]。东北大学研究团队将对流换热器和固定床中气固换热中的㶲传递系数的概念引入烧结矿余热竖罐中，基于传热学理论推导出了烧结矿床层内气固㶲传递系数公式，为强化竖罐内气固传热过程奠定理论基础。采用局部非热力学平衡的稳态双能量方程对竖罐内的气固传热过程进行数值计算，得出了竖罐适宜的结构参数和操作参数。结果表明，影响烧结矿床层内气固传热特性的主要因素是罐体内料层填充特性、冷却风量和冷却段高度等[5]。

在连铸中间包结构优化研究中，武汉科技大学团队借鉴场协同理论分析中间包内的冶金传输过程，对某单流中间包进行了数值模拟计算，讨论了场协同理论在中间包流场优化中的应用。对中间包内夹杂物质量传输过程进行了场协同分析，得出夹杂物总去除率不仅与 Stokes 上浮力、钢液流场有关，还取决于钢液流场与夹杂物浓度梯度场的协同关系。计算了中间包内不同控流装置时的流场、温度场、流场与温度梯度场之间的协同角，讨论了流场与温度场之间的协同关系。结果表明，设置控流装置可以降低中间包内钢液流场与温度梯度场之间的协同程度，有利于钢液的温度均匀分布[6]。

在轧钢加热炉炉衬绝热性能研究中，海军工程大学基于绝热过程㶲耗散极值原理，分别在对流传热和复合传热（对流和辐射传热）边界条件下，对炉壁变截面绝热层进行构形优化，得到㶲耗散率最小的绝热层最优构形。结果表明，与等截面绝热层相比，㶲耗散率最小的变截面绝热层整体绝热性能更优；热损失率最小和㶲耗散率最小的绝热层最优构形是不同的；热损失率最小的绝热层最优构形使得其能量损失减小，而㶲耗散率最小的绝热层最优构形使得其整体绝热性能提高；㶲耗散率最小和最大温度梯度最小的变截面绝热层最优构形差别较小，此时㶲耗散率最小的绝热层最优构形在提高绝热层整体绝热性能的同时也提高了其热安全性[7]。

场协同理论是复杂物理化学过程多场协同优化的指导性理论。在钢铁等高耗能流程工业中，传输与反应过程协同强化是流程关键工序变革工艺及余能回收技术研发的瓶颈问题，需要引入场协同原理等热学新理论，在高温/变温、多相态、多物理场等复杂体系研究中明确问题本质，实现流动、传热、传质、反应等多物理过程的协同优化，研发形成变革性新工艺、新技术，助力推动高耗能工业节能减排工作的突破性进步。

7.2 跨行业多联产与能源耦合

基于冶金流程工程学基本思想,钢铁制造流程可以理解为铁素物质流在碳素能量流的驱动和作用下,沿着给定的流程平面布置,动态有序地实现各类物质、能量转换和位移过程[8]。新一代钢铁制造流程应具有高效优质钢铁产品制造、能源高效转换及充分利用、大宗社会废弃物消纳处理及再资源化等三大功能。现有钢铁生产流程中的焦化副产品化产利用、副产煤气及余热发电、高温熔渣制备水泥及其他建材等技术已实现规模化生产,具有冶金、化工、电力、建材跨行业联产特征。基于能源梯级利用原理的跨行业多联产及能源耦合将成为钢铁工业更大尺度系统节能的重要途径。

7.2.1 能源梯级利用原理

我国科学家吴仲华先生在对能源利用科学问题研究中,倡导总能系统中能的综合梯级利用与品位概念,提出各种不同品质能源要合理分配、对口供应,提倡按照"温度对口、梯级利用"的能源利用原则,做到各得其所[9]。总能系统是一种根据"能的梯级利用"原理来提高能源利用水平的能量系统及其相应的概念与方法,其基本理念是要"总地安排好功(电)与热的能源利用,而不仅是着眼于提高单一生产过程或工艺的能源利用率"。能的梯级利用原理已成为能源动力系统集成开拓的关键核心科学问题,基于它集成的总能系统成为能源科学发展的主流思想,对能源科学技术和能源学科乃至国民经济发展都产生了巨大而深远的影响。

从能源科技发展角度看,能源动力系统的发展研究可分为三个阶段或层面:第一代基本上是在单一热力循环的热力系统层面,即是简单的热力系统形式,以热力学第一定律为基础,追求更高的总能利用率;第二代是基于热力学第二定律,注意到能的品位与梯级利用,开始提出总能系统概念,不过还局限于热工领域,为狭义或传统的总能系统;第三代则是在可持续发展的大背景下全面发展的广义总能系统,即多领域学科交叉渗透、多能源与多输出一体化的多功能能源系统,为 21 世纪能源动力系统发展的主流方向和前沿。

在能的梯级利用原理基础上,金红光教授等人拓展了传统热力循环的基本原理框架,研究提出了化学能与物理能品位综合梯级利用的新原理[10]。能的最大做功能力的有效转化涉及与吉布斯自由能变化紧密联系的化学反应和余热利用相关的热力循环:

$$dE = dG + TdS\eta_c \tag{7-3}$$

式中,E 为最大做功能力;G 为吉布斯自由能;T 为温度;S 为熵;η_c 为热力循环效率。

通过控制燃料品位的热化学反应逐级利用燃料化学能，改变燃料化学能通过直接燃烧方式单纯转化为物理能的传统利用模式，例如燃料重整和化学链无火焰燃烧等，将降低化学能与最终要转化的能量之间的品位损失，成为提升循环性能潜力的关键所在。在能源转化源头实现燃料化学能的梯级利用，燃料化学能品位与卡诺循环效率之间的品位差是可利用的，改变了通过提高循环初温来提高物理能接收品位的单一思路。在提升燃料化学释能过程高效性的同时，可继续结合不同能量转换环节的品位差异，集成化工动力和吸收式制冷等，实现化学能与物理能的综合梯级利用。

目前，在能的综合梯级利用领域有望获得突破的技术途径包括：

（1）热转功的热力循环与化工等其他生产过程有机结合，探讨热能（工质的内能）与化学能的有机结合和综合高效利用，注重温度对口的热能梯级利用，还可以有机地结合化学能的梯级利用，突破传统联合循环的概念，以实现领域渗透的系统创新。

（2）热力学循环与非热力学动力系统有机结合，例如将燃料化学能通过电化学反应直接转化为电能的过程（燃料电池）和热转功热力学循环有机结合，实现化学能与热能综合梯级利用等[11]。

7.2.2 跨行业能源联产技术研究与展望

钢铁企业在生产出钢铁制品的同时，产生大量的二次能源，如副产煤气、蒸汽和电力等，这体现了钢铁流程的能源转换功能。其中副产煤气主要包括炼焦、炼铁和炼钢过程中伴生的焦炉煤气、高炉煤气和转炉煤气。由于副产煤气中含有 CO、H_2 和 CH_4 等组分，可以作为化工合成的基本原料气，用于合成各种化工产品[12, 13]。

焦炉煤气来自炼焦生产，主要成分是 H_2 和 CH_4，热值较高，是优质燃料，同时也具有较高的化产利用价值。由于炼焦本身就是煤化工工艺，副产粗苯、硫氨等化工产品，焦炉煤气化产利用属于焦煤化工产业链的延伸。目前采用焦炉煤气制备的化工产品主要有天然气和甲醇。通过甲烷化反应将焦炉煤气中的 H_2、CO 和 CO_2 生成 CH_4，反应后的气体通过变压吸附、膜分离或低温精馏提纯，可以得到合成天然气、压缩天然气或液化天然气。采用纯氧催化部分氧化的方式将焦炉煤气中的 CH_4 转化为 CO 和 H_2，达到合适的氢碳比后合成制备甲醇。此外，焦炉煤气还可以用于合成氨进而生产尿素化肥等，从焦炉煤气中分离提取氢是灰氢阶段重要廉价的氢能来源。

高炉煤气的热值较低，CO 含量不高（23%～27%），而 N_2 含量较高（超过55%），还含有一定量的 S、O、CO_2 和尘等需净化去除的组分，难以廉价地从高炉煤气中获得高纯度的 CO 气体，采用传统高炉煤气生产化工产品还没有成功范例。

转炉煤气中 CO 的体积分数可以超过 50%，但几乎不含氢元素，转炉煤气用于生产化工产品基本都会涉及加氢的环节。转炉煤气提纯的 CO 可与焦炉煤气分离出的 H_2 结合，合成乙醇、乙二醇或者生产草酸、甲酸等化工产品；也可以采取发酵蒸馏的方式，通过加入氨制成燃料乙醇，同时副产沼气和蛋白粉饲料。

针对钢铁企业副产煤气资源的合理利用以及煤气和化工产品的多联产模式，国内外有不少学者进行了相关研究。Seulki 等人[14]提出了一系列将碳源转化为最终产品的碳利用策略，利用工艺模型中的技术和经济参数确定氢气、甲烷、甲醇和液体燃料的最佳生产方案。Sunhoon 等人[15]对焦炉煤气的甲醇—动力—热量多联产模式进行了技术经济评估，通过建模确定了甲醇量最大化的最优用能模式。Yi 等人[16]提出了一种利用焦炉煤气和煤同时生产二甲醚和电力的多联产工艺设计方案。Man 等人[17]提出了一种新型的焦炉煤气辅助煤制烯烃（GACTO）工艺，并对该新型工艺进行了综合的评估分析。陈希章等人[18]将能源—环境—经济（3E）综合评价法用于评价煤化工热能动力多联产系统。

向婷等人[19]以年产 890 万吨粗钢的钢铁企业为实例，通过物质流、能量流分析方法，结合能耗和经济性指标，对钢铁—电力联产、钢铁—甲醇—电力联产、钢铁—氢气—电力联产三种多联产模式以及五种不同比例下的钢铁—氢气—甲醇—电力综合多联产模式进行评估分析。结果表明，在三种多联产模式中，焦炉煤气制氢气模式的能量利用率和相对节能比最高，分别为 56.82% 和 16.42%，同时具有良好的经济效益；综合多联产模式中，焦炉煤气的 70% 制氢气、30% 制甲醇为最佳方案。

钢铁工业已经与化工、电力、建材、有色等行业建立密切的产业关联关系，如：焦化副产品及部分副产煤气用于生产化工产品，富余的副产煤气及余热回收产生的蒸汽用于发电，高炉渣及其他副产物用于制备水泥及其他建材，除尘灰用于提炼锌、铅等有色金属并生产钾肥。基于能源综合梯级利用原理，以提高系统能效为目标，在工业园区等跨行业联产系统总体设计规划的基础上，通过能源纵向梯级利用和横向多行业互补，打破能源转化和利用在行业间的壁垒，实现行业内和跨行业间不同能源形式的耦合利用，可进一步提高全社会能源整体利用效率，这是当前以及未来一定时期内能源可持续发展的重要技术途径。

7.3　基于大数据的复杂体系建模与系统优化

钢铁生产流程系统因组元（工序/装置等）功能各异、种类复杂，以及系统动态运行时组元之间衔接关系的多样化，而具有复杂性和不确定性的特征。流程系统的建模与优化需要在对制造流程运行特征综合分析的基础上，深入研究各种

"流"的运行行为，建立能反映其运行本质的数学模型。通过物质流与能量流运行网络的结构优化和运行程序的协同优化，引导制造流程系统朝着动态—有序、协同—连续运行的整体优化目标发展，实现对流程运行的优化调控。

7.3.1　钢铁流程系统运行特征和运行规则

典型的钢铁制造流程由原材料处理、高炉炼铁、炼钢、精炼、连铸、轧钢等工序串联—并联构成。其中一部分工序（炼钢炉、精炼炉等）属于间歇运行作业，一部分工序（高炉、连铸等）属于连续或准连续（相应于一定时间尺度范围）运行作业。因此，钢铁制造流程基本属于连续—间歇相混合的准连续运行流程。

由于间歇运行工序与准连续/连续运行工序之间存在生产周期、产能等差异，工序之间的衔接、匹配方式将影响钢铁制造流程整体运行效率和性能。为实现钢铁制造流程的动态有序、协同连续运行目标，须遵循全流程各组元的动态协同运行规则设计"流程网络"运行优化的"程序"。考虑运行优化的建模问题，可以将运行规则概括为[20~24]：

（1）按照制造流程整体运行要求应建立起"推力源—缓冲器—拉力源"的动态有序、协同连续/准连续运行的宏观运行动力学机制。例如，在钢铁制造流程中考虑以连铸生产为核心，将其作为牵引钢厂生产运行的拉力源以及热轧生产的推力源，精炼与加热工序分别作为炼钢—连铸、连铸—热轧之间的缓冲器，进而建立起整体优化运行协调有序的动力学机制。

（2）以准连续/连续运行的工序、装置，来引导、规范间歇运行的工序、装置的运行行为，同时间歇运行的工序、装置要适应和服从准连续/连续运行的工序、装置动态运行的需要。例如，高效恒拉速的连铸机运行要对相关的铁水预处理设备、炼钢炉、精炼装置提出钢水流通量、钢水温度、钢水洁净度和时间过程的要求；而炼钢炉、精炼炉要适应、服从连铸机多炉连浇所提出的钢水温度、化学成分特别是时间节奏参数的要求等。

（3）低温连续运行的工序、装置服从高温连续运行的工序、装置。例如，烧结机、球团等生产过程在产量和质量等方面要服从高炉动态运行的要求。

（4）在串联—并联的流程结构中，要尽可能多地实现"层流式"运行，上、下游工序装置之间生产能力的匹配对应和紧凑式布局是"层流式"运行的基础；当生产运行中出现不确定性扰动时，应尽可能快速恢复至"层流式"运行状态。例如，铸坯高温热装时要求连铸机与加热炉和热轧机之间工序能力匹配并固定、协同运行，而炼钢厂内通过连铸机—二次精炼装置—炼钢炉之间形成相对固定的炉机匹配关系，进行不同产品的专线化生产等均是实现"层流式"运行的措施。

不同的运行规则将影响流程系统模型的构建，包括运行优化目标、工艺及生产计划调度约束的确定。

7.3.2　钢铁流程系统建模与优化

钢铁生产流程系统建模与优化是指根据钢铁制造系统中的"流""流程网络"的静态和动态特征，针对铁素物质流及相伴随的能量流体系，分析系统的主要因素及其相互关系，通过合理简化进行系统本质特征描述的数学抽象，实现制造过程的数学建模。针对建立的制造流程系统模型特征，设计相应的优化算法，借助计算机程序进行科学计算或模型求解，从而对钢铁制造流程的动态"运行程序"（如生产计划调度指令）给出最优或较优的决策。一般来说钢铁制造流程系统的建模与优化包括以下几方面内容[25~29]。

7.3.2.1　钢铁制造流程静态网络结构的建模与优化

由多种异质-异构的工序/装置及其之间的运输环节构成的钢铁制造流程，本质上可抽象为由"节点"（对应于工序/装置）和"连接线"（对应于运输）组成的流程网络。不同流程网络具有不同的结构特点，如串并联、绕行、反馈等，因此流程网络的结构优化需要在企业设计阶段就进行充分考虑。钢铁制造流程静态网络结构的建模与优化通过对流程网络中节点和连接线的抽象和建模，研究流程静态网络的结构和效率，实现流程网络的节点优化（包括节点功能、节点容量、节点数等优化）和连接线优化（节点间相互关系、距离、时间、路线等优化）。常用于一般性网络研究的"图论"方法是重要的理论基础之一。

7.3.2.2　钢铁制造流程动态运行程序的建模与优化

制造流程运行的程序可以看成是各种形式的"序"和规则的集合，反映出对流的总体调控策略。从物理角度看，钢铁制造流程动态运行的本质是：物质流（主要是铁素流）在能量流（主要是碳素流）的驱动和作用下，按运行程序做动态有序地运行。钢铁制造流程动态运行程序的建模与优化通过对流（物质流、能量流）的运行行为物理本质的数学抽象描述和建模，优化流的运行时间和运行路径，具体包括铁素物质流运行程序的建模与优化和能量流运行程序的建模与优化。

为实现制造流程物质流动态运行程序的连续化和准连续化，须通过研究各类影响因素及其影响机理，使钢铁制造流程在满足各方面要求（边界条件）的情况下，达到生产流程时间最短或工序间衔接紧凑的连续化程度最高的运行高效要求。因此，可以最小化流程时间作为目标函数，将各方面的生产要求（如连铸连浇要求、加工工艺要求等）转换为约束条件，建立钢铁制造流程物质流运行程序优化的数学模型；并通过模型的优化求解，提高钢铁制造流程的整体运行效率。

为实现能量传递从能量流网络的始端节点（各种能源介质供应厂或站点，各二次能源如高炉煤气、焦炉煤气、转炉煤气等配送站）到终端节点（如各终端用户的工序及热电站、蒸汽站、发电站等）之间在时间、空间、能级、品质等方面的缓冲、协调与稳定，可将能量流在产生、输送和转换过程的工艺要求转化为约束方程，以提高能量利用、减少能量耗散为目标，建立能量流动态运行的数学模型；通过模型的优化求解，实现钢铁制造流程节能降耗的目标。

从数学角度看，钢铁制造流程动态运行程序的建模与优化是在满足生产各类约束下（主要是生产工艺约束和生产组织约束），根据生产目标通过生产组织的调控手段实现多因子流在流程网络中的优化运行，其本质上是一类约束下的优化问题。基于目标函数和约束方程的数学规划模型常用于描述此类优化问题，然而数学规划模型在描述和解决现实钢铁制造流程动态运行优化问题的不确定性方面存在不足，基于仿真建模（排队论、系统动力学等）的分析方法得到了广泛应用。

7.3.2.3 界面衔接—匹配的建模与优化

界面衔接—匹配是在单元工序功能优化和生产过程控制优化基础上，随着流程网络优化等流程工程理论发展和系统设计理论创新而逐渐认识到的工序之间关系的协同—优化问题，包括了相邻工序之间的关系协同—优化或多工序之间关系的协同—优化。

钢铁制造流程中的界面衔接—匹配问题本质上就是要将制造流程中所涉及的物理相态因子、化学组分因子、温度-能量因子、几何尺寸因子、表面性状因子、空间-位置因子和时间-时序因子，以动态有序和连续紧凑方式集合起来，实现系统运行的多目标优化（包括生产效率高、物质和能量损耗"最小化"、产品质量温度和产品性能优化及环境友好等）。由于工序之间存在串联、并联等多种连接关系，并且动态运行过程中工序之间的关系是变化的，一般通过待加工物质流的运输来建立工序间的联系，这就需要实时考虑上、下游工序间输出流和输入流的方向、等待加工的队长和顺序等实时因素来动态确定运输路径选择。基于排队论的仿真建模和动态运行 Gantt 图等是分析研究的常用方法，用于表达"流程网络"或"界面"运行过程及其参数的协同优化。

通过构建钢铁制造流程静态网络结构、动态运行程序、界面衔接匹配的相应模型，可以实现制造流程工序功能集的解析—优化，形成工序关系集的协调—优化，再推进到整个制造流程工序集的重构—优化，从而加速钢铁制造流程与信息技术融合的进程，提升生产过程控制和管理控制水平，促进钢铁企业生产的自动化、信息化和智能化水平。具体应用领域主要包括两大方面。

A 钢铁制造流程的运行调控应用

钢铁制造流程运行调控的主要目的是根据客户订单需求和钢铁制造涉及的工艺/资源约束，对物质流与能量流的运行模式进行合理的规划，从而最大限度地降低生产成本，增强生产效率。

（1）生产计划编制。根据合同要求的钢种、规格和交货期等属性，考虑计划周期内的生产能力及工艺限制，将以量为单位的产品需求转换为以件次为单位的坯料计划，并根据炼钢、连铸和热轧等主要工序的工艺约束及工序之间的物流平衡，将各种坯料组合成不同生产工序的批量计划（炉次、浇次和轧制单元计划）。这些生产计划编制的数学模型，一般属于组合优化问题，通过合理的计划安排可保证工序/装置协调的前提下，最大化提高生产效率。

（2）生产调度优化。各生产车间接收到上级部门下达的生产计划，需根据车间的工艺条件、原料到达节奏和设备检/维修情况，编制生产任务在各工序的生产作业计划，也称生产调度。它一般包含机器指派、任务排序和时间表优化等三个子问题，可描述为混合整数规划问题。通过合理的调度方案，可在保证生产顺行和计划执行率的前提下，降低流程运转时间和生产成本。

针对以上相关现实问题，结合问题特点及约束情况，抽象并建立数学模型，再采用合适的求解方法进行求解，最终转换成现实制造系统所需的计划调度方案。

B 钢铁制造流程的动态精准设计应用

钢铁制造流程的动态精准设计是建立在动态有序、协同连续/准连续地描述物质/能量的合理转换和动态有序、协同连续/准连续运行的过程设计理论的基础上，并实现全流程物质/能量的动态有序、协同连续/准连续地运行过程中各种信息参量的设计。它主要关注以下三部分的内容：

（1）时间与空间的协调。在设计过程，充分考虑工序/装置节点的功能、容量、数量、位置及其之间的连接路径和距离，对上下游工序/装置的协调、匹配运行的时间因子进行优化设计，进而实现系统运行时间与空间的协调。

（2）流程网络的构建与优化。依据流程网络的框架，使钢厂工艺平面布置图、总图的静态结构尽可能紧凑、顺畅化，使其流的行为动态有序、协同连续运行，实现运行过程的耗散最小化。

（3）工序/装置之间的衔接与界面技术。动态精准设计不仅要实现工序/装置本体的优化，而且更注重工序/装置之间的衔接、匹配关系和界面技术的开发和应用。例如，炼铁—炼钢之间的铁水罐多功能优化技术（"一罐到底"）。

7.3.3 大数据的应用及展望

大数据一般指由巨量或海量结构复杂并且拥有很多类型的数据组合而成的数据系统，通过网络对数据进行收集、处理和应用，采取有效的方式进行共享以及各类型数据交叉获取有效的智力资源，最终形成一种对知识服务的庞大数据集合能力[31]。因此，大数据具有 5V 的特点：大数据量（volume）、高速度（velocity）、多样化（variety）、价值密度（value）低、真实性（veracity）。

钢铁工业是典型的流程工业，工序繁多、工艺过程复杂、设备相对集中且工艺参数之间存在非线性、多变量、强耦合等特征。在现行的钢铁制造流程当中，经常会在成本、质量和设备管理方面出现很多问题。相关实践证明，大部分的问题都是由于对相关数据的采集和分析不到位所造成的。大数据技术的快速发展为钢铁企业带来了新的发展机遇[30~33]。

中国各钢铁企业的大部分生产数据均存放在各工序相对独立的生产系统中，系统硬件、数据结构、平台技术和数据收集技术的差别，使得系统间数据相对封闭形成信息孤岛，无法实现数据间的分享，更有海量的非结构数据诸如视频数据等无法参与分析。这些海量数据包含了大量生产信息和控制数据，是重要的数据资产。而大数据分析技术的应用解决了这些信息不易被利用和挖掘的问题，通过大数据分析技术可深度分析和充分利用这些数据信息。

针对钢铁领域数据的特点，可将现有数据按照控制层级、流程工序和数据类型三个维度进行数据划分[30]，如图7-1所示。在控制层级上利用现代化的智慧工厂，打通工厂内各控制层级，实现跨层级纵向信息集成；在流程工序打通各工序间的数据壁垒，将生产信息流、物质流、能源流等形成信息共享，打通跨生产工序横向集成，实现钢铁企业的炼铁、炼钢、热轧、冷轧等各生产工序流程间的数据协同。钢铁企业数据种类繁多，受各业务信息系统建设和实施数据管理系统的阶段性、技术性以及其他因素影响，钢铁企业在发展过程中累积了大量采用不同方式进行存储的业务数据，数据分类管理系统也大不相同，从简单的文本数据库到复杂的大型数据库，将多种不同类型的数据进行整合，形成统一的数据格式是构建大数据分析的基础。将生产过程中的散乱、标准不一的数据进行深度整合，

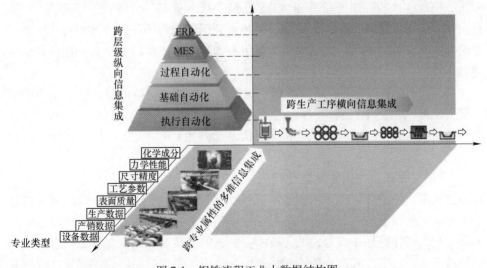

图 7-1　钢铁流程工业大数据结构图

为大数据分析提供必要支撑。将钢铁企业各生产控制、底层自动化控制、MES、检化验等系统进行互联互通，收集所有生产过程中的数据及图像视频资料。将这些多工序数据源、各种结构化数据经过处理和变换形成统一规范存入按不同业务分工的数据仓库。通过不同维度的数据分析和处理，将杂乱的数据进行归类和深度分析可以了解问题产生的过程、造成的影响和解决的方式，这些信息被抽象化建模后转化成为知识，可以再利用知识去认知、解决和避免问题。

钢铁制造流程具有复杂的系统特性，理想的系统模型较难同时描述动态、随机、多目标等系统特性。为了满足企业运行调控和动态精准设计的高效性、精确性要求，钢铁行业大数据应用的未来趋势主要体现在以下几个方面[30,31]。

（1）模型集成化。单一模型所适应的条件存在一定的局限性，通过不同类型模型的集成可描述更为复杂的场景。例如，通过智能优化算法与物质流模型（炉次、浇次和轧制单元计划）、能量流模型（能耗）和信息流模型（时间、质量）等结合，可对具有随机特性的炼钢—连铸生产系统的供铁节奏、开浇时间进行优化。

（2）模型智能化。依据协同学的观点，钢铁制造流程中的各要素可通过非线性作用产生协同效应，使整体系统形成一种自组织结果。根据这一特点，充分融合钢铁生产的运行机理及其产生的数据资源，利用神经网络、元胞自动机等方法构造机理—数据融合的智能化模型，描述钢铁制造系统的状态和行为，并对其进行优化。

（3）功能集成化。通过在线生产过程工艺数据、设备数据、产品质量数据的监控，采用在线数据管理与离线数据管理相结合的方式，建立全流程质量管理系统，实现生产监控、质量追溯和趋势分析、成本管理、设备管理等功能。全流程质量管理可涵盖铁水生产、炼钢、铸机、轧钢等钢铁生产的全部流程，实现数据的抽取、集成、展示，为企业决策提供有力的数据支撑，其中各功能可详细描述如下：

1）生产监控。通过运用大数据快速获取、处理、分析的能力，为生产管理人员提供可视化交互引擎、人机交互管控模式、可视化关键信息展示，有利于生产环节监控，从而有效地掌握生产现状，起到生产过程的事中检测与管控的作用。

2）质量管理。在钢铁制造过程中，各工序生产环节复杂，每个环节工艺参数设置较多，造成生产过程中许多产品缺陷的可能性，如擦伤、温度过高、边裂、划痕、质量缺陷等。通过大数据挖掘，构建一个集成多方面的生产缺陷识别模型，利用图像处理、成分检测等技术分析缺陷类型及原因，尽早发现存在的质量波动，并通过生产和运作的匹配快速做出反应，实现产品质量的最优化预测并自动调整生产流程。此方面的应用已逐渐发展成熟，如智能缺陷系统检测技术、转炉炉衬侵蚀动态监视技术、转炉炼钢终点精准控制技术等。

　　3）成本管理。成本的高低直接决定了企业的生存与发展。实时全过程、全工序精准成本监控，在大数据时代已经成为现实。利用大数据优化炉料结构，收集原料进厂信息、各工序的加料数据、生产实际数据、炉次化验数据，基于原料质检成分动态核算价格，计算每炉钢的工艺路线，按照不同的工艺路线实时统计成本。对于关键指标的计算，实现实时计算单炉成本、预测炉料结构效益、支持廉价物料使用的决策。

　　4）设备管理。现代化炼钢厂的装备正在沿着大型化、自动化、连续化、智能化、环保化等方向发展。追求设备的高可靠性和最合理的维修方式是企业设备管理的焦点。大数据正在帮助企业的设备管理模式由"点检定修"向"状态维修"转变。

参 考 文 献

[1] 过增元，黄素逸. 场协同原理与强化传热新技术［M］. 北京：中国电力出版社，2004.

[2] 冯长根. 热学新理论及其应用［M］. 北京：中国科学技术出版社，2010.

[3] 李志信，过增元. 对流传热优化的场协同理论［M］. 北京：科学出版社，2010.

[4] 沈勋，陈林根，夏少军，等. 竖罐式和环冷式烧结矿冷却过程的数值模拟［J］. 中国科学（技术科学），2016，46（1）：36~45.

[5] Feng J S, Dong H, Gao J Y, et al. Exergy transfer characteristics of gas-solid heat transfer through sinter bed layer in vertical tank［J］. Energy, 2016, 111（15）：154~164.

[6] 张美杰，林小龙，黄奥，等. 六流中间包场协同分析及流场优化［J］. 特殊钢，2009，30（4）：1~4.

[7] 冯辉君，陈林根，谢志辉，等. 基于㶲理论的轧钢加热炉壁变截面绝热层构形优化［J］. 物理学报，2015，64（5）：265~271.

[8] 殷瑞钰. 冶金流程工程学［M］. 北京：冶金工业出版社，2009.

[9] 吴仲华. 能的梯级利用与燃气轮机总能系统［M］. 北京：机械工业出版社，1988.

[10] 金红光，林汝谋. 能的综合梯级利用与燃气轮机总能系统［M］. 北京：中国科学出版社，2008.

[11] 金红光，刘启斌，隋军. 多能互补的分布式能源系统理论和技术的研究进展总结及发展趋势探讨［J］. 中国科学基金，2020，34（3）：289~296.

[12] 郭占成. 煤基能源流程工业节能减排技术探讨：钢铁—化产—电力—建材多联产［J］. 中国基础科学，2018，20（4）：61~69.

[13] 郭玉华，周继程. 中国钢化联产发展现状与前景展望［J］. 中国冶金，2020，30（7）：5~10.

[14] Han S, Kim S, Kim Y T, et al. Optimization-based assessment framework for carbon

utilization strategies: Energy production from coke oven gas [J]. Energy Conversion and Management, 2019, 187: 1~14.

[15] Kim S, Kim M, Kim Y T, et al. Techno-economic evaluation of the integrated polygeneration system of methanol, power and heat production from coke oven gas [J]. Energy Conversion and Management, 2019, 182: 240~250.

[16] Yi Q, Feng J, Li W Y. Optimization and efficiency analysis of polygeneration system with coke-oven gas and coal gasified gas by Aspen Plus [J]. Fuel, 2012, 96: 131~140.

[17] Man Y, Yang S Y, Zhang J, et al. Conceptual design of coke-oven gas assisted coal to olefins process for high energy efficiency and low CO_2 emission [J]. Applied Energy, 2014, 133: 197~205.

[18] 陈希章, 吴晓峰, 龚华俊, 等. 煤化工热能动力多联产系统的评价方法探讨 [J]. 化学工业, 2013, 31 (4): 1~9.

[19] 向婷, 刘帅, 张薇, 等. 钢铁—化产—电力多联产系统节能减排评估分析 [J]. 冶金能源, 2020, 39 (5): 5~10, 34.

[20] 殷瑞钰. 关于冶金流程工程问题 [J]. 中国废钢铁, 2005 (1): 21~26.

[21] 殷瑞钰. 关于智能化钢厂的讨论——从物理系统一侧出发讨论钢厂智能化 [J]. 钢铁, 2017, 52 (6): 1~12.

[22] 殷瑞钰. 工程科学与冶金学 [J]. 工程研究——跨学科视野中的工程, 2020, 12 (5): 435~443.

[23] Yin R Y. Metallurgical Process Engineering [M]. Springer, 2010.

[24] 徐安军, 曲英, 贺东风. 冶金流程工程学发展研究 [C]//中国金属学会. 2012~2013 年冶金工程技术学科发展报告. 北京: 中国科学技术出版社, 2014: 162~174, 213.

[25] 殷瑞钰. 冶金流程集成理论与方法 [M]. 北京: 冶金工业出版社, 2013.

[26] 张春霞, 徐安军, 郦秀萍, 等. 冶金流程工程学发展进程大事记 [J]. 中国冶金, 2020, 30 (11): 94~96.

[27] 郦秀萍, 张春霞, 张旭孝, 等. 高炉-转炉区段工艺技术界面模式发展综论 [J]. 过程工程学报, 2006, 6 (S1): 118~122.

[28] 李传民, 韩冰, 王双全, 等. 新一代钢厂精准设计理论研究 [J]. 中国冶金, 2010, 20 (3): 1~6.

[29] 殷瑞钰. 新一代钢铁生产流程的总体思路——过程工程与动态运行 [C]// 中国金属学会. 第十六届上海国际冶金工业展览会技术论坛论文集. 上海, 2011: 1~3.

[30] 姚林, 王军生. 钢铁流程工业智能制造的目标与实现 [J]. 中国冶金, 2020, 30 (7): 1~4.

[31] 赵恕昆. 大数据在炼钢厂的应用探索 [J]. 山西冶金, 2017, 40 (1): 81~82, 88.

[32] 颉建新, 张福明. 钢铁制造流程智能制造与智能设计 [J]. 中国冶金, 2019, 29 (2): 1~6.

[33] 孙彦广. 钢铁工业智能制造的集成优化 [J]. 科技导报, 2018, 36 (21): 30~37.

索　引